墨香财经学术文库

'十二五'辽宁省重点图书出版规划项目

国家社科基金青年项目（17CTJ010）资助

Comprehensive Evaluation Method

of Environmental Quality and China's Practice

环境质量综合评价方法与中国实践

祝志杰 ◎ 著

东北财经大学出版社
Dongbei University of Finance & Economics Press

大连

图书在版编目（CIP）数据

环境质量综合评价方法与中国实践 / 祝志杰著. 一大连：东北财经大学出版社，
2019.5

（墨香财经学术文库）

ISBN 978-7-5654-3488-4

Ⅰ．环… Ⅱ．祝… Ⅲ．环境质量评价-综合评价-研究-中国 Ⅳ．X821.2

中国版本图书馆CIP数据核字（2019）第046798号

东北财经大学出版社出版发行

　　大连市黑石礁尖山街217号　邮政编码　116025

　　网　　址：http：//www.dufep.cn

　　读者信箱：dufep @ dufe.edu.cn

大连永盛印业有限公司印刷

幅面尺寸：170mm×240mm　字数：278千字　印张：19.25　插页：1
2019年5月第1版　　　　2019年5月第1次印刷
责任编辑：李　彬　周　慧　　责任校对：冯志慧
封面设计：冀贵收　　　　　　版式设计：钟福建
定价：48.00元

教学支持　售后服务　　联系电话：（0411）84710309
版权所有　侵权必究　　举报电话：（0411）84710523
如有印装质量问题，请联系营销部：（0411）84710711

前言

　　随着社会的发展，综合评价方法逐渐成为一种有效的评价形式，存在于人类生活的各个方面，综合评价过程具有系统性、目标性，评价结果具有科学性、合理性，能够使决策者做出正确的选择，这必将产生一定的经济效益和社会价值。自工业革命以来，特别是随着信息化社会的到来，人类改造自然与社会的能力呈现出立体式急速增长。诚然，人类在长时间的经济、科技与社会高速发展的过程中，创造了光辉灿烂的物质技术文明，极大地满足了人们的物质文化需求，但在此过程中逐步暴露出来的环境问题已经成了全球性的重大问题。

　　正是在此背景下，本书试图实现环境质量综合评价的研究及将研究结论实践于中国实际情况，对各类环境问题进行深度剖析，在实践的基础上寻求环境质量与经济发展问题的基本对策。基于对综合评价理论和方法的研究，笔者根据自身的经验和在研究中积累的成果尝试编撰了本书。本书涵盖了对有关环境问题的综合评价理论体系和方法的基础内容，分别对自然资源经济效用、中国能源利用效率、经济发展与环境质量互动关系、水质评估、环境质量预测、空气质量预测、可持续发展能力等问题进行研究，共分为七章。本书的基本结构如下：第一章主要是对自然资源经济效用的概念、评价方法及研究发展进行了详细介绍，讨论环境给经济发展带来的资源效用产生的过程。第二章是对中国能源利用效率的测度方法的研究，能源是推动经济发展的关键所在。使用Bootstrapped-DEA 非参数统计方法进行实证分析，对中国 30 个省域的全要素能源利用效率进行了测度，并通过 Malmquist 指数分解法对全要素能源效率进行分解，最后通过 Moran I 指数对中国省域全要素能源利用效率的空间相关性进行检验，研究某一省份是否受到其相邻省份经济活动的影响，立足于中国经济的健康稳定发展，采用科学合理的方法对能源利用效率进行测度，期望为中国经济发展提供帮助。第三章是关于经济发展与环境质量互动关系的研究，对比该问题的几种模型方法应用的利弊，最终选择半参数广义可加模型（GAM）分析金砖国家碳排放、能源消耗量和经济增长之间的关系。第四章采用分类器算法对水质进行评估，水资源质量的评价已经成为地球生态环境综合评价中不可或缺的内容，应选用适当的改进算法对 BP 人工神经网络模型进行改进，从而能够更加适应评价对象的特征情况，以提高模型对水质评价的准确性。第五章主要是对环境质量预测方法的研究。为了研究排放的二氧化碳、经济和消费的能源之间的关系，该部分选择从两个方面来进行分析。一方面是通过使用协整检验和误差修正模型，另一方面是根据布谷鸟优化前、后的灰色预测模型和 ARIMA 预测模型对未来的碳排放趋势进行判断并将上述模型进行对比分析，最终结合实际情况对我国实施低碳环保型可持续发展战略提供建议。第六章是基于机器学习的空气质量预测方法研究。在城市的 AQI 预测中，改进粒子群算法优化的支持向量机模型比单纯的支持向量机模型的预测效果要好，然而在改进粒子群算法优化的支持向量机模型上组建的组合预测模型也很好证明了组合预测模型比单一模型具有更好的预测效果，这种组合模型在城市 AQI 预测中有着比单一方法更好的准确性及适用性。第七章是对可持续发展能力评价方法的研究。本部分的研究遵循经济统计方法的研究思路，将经济学理论与统计学方法有机地结合，以发现、证实和解决现实经济问题为目标，以前人研究成果为基础，提出了可持续发展能力的经济学解释，并以理论结合实际为原则，采用目前较为先进的面板数据的估计方法，最终对东北老工业基地可持续发展能力的状况进行分析，通过对东北三省可持续发展能力趋势的比较分析，对东北三省的可持续发展能力状况进行评价，试图找出东北三省可持续发展能力建设中存在的不足，并据此给出合理的政策性建议。

　　本书简明透彻地分析了综合评价方法在各环境问题中的理论应用，也尽量选择既能体现综合评价方法特点，又贴近实际情况的实证分析，并且步骤具体。本书内容丰富，尽管在撰写过程中做出了很多努力，但由于笔者水平有限，书中难免存在疏漏，敬请广大读者批评指正。

祝志杰

2019 年 3 月

▌目录

第一章　核算视角下自然资源经济效用评价方法研究

在环境质量与经济发展的互动关系中，环境可以向经济系统提供生产和生活所需的各种自然资源，作为整个国民经济的物质投入，环境的资源功能推动了经济发展，使得整个社会可以利用的总效用增加。在这个过程中，环境提供的自然资源给经济系统带来了相应效用，因此可以将这种效用称为自然资源的经济效用。下面，我们将详尽讨论环境给经济发展带来的资源效用所产生的过程。

1.1　自然资源经济效用的界定

1.1.1　SEEA 的环境资产分类

SEEA 的环境资产分类包括三个较为宽泛的范畴，它们分别是自然资源、土地和地表水以及生态系统，具体见表 1-1。

表 1-1   **SEEA（2003）环境资产分类表**

EA.1	自然资源
EA.11	矿物和能源（立方米、吨、油当量吨、焦耳）
EA.12	土壤资源（立方米、吨）
EA.13	水资源（立方米）
EA.14	生物资源
EA.141	林木资源（立方米）
EA.142	除林木资源外的作物和植物资源（立方米、吨、数目）
EA.143	水生资源（吨、数目）
EA.144	动物资源（除水生资源外）（数目）
EA.2	土地和地表水（公顷）
EA.21	建筑和基础结构用地
EA.22	农业用地及相关地表水
EA.23	有林地及相关地表水
EA.24	主要水体
EA.25	其他土地
EA.3	生态系统
EA.31	陆地生态系统
EA.32	水体生态系统
EA.33	大气系统
EA.M	备忘项——无形环境资产
EA.M1	矿产勘探
EA.M2	可转让的自然资源利用许可和特许权
EA.M3	可交易残余物排放许可
EA.M4	其他无形非生产的环境资产

注：来源于 SEEA（2003）中文版。

　　SEEA 关于环境资源的分类是本章环境质量研究的范围基础，同时也为环境质量对经济增长的效用分析提供了很好的研究视角。自然资源主要代表环境对经济发展的资源功能；土地和地表水可以代表自然资源对经济副产品的受纳功能；生态系统代表自然资源为经济生产提供的生态服务功能；无形环境资产则考虑了环境资源的产权分配对经济发展的影响。

1.1.2 融入自然资源投入的生产函数

研究环境质量对经济发展资源效用的形成过程，其研究起点是生产过程，通过对生产函数的构建与分析，我们可以刻画经济生产的一般过程，典型的经济生产函数如下：

$$Q = f(K, L) \tag{1.1}$$

式中：Q 表示经济生产的产出；$f(x)$ 为生产函数，表示一定量的生产要素投入，在一定的技术条件水平下所能生产的最大产出量；K 和 L 分别表示生产三要素中的资本和劳动力投入。

在公式（1.1）所示的生产函数中，并没有将自然资源的投入这一中间消耗作为影响产量的内生要素。由于在研究环境质量与经济发展互动关系的过程中，可用于生产的自然资源作为生产的投入将环境质量与经济发展联系起来，因此，基于本章的研究范畴，我们需要对传统的生产函数进行必要的补充。具体见公式（1.2）。

$$Q = f(K, L, R) \tag{1.2}$$

与公式（1.1）相比，公式（1.2）对经济生产过程中的投入要素进行了重新划分：人造资本 K，劳动力 L 和用于生产的自然资源 R。鉴于本章研究的内容只涉及环境与经济，且劳动力的投入可以看做一种特殊的资本投入——人力资本，为了方便研究，我们将融入自然资源的生产函数简化为如下形式：

$$Q = f(K, R) \tag{1.3}$$

1.1.3 效用视角下自然资源投入的经济产出

在公式（1.3）中，传统的经济产出是指通过资本和自然资源的投入，在一定的技术条件下经济活动所能提供的物质产品。那么，在效用视角下，自然资源和资本的一定投入导致的经济产出是否等同于传统的经济产出呢？要回答这一问题，需要从效用的定义出发，效用是指人们通过某种商品或服务的消费产生的满足感，至少这种消费活动能够被有效地虚拟，显然满足感这一主观标准是很难用物化的产出直接准确表示的。在生产过程中，环境向经济系统提供了生产所需要的物质要素，按照质量守恒定律，生产过程一定会产生相应的物质产品。物质产品本身并不能产生相应的效用，通过相关的供给和需求过程，生产者和消费者都会得到相应的效用，这一效用产生的过程实际是一个物质产品转化为服务的过程，因为人们提供服务的过程离不开物质基础的支持，一定量的物质基础对应一定量的服务产出，任何一种物质产出都可以通过合理的方式虚拟成为提供生活服务的过程。具体见公式（1.4）。

$$SE = f(Q) \tag{1.4}$$

式中：SE 表示国民经济的服务产出，其产出量或产出总值是由一定量的物质产出决定的。公式（1.4）看上去与国民经济核算中产出的划分相矛盾，因为在国民经济总量核算体系中，产出是包括物化的产品和人们提供的服务的，两者是对等且分别核算的统计指标。而公式（1.4）将物质产出作为人们提供服务的投入，两者的关系由核算上的独立对等变为投入产出关系。在这里，我们需要做出两点解释：

首先，效用视角下的服务产出是一个更为广义的概念，既包括国民经济核算中的物化产品能为人们生活提供的服务，同时也包括核算体系中的服务产出，效用视角下的服务产出的界定范围大于核算体系的服务范围，是一个虚拟的广义概念。例如，在理发师提供服务的过程中，在核算体系中只将理发师的劳动作为服务产出进行核算，而理发师使用的剪刀不被计入发廊的产出。而在效用视角下，发廊的产出不仅包括理发师的劳动服务，同时也包括剪刀提供的物化服务，将剪刀作为提供服务的主体，其同样在剪发过程中提供了服务，因为剪刀的质量也直接影响了服务的水平，导致了消费者感受的不同。效用视角下自然资源的经济产出构成如图 1-1 所示：

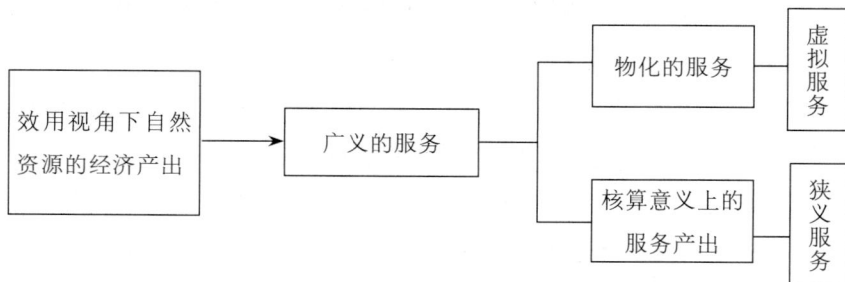

图 1-1 效用视角下自然资源的经济产出构成图

其次，核算意义上服务产出的提供离不开物质产出，只有将物质产出与物化产出通过一定方式的结合才能最终实现服务产出的提供。因此，存在如下式所示的投入产出关系：

$$SE = f[Q, i(Q)]$$ (1.5)

在公式（1.5）中，$i(x)$ 表示核算意义上的服务产出是由物质产出决定的，函数的具体形式由物质产出和服务产出的结合方式决定，可以看出，核算意义上的服务产出也可以通过物质产出间接表示，即效用视角下的广义服务产出都是可以由物质产出表示的，即公式（1.4）。

相比于物化的实物产出，虚拟成服务的广义产出更能准确全面地反映出人的主观感受。因此，在效用分析中，应将包括物化服务和狭义服务的广义服务作为自然资源投入到经济系统后转化的产出，并以此建立衡量自然资源经济效用的基础指标。

1.1.4 自然资源经济效用的产生：从经济生产率到效用生产率

在确定什么是效用视角下自然资源的经济产出后，我们需要说明这一产出是如何实现的，即自然资源经济效用是如何产生的。这一过程可以用公式（1.6）和公式（1.7）进行描述说明。

$$rU = \frac{SE}{Q} * \frac{Q}{R} = \frac{SE}{R} = rse * rq$$ (1.6)

$$Ur = U(ru) = U(rse, rq)$$ (1.7)

式中：rU 为效用生产率，表示单位自然资源投入的经济效用产出，用以衡量以效用为产出的生产效率；rse 为服务效率，表示单位物质产出的投入所能转化的广义服务产出量，用以衡量物质投入到服务过程中的转化效率；rq 则是传统意义的经济产出率，表示单位生产要素投入所能带来的产出量，用以衡量生产的经济效率；Ur 表示自然资源的经济效用；$U(x)$ 则是效用函数，用以表示消费者对不同消费束的偏好程度。

公式（1.6）描述了效用视角下资源环境经济产出的形成过程。这一过程可以细分为两个步骤：

一、经济生产过程

经济生产过程的起点也是整个自然资源经济效用产生的起点，即环境向经济生产过程提供生产所用的自然资源。在一定的生产关系作用下，环境提供的自然资源转化为经济生产的产品，这是一个单一的物质形态转化过程。通过上述对效用概念的讨论可知，环境质量与经济发展互动过程中效用的来源应该包括生产过程，因为通过产品的出售和取得收入的消费使用，生产者会获得相应的效用，但这一效用并不是环境向经济生产提供自然资源所产生的唯一效用。在随后的非经济生产过程中还会产生一定的自然资源经济效用。

二、物质服务化转化过程

在效用视角下，产出的获得不是经济生产的最终目的，其最终目的应是通过生产获取相应的效用。如何实现从物化的产品到自然资源经济效用产生的转变，需要物质服务化的转化过程。所谓的物质服务化实质是一个虚拟的消费或提供服务的过程，一定量的服务产出需要一定量的物质产出作为基础，即使在这一过程中物质产品本身没有提供服务，但其服务产出可以被有效地虚拟。还是理发师和剪刀的例子，剪刀作为一种固化的实物并不能像理发师一样向消费者提供服务，但其服务产出可以通过与理发师的结合被有效地虚拟，比如一个理发师使用一把剪刀一天能为多少人服务。服务量的多少通过物质产品与人的结合实现了量化衡量和判断。

通过公式（1.6）包含的两个过程可以清晰地描述效用视角下资源环境经济产出的形成过程。那么，自然资源经济效用是如何产生以及如何进行衡量的呢？解释这一问题需要借助公式（1.7）。

在公式（1.6）中，两阶段的不同步骤，产生了三种不同的效率：生产效率、服务效率和资源的经济效用产出效率，并且在三者间存在简单的乘积关系，换句话讲，生产效率和服务效率共同决定了资源的经济效用产出效率。显而易见，自然资源的经济效用必然受资源的经济效用产出效率影响，即经济效用产出效率越大，等量的自然资源投入到经济生产过程中获得的效用也就越大。由此可见，自然资源的经济效用是由服务效率和生产效率共同决定和构成的，如图 1-2 所示。

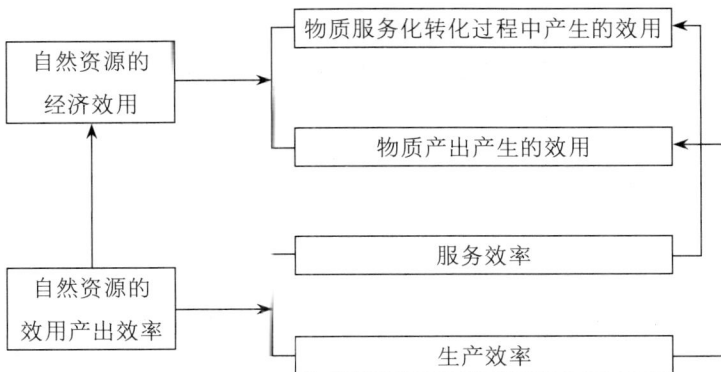

图 1-2 自然资源的经济效用产生机制图

图 1-2 说明了自然资源的经济效用产生过程和决定因素，自然资源的经济效用是由自然资源的效用产出率决定的，这种效用产出率可以划分为服务效率和生产效率。需要注意的是，用生产率或效率表示效用水平的方法并不是十分准确的，或者说效率和生产率的提高是效用扩大的必要条件，但并一定是充分条件。这一问题的出现主要是源于效率提升方式的不同，试想一下，如果效率的提升是通过减少自然资源的投入为前提的[①]，那么势必会导致产出的减少，最终导致物质服务化过程中效用的形成总量，即效率提高的前提是产出的减少，至于最终总效用是否变化还要比较效率提高导致的效用增量与产出减少带来的效用减量间的大小关系。如果经济生产过程更注重效率则总效用增加；反之，如果经济生产过程更注重产出总量则总效用减少。通过上述讨论，我们可以对公式（1.7）进行修正，其表达式变化为：

$$Ur = U(ru, Q, SE) = U(rse, rq, Q, SE) \tag{1.8}$$

公式（1.8）既从效率角度考察了服务效率和生产效率对自然资源经济效用的影响，同时也从总量角度考察了物质产出和服务产出对自然资源经济效用的影响，系统地描述了自然资源经济效用产生和决定的全过程。

[①] 在生产过程中，自然资源投入的减少会带来正的外部效应，从而导致社会总效用的增加。但在这里我们研究的是环境质量对经济发展效用的产生机制，研究的目标是经济效用，自然资源投入的减少会带来产出量下降，经济效用减少。但如果考虑总效用的正负变化，还要考虑减少的自然资源投入带来的环境效用增量是否会超过经济效用的减少量。

1.2　自然资源经济效用的边际分析

上面的讨论分析了环境系统向经济系统提供生产所需的自然资源而产生效用的作用机理，在此基础上，下面将对这一效用的变化规律进行经济学描述，采用的主要分析方法是边际分析法。

1.2.1　自然资源经济效用边际变化的决定因素

在微观经济学的研究中，消费者对正常商品的消费是具有边际效用递减规律的，如图 1-3 所示，即在存在商品 A 和 B 的情况下，商品 A 消费数量的提升，虽然不会导致消费者总效用的减少，但由于相对于商品 B，商品 A 对消费者的满足感相对下降，每增加一单位商品 A 的支出，其给消费者带来的效用将减少，即商品 A 的边际效用减少。

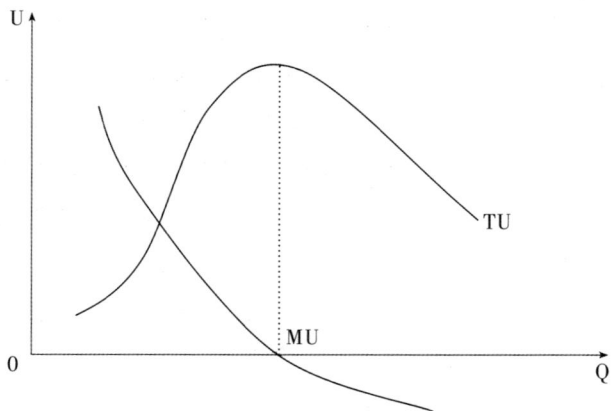

图 1-3　边际效用递减规律示意图

图 1-3 所示为正常商品消费的边际递减规律。在微观经济学中，边际效用递减规律具有局部普遍性，那么，在自然资源经济效用的产生过程中是否同样存在边际效用递减规律呢？还是回到环境向经济生产提供生产所需的自然资源这一研究起点。在第一步的经济生产过程中，微观经济学也提供了一个普遍存在的规律，即边际产出递减规律，这条规律同样适用于自然资源作为生产要素使用的生产过程，因为经济生产是一个纯技术生产过程，根据物质守恒定律，生产过程实际是物质从一种

形态到另一种形态的转化，这一过程不能离开任何一种生产要素的投入，各种生产要素间必须以一定的技术比例投入生产，各种要素间不存在完全替代的关系，当一种生产要素的提供超出了允许的技术比例范围时，超出技术比例范围的过量生产要素在生产中发挥作用的空间越来越小，甚至为零。自然资源作为投入的边际产出递减规律如图1-4所示：

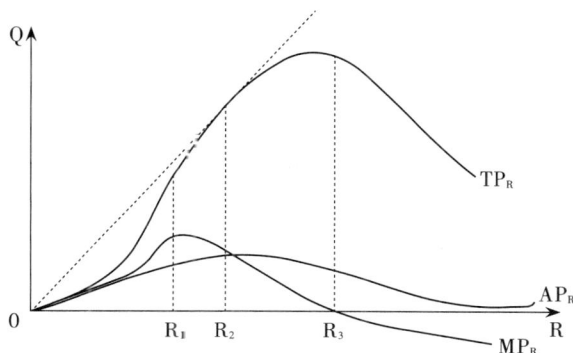

图1-4　自然资源作为生产要素的总产量、平均产量和边际产量变化趋势图

$$TP_R = f(R) = \{(Q, -R, -k) \text{ in } R^3 : Q \leq Y(R, K), R = A_i K\} \tag{1.9}$$

$$AP_R = \frac{f(R)}{R} = \{(\frac{Q}{R}, -R, -k) \text{ in } R^3 : Q \leq Y(R, K), R = A_i K\} \tag{1.10}$$

$$MP_R = \lim_{\Delta R \to 0} \frac{\Delta f(R)}{\Delta R} = \frac{dTP_R}{dR} \tag{1.11}$$

图1-4和公式（1.9）、公式（1.10）、公式（1.11）系统地说明了将自然资源融入生产函数时，边际产出递减规律同样存在。TP_R、AP_R和MP_R分别表示自然资源作为生产要素时的总产出、平均产出和边际产出；在公式（1.9）和公式（1.10）中出现了两个限定性条件：第一个限定条件是生产的可能性限定，$Y(x)$是生产可能性边界函数，表明一定量的要素投入所能产生的任何可能的生产计划；第二个限定条件是生产的技术限定条件，A_i说明不同生产要素的组合方式，这是一个向量形式的系数矩阵，因为在生产过程中允许多种技术手段的自主选择。在生产的初始阶段，即自然资源的投入量达到R_1前，自然资源相对于其他生产要素的投入比例过小，导致其每一单位的投入获得的单位产出增加，出现了短暂的自然资源投入边际产出上升的趋势；在自然资源投入量超过R_1后，在固定的技术组合方式中，自然资源相对于资本投入过

多，此时，资本的相对稀缺，生产者对资本投入产生的作用逐渐扩大，相比之下，自然资源对生产活动产生的作用下降，自然资源的生产效率下降，即自然资源边际产出呈现递减趋势。值得注意的是，对于自然资源要特别关注投入量超过 R_3 后的产出变化规律，此时，总产出下降，自然资源的边际产出为负，之所以出现这样的现象，是由于自然资源过量的使用对于生产者而言需要付出一定的附加成本，对于生产过程中多余自然资源的投入，生产者需要对其进行合理处置，以保证其能在今后的生产过程中继续使用，这一过程产生了多余自然资源的处置成本，需要从总产出中分离出一部分收益用于自然资源的持续使用。

自然资源的边际产出递减规律，说明了随着自然资源投入的增加，其在生产过程中的作用在下降，产出效率在降低，那么是否同正常资本品一样，随着其在生产过程中作用的降低，自然资源在经济生产过程中产生的效用也存在边际递减的规律呢？答案是否定的。因为作为生产投入的资本品和环境提供的自然资源在物质属性上有着本质区别，下面将从两者的商品属性和稀缺程度两方面比较分析资本品和自然资源经济效用变化规律的不同：

一、自然资源的商品属性

虽然自然资源作为生产要素的一种出现在生产的物质流量环节中，但其通过生产资料的购买过程仍然具有商品的属性，即使某些自然资源的获得不需要购买的流通环节，例如生产中河水的使用，但至少河水的消费过程可以通过购买自来水被有效地等价模拟。综上所述，生产流通环节的自然资源具有消费品的属性，生产者通过购买不同的生产要素束（K，R）获取相应的效用。对于正常商品而言，其消费过程适用边际效用递减规律，我们需要考察的是自然资源是否也像正常商品一样具有同样的特性，这一问题的研究起点是自然资源的商品属性。在微观经济学中，商品的种类划分通常有两个标准，具体如图 1-5 所示：收入需求弹性和价格需求弹性。按照收入需求弹性标准，商品可以划分为正常商品和低档商品，其中正常商品是指随着收入的增加，消费量也会增加的商品。反之，随着收入的增长，消费需求量减少的商品称为低档商品。按照价格需求弹性，商品的种类可以划分为一般商品和吉芬商品，其中，一般商品是指随着价格上升消费需求量相应较少的商品，这符合典型的商品需求规律。反之，随着价格上升消费需求量也上升的商品称为吉芬商品。

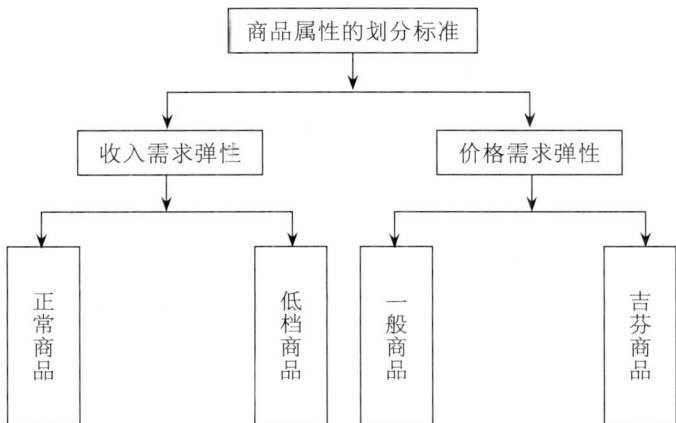

图 1-5　商品属性的划分标准示意图

生产要素的商品属性对生产要素经济效用的影响起到决定性作用[①]。具体的划分结果见表 1-2。

表 1-2　　　　　　　　　**自然资源的商品属性划分表**[②]

自然资源类型		自然资源的商品属性	
		收入需求弹性划分标准	价格需求弹性划分标准
可再生资源	可耗竭资源	低档商品	吉芬商品
	非可耗竭资源	正常商品	一般商品
非可再生资源		低档商品	吉芬商品

通过表 1-2 的划分结果我们得到如下的结论：

首先，自然资源依据自身类型的不同表现出不同的商品属性。从收入需求弹性角度出发，只有非可耗竭资源表现出了正常商品的属性，而可再生资源中的可耗竭资源和非可再生资源都表现出了低

[①]　要素价格和购买者收入变动对自然资源效用的影响属于比较静态分析的范畴，在下一章——效用视角下环境质量与经济发展互动关系的比较静态分析中，我们会对这一问题进行详尽的分析。

[②]　这里自然资源商品属性的划分是以社会需求的角度界定的，如果从个人需求的角度对自然资源的商品属性进行划分会产生不同的结果，这主要是源于环境的外部性导致的社会效用和个人效用的偏离，相关内容会在自然资源经济效用的个人和社会偏离中进行讨论。

档商品属性。由于可再生资源中的非可耗竭资源在消耗的同时总能获得一定的补充，其不存在稀缺性的问题，作为一种可以持续提供的资源，当收入或财富增加时必然会引起需求量的增加，进而保证经济的持续增长；相反，对于非可再生资源和可再生资源中的可耗竭资源，收入和财富的积累必然会导致自然资源的稀缺，如果持续购买会给环境质量带来不可愈合的破坏，为了弥补这种稀缺性，收入的增加会更多地导致可代替资本的需求，相对而言，对于自然资源的需求就会相应减少。与收入需求弹性的划分结果相似，从价格需求弹性的角度出发，只有可再生资源中的非可耗竭资源表现出了一般商品的属性，即随着价格的上涨消费需求量相应地减少。与之对应的是，可再生资源中的可耗竭资源和非可再生资源，它们都表现出了吉芬商品的属性，即随着价格的上涨消费需求量相应地增加。这似乎是一个特别有趣的现象，在微观经济学中，"吉芬之谜"的案例详细说明了在 1845 年爱尔兰大灾荒期间，马铃薯需求量随价格上涨而上升的现象。马铃薯与自然资源间似乎是两个属性相反的概念，即马铃薯属于生活必需品，而自然资源属于生产必需的要素，为什么两者需求量的变化都对价格的波动有着同样的作用方向？看似不相关的两种商品，有着共同的特征，即在某一特殊的时期，两者成为生活和生产中必不可少，且无法替代的资源，一个极端的解释是人们可以用任何商品不计代价地对其进行交换，其替代弹性几乎为0。对于非可再生和可耗竭的资源而言，在其濒临耗竭的时候，其价格越大，越是表明该种资源对生产和生活的作用越大，其产生的效用也就越大，人们的需求就会不断增长，只不过这种需求的不断增长并不能得到现实的满足。

其次，自然资源商品属性的不同会使其在生产过程中不再具有边际效用递减的规律。因为，在边际效用递减规律的解释中，人们对商品的需求程度是与效用呈正比的，随着持有商品数量的增加，人们对商品的需求程度在减少，对于消费者而言商品的效用在逐渐下降；而对于低档商品而言，收入和财富的增长会导致自然资源需求量的下降，这种需求量的下降并没有导致自然资源效用的降低，相反自然资源对人类的效用随着收入的增长在不断增加，出现了需求程度与效用相背离的现象。

二、自然资源的稀缺程度

西方经济学说的边际效用价值理论认为，效用是价值的源泉，一种商品越是稀缺，其相应的价值就越大，人们在对其消费过程中享用的边际效用就越多。显而易见，稀缺性是效用产生的根本源泉，实际上，对于自然资源商品属性划分的本质依据也是自然资源的相对稀缺性。因此，通过对自然资源产出的边际递减规律普遍性的讨论，并不能使我们对自然资源的边际效用递减规律赋予同样的普遍性。虽然，随着自然资源边际产出的下降，自然资源在生产过程中的作用在下降，其对生产者的效用在降低。但与此同时，随着自然资源在生产过程中的不断投入，非可再生资源和可再生资源中可耗竭资源的稀缺程度也越发严重，从长期生产的角度看，数年之后可利用的非可再生资源和可耗竭资源的数量将为0，在资本和资源间不可能完全替代的情况下，生产活动将会停止。因此，从长期角度看，非可再生资源和可耗竭资源的稀缺性决定了其对长期生产的重要性，同时也会导致随着自然资源的不断投入，自然资源对生产过程效用程度的增加。这就形成了一个有趣的现象：一方面，非可再生资源和可耗竭资源的不断投入导致边际产出下降，自然资源的生产效率降低，其对生产过程的效用减少；另一方面，随着非可再生资源和可耗竭资源的不断投入，自然资源的稀缺性又会导致效用的增加。至于总效用如何变化，还要看两种效用强弱程度的比较关系，但在一般情况下，人们会更加关注稀缺性产生的效用大小，毕竟非可再生资源和可耗竭资源的消耗是一个不可逆的过程，而自然资源产出效率的降低可以通过技术手段来改善，从机会成本的角度出发，自然资源的稀缺性决定的效用水平更加值得社会关注。由此可见，在自然资源边际产出、生产效率下降的情况下，环境向经济系统提供自然资源产生的总效用不一定会出现边际效用递减的现象。在评价自然资源经济效用水平的时候，必须做到兼顾自然资源，特别是非可再生资源和可耗竭资源的生产效率和稀缺程度。

综上所述，在环境向经济系统提供自然资源产生经济效用的过程中，微观经济学的边际效用递减规律并不具有普遍性。究其原因，是自然资源特殊的商品属性和稀缺程度导致的，且自然资源的稀缺程度越高，其边际效用递减规律越不明显。

1.2.2　自然资源经济效用边际变化的决定过程

通过上述讨论可知，自然资源在经济生产过程中形成的效用并不一定具有边际递减规律。在自然资源经济效用形成的过程中，存在两种作用方向截然相反的推动因素在决定着效用产生的过程。即使自然资源在经济生产过程中的边际产出递减规律具有普遍性，随着边际产出的降低，单位资源投入对产出的贡献在下降，生产者在经济生产过程中使用自然资源的效用在下降。但是由于非可再生资源和可耗竭资源在经济生产过程中的逐渐消耗，自然资源的稀缺程度越发显得严重，对于竞争市场中的多个自然资源使用者而言，他们都会不惜代价地抢夺自然资源，致使生产者对自然资源的需求增加，相应地，自然资源在经济生产过程中的效用也在增加。综上所述，一个单位自然资源的生产投入，在不同的视角下，其在经济生产过程效用产生的结果不同。在生产效率视角下，自然资源的边际效用在下降；而在稀缺程度视角下，自然资源在经济生产过程中的边际效用在增加。同一资源投入不同视角下边际效用变化规律的差异如图 1-6 和图 1-7 所示：

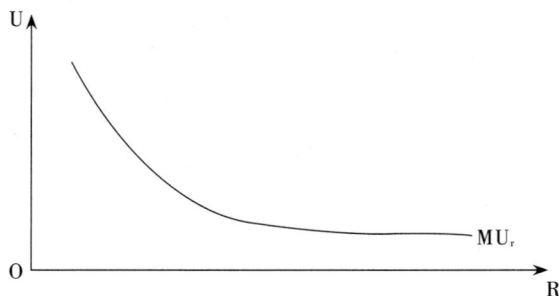

图 1-6　生产效率视角下自然资源在生产过程中产生效用的边际变化示意图

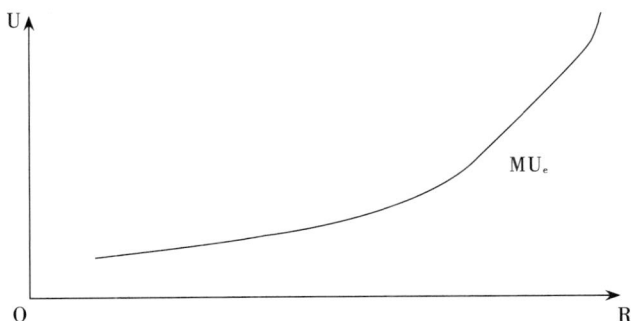

图 1-7　稀缺程度视角下自然资源在生产过程中产生效用的边际变化示意图

1.2.3　自然资源经济效用的边际变化规律

　　不同视角下自然资源在经济生产过程中产生效用的边际变化方向的差异给我们这样一个启示：自然资源经济效用水平的分析应以自然资源的边际效用分析为基础，综合考察自然资源在经济生产过程中生产效率和稀缺程度对效用边际变化的影响，通过两个视角下自然资源产生效用的合理加总来衡量已投入生产过程中全部自然资源产生的总效用大小。下面的讨论中，我们将通过模型设定的方式来研究自然资源经济效用边际变化对总效用形成的决定过程。具体的模型设定见公式（1.12）至公式（1.16）。

$$MU_r = U(r_q) = U[r(MP_R)] \tag{1.12}$$

$$MU_e = U(e) = U[e(R_e, R_i)] \tag{1.13}$$

$$U_e = U[e(R_e, R_i)] = \int_{R_0}^{R_i} e(R_e, R_t) dR \tag{1.14}$$

$$U_r = U[r(MP_R)] = \int_{R_0}^{R_i} r\left[\lim_{\Delta t \to 0} \frac{f(R_t + \Delta t) - f(R_t)}{R_t + \Delta t - R_t}\right] dR \tag{1.15}$$

$$TU = U_e - U_r \tag{1.16}$$

　　上述公式组详尽说明了自然资源经济效用边际变化对总效用的影响过程，或者说边际变化视角下环境向经济生产过程提供自然资源产生的总效用形成机制。下面将基于每个设定的公式从边际分析的角度对自然资源总效用形成过程进行系统的分解。

　　一、经济生产效率视角下自然资源边际效用的形成过程

　　公式（1.12）说明了主产效率视角下自然资源边际效用的决定过

程，MU_r 表示由自然资源生产效率决定的边际效用，rq 表示自然资源作为生产要素投入到生产过程中的生产效率，可以简单地理解为自然资源和经济产出间的投入产出比，在公式（1.12）的模型中，我们将自然资源的经济生产效率作为决定自然资源边际效用的内生变量，并由自然资源的边际产出 MP_R 来衡量自然资源的经济生产效率，即每增加一单位自然资源的投入，如果其导致的产出较上一单位自然资源投入有增加的趋势，则认为该单位自然资源的投入具有经济效率，反之自然资源的投入则无经济效率。r(x) 为经济生产效率函数，描述了自然资源边际产出对其经济生产效率的决定过程。

二、稀缺程度视角下自然资源边际效用的形成过程

公式（1.13）描述了稀缺程度视角下自然资源边际效用的决定过程，MU_e 表示由自然资源稀缺程度决定的边际效用，e 表示自然资源作为生产要素投入到生产过程中的稀缺程度，其受到区域的资源禀赋 R_o 和生产过程自然资源使用量 R_i 的影响，两者间的差额表示区域内已探明的自然资源存储量，我们可以用其简单地描述资源的稀缺程度①，将自然资源的剩余存储量视为决定资源稀缺程度的唯一内生变量，其他相关因素如自然资源需求量等视为外生变量。e(x) 为自然资源稀缺程度函数，其描述了自然资源剩余存储量对自然资源稀缺程度的决定过程。通过前面的讨论可知，资源的稀缺程度是决定自然资源边际效用的关键因素，稀缺程度越高，自然资源的边际效用越高，反之则越低。

三、经济生产效率视角下自然资源总效用的形成过程

公式（1.14）描述了经济生产效率视角下自然资源效用的形成过程，U_e 表示由自然资源的经济生产效率形成的经济效用，与边际效用相比其是一个总量的概念，描述了所有用于经济生产过程中的自然资源产生的总经济效用，边际分析更多描述的是每一种投入到生产过程中的自然资源产生的经济效用。从定性的描述分析可知，总效用是边际效用的加总。在我们设定的模型中，假设自然资源向生产过程中的投入过程

---

① 资源的稀缺程度是一个相对的概念，受到多方面因素的影响，例如资源的需求程度、自然资源的循环使用率和自然资源的开采能力等因素，为了简化模型的设定过程，我们简单地认为资源的剩余存储量为决定资源稀缺程度的内生变量。

是一个连续的过程，因此用积分的形式构建经济生产效率视角下自然资源总效用的形成过程。

四、稀缺程度视角下自然资源总效用的形成过程

公式（1.15）描述了稀缺程度视角下自然资源总效用的形成过程，U_r 表示由自然资源的稀缺程度形成的经济效用。稀缺程度视角下自然资源效用的界定同经济生产效率视角下自然资源效用的界定相似，都可以视为边际效用的集合，只不过两者的考量视角不同，两者描述了一定量的自然资源产生的不同经济效用，且两者对自然资源经济效用产生的作用方向相反。

五、综合视角下自然资源总效用的形成过程

公式（1.16）描述了自然资源总效用的形成过程，其是由经济生产效率视角下自然资源经济效用和稀缺程度视角下自然资源经济效用共同决定的，通过前面的讨论可知，两者是同一自然资源量不同视角下效用产生过程的结果，且作用方向相反，稀缺程度视角下自然资源在经济生产过程中产生正的经济效用，经济生产效率视角下自然资源在经济生产过程中就产生负的经济效用。通过两者对比分析可以简单地判断自然资源在经济生产过程中产生的总效用。如果稀缺程度视角下自然资源在经济生产过程中产生的正的经济效用大于经济生产效率视角下自然资源在生产过程中产生的负的经济效用，那么自然资源在经济生产过程中产生的总效用在增加，反之则减少。值得注意的是，在人们的传统概念中自然资源是社会生产和国民经济运行中必不可少的要素，其在经济发展过程中不会产生负的效用，在这里我们要注意两个问题：第一，区分自然资源的拥有和自然资源的使用，对自然资源的拥有不会对国民经济产生负的效用，但是如果在自然资源十分稀缺的情况下，对自然资源的使用则会产生负的效用，因为今后可使用的自然资源在减少，社会财富在损失；第二，要区分自然资源在经济生产过程中产生的个人效用和社会效用，同一数量自然资源的使用对于生产者或消费者个人而言，其产生的经济效用即使为正，但从整个社会的角度讲，对该数量自然资源的使用产生的效用可能为负，即自然资源的使用使得个人效用与社会效用背

离，具体的产生机理我们会在下面的段落中进行详尽说明。

通过上面的五个公式假设，我们完成了从边际效用角度分析自然资源经济效用产生过程的模型设定。下面将借助图 1-7 对这一过程的产生机理进行经济学解释。

图 1-8 描述了自然资源投入和其在经济生产过程中产生的边际效用静态均衡形成过程。其中：横坐标代表的是环境向经济生产过程投入的自然资源，是经济生产过程中自然资源的实际使用量。纵坐标表示的是通过自然资源的经济生产使用效用的产生值。曲线 e 表示的是自然资源稀缺性在生产过程中产生的边际效用变化趋势，斜率为正，表示随着自然资源经济生产的不断消耗，资源的稀缺性越发严重，自然资源在经济生产过程中的边际效用在逐渐增加。曲线 r 表示的是由自然资源经济生产效率变化导致的自然资源在经济生产过程中边际效用的变化规律，斜率为负，表示随着自然资源在经济生产过程中的不断使用，自然资源在经济生产过程中的生产效率在逐渐下降，导致由此产生的经济效用边际变化呈现出递减的趋势。两条趋势变化截然相反的边际效用曲线相交于点 A，达到均衡的状态，在点 A 处，经济生产效率视角下自然资源的边际效用与稀缺程度视角下自然资源的边际效用相等，即自然资源在经济生产过程中，随着投入到生产过程中数量的不断增加，由经济生产效率降低导致的边际效用下降程度与由资源稀缺程度加剧导致的边际效用上升量相等，达到边际效用的均衡状态。在点 A 处，增加一单位自然资源的经济使用不会导致总效用的变化；在均衡位置点 A 的左侧，由自然资源的经济生产效率导致的边际效用大于由资源稀缺程度导致的边际效用，此时，自然资源总的经济效用边际变化趋势在下降，并且随着自然资源的不断使用，自然资源经济总效用的边际下降趋势在减缓；在均衡位置点 A 的右侧，由自然资源的经济生产效率导致的边际效用小于由资源稀缺程度导致的边际效用，此时，自然资源总的经济效用边际变化趋势在上升，并且随着自然资源的不断使用，自然资源经济总效用的边际上升趋势在扩大。在图 1-8 中，当自然资源的经济生产使用量从 R_1 增加到 R_2 时，自然资源经济生产使用的总边际效用在不断增加，导致总的自然资源经济效用在增加，增加的程度即为 ABC 的面积。

需要注意的是：这里考察自然资源经济效用的产生并没有把总量效应考察在内，因此，存在稀缺性产生的边际效用和经济生产效率产生的边际效用相减的结果。即在不考虑产出总量的情况下，由生产效率产生的边际效用为负。1 个单位的自然资源生产投入产生的效用可能无法与 100 个单位自然资源生产投入产生的效用相比，但抛开产出总量，看经济生产效用，1 单位自然资源经济使用产生的效用要大于 100 个单位自然资源生产投入产生的效用。

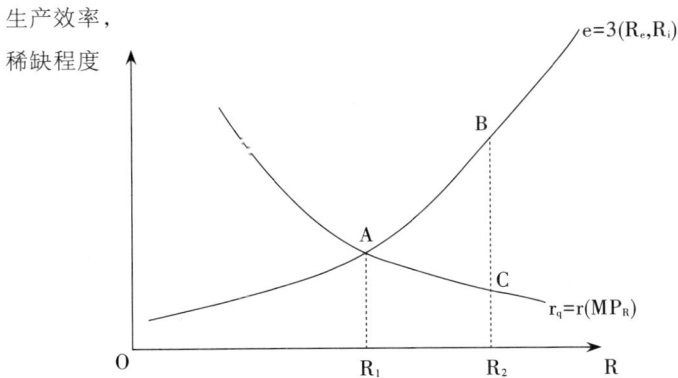

图 1-8　边际分析视角下自然资源经济效用产生示意图

综上所述，本部分从自然资源的稀缺性和经济生产效率两个方面对自然资源在经济生产过程中产生的效用进行了边际分析，相关分析表明，自然资源的稀缺性导致其在生产过程中，随着自然资源经济使用的不断增加，经济效用呈现出边际增加的趋势；相反，自然资源的生产效率导致其在生产过程中，随着自然资源经济使用的不断增加，经济效用呈现出边际递减的趋势。

1.3　自然资源经济使用的个人效用与社会效用

在经济生产过程中，同等数量、同等质量自然资源的经济使用给个人和社会带来的效用是不同的，这种不同不仅仅表现在感受效用的程度差异，有时甚至表现出了效用影响的方向差异，我们称这种现象为自然资源经济使用个人效用和社会效用的背离，用以说明环境在向经济系统提供自然资源的过程中产生的个人效用与社会效用的不一致。

1.3.1 自然资源经济使用个人效用与社会效用相背离的原因分析

为什么自然资源经济使用会出现个人效用与社会效用相背离的现象？这一问题的回答是认识环境质量和经济发展互动关系的本质出发点，自然资源经济使用个人效用与社会效用的背离是分析市场机制在解决环境问题过程中失灵的关键所在，两者间之所以出现背离，究其原因是在经济生产过程中，个人的追求目标和社会追求目标的不一致。

一、个人追求的效益

在经济发展与环境质量的互动关系研究中，个人追求的目标是经济效益。在西方经济学的研究中，理性经济人是一个具有一般性的假设条件的人。有关理性经济人的假定是西方经济学家在做微观经济学研究时关于微观主体经济行为的一个基本假定，其基本意思可以概括为：作为经济决策的微观主体都是充满理性的，他们所追求的目标都是使自己的经济行为能够获得最大化的经济利益。这些获得经济利益的最大化目标可以分解为以下几个方面：

（一）消费者效用最大化

消费者为国民经济运行过程中的微观主体，其通过消费过程追求消费效用的最大化，即在既定收入约束的条件下，通过不同商品消费束的选择实现自身的效用最大化。消费者均衡条件见公式（1.17）。

$$\frac{MU_A}{P_A} = \frac{MU_B}{P_B} = \lambda \tag{1.17}$$

式中：MU 表示消费商品产生的边际效用；P 表示相应商品的价格；λ 表示货币的边际效用，是指消费者每增加一单位的货币收入所增加的效用大小。

公式（1.17）告诉我们，实现消费者均衡的基本条件是消费的各种商品的边际效用与它们各自的价格比相同，即消费者每一单位货币所购买的各种商品的边际效用相等。

（二）厂商利润最大化

在国民经济生产过程中，厂商进行生产的根本目的是追求利润的最大化。如果某一行业生产不存在经济利润，那么从厂商的个人角度出发，厂商将会撤出相应的资本投入到能够获取利润的生产活动中。厂商实现利润最大化的基本条件见公式（1.18）。

$$MC = MR \tag{1.18}$$

在公式（1.18）中，MC 表示厂商生产的边际成本，MR 表示生产厂商通过产品的生产获得的边际收益。两者相等时，每增加一单位产品的生产，厂商获得的收益与成本相等，不会获得过多的利润，即不存在帕累托改进的状况，因此，在这种情况下，厂商实现了自身的追求利润最大化的目标。

（三）要素所有者收入最大化

在生产要素市场上，厂商按照要素的边际产品价值向生产要素的提供者支付相应的收入，收入的增加致使要素提供者在消费过程中的支付能力增强，相应的消费预算线增加，在市场上可以获得的消费品更多，根据偏好的不减性原则，要素提供者可以在市场上获得更大的效用，因此，为了实现要素提供者在消费过程的效用最大化，要素所有者将会在要素市场上努力追求自身提供生产要素而获得收入的最大化。

二、社会追求的效益

社会整体在定位自身的发展目标时，更为关注整个社会的发展状况，相比个人追求的目标设定，社会追求的目标更加长期和系统，兼顾社会经济发展的各个环节以及各个环节之间的协调程度，一般认为，一个社会的持续发展需要兼顾经济、社会、环境、文化、人口以及科技等诸多方面因素。本章的研究范畴是经济发展与环境质量的互动关系，因此本章设计的社会追求目标包括经济效益和环境效益，两者兼顾才是一个和谐、可持续的理性社会所应建立的发展目标。关于经济效益的界定与分类已经在上面的研究中进行了讨论，下面将主要对什么是环境效益以及经济和环境的综合效益进行详尽说明。

（一）环境效益

人类的生产和生活离不开自然环境的支持，在生产过程中，由于物质守恒定律的存在，生产过程本身并不能凭空地制造人类生产和生活所需的各种消费品或资本品，这就需要人类从周围的自然环境中不断获取经济生产所需的各种自然资源作为生产资料，从这个角度出发，生产过程本身是一个将自然资源从一种形态转化为另一种形态的过程。人类社会在不断发展，发展需要物质基础，因此，人类在发展过程中不断向自然环境索取是一个不可扭转的规律。然而，自然资源可为人类提供物质基础的能力也不是无限的，回顾人类的发展史，在人类漫长的发展长河中，耗竭资源已经不是什么鲜见的经济现象。这就要求我们在发展的过程中，必须注重有限资源的合理使用，注意自然资源的高效使用，归结为一句话：人类应该关心环境质量状况的变化。我们通常把人类经济活动所导致的环境质量的变化程度称为环境效益。

（二）综合的社会效益

在前面的研究中，我们强调社会的发展应注重周围的环境质量，将发展的环境效益作为社会发展的最终指标，但这绝不等同于环境效益是社会发展的唯一指标，毕竟人类发展的原动力是经济增长这一基础性指标。因而，在发展的过程中，人类社会必须设定综合的发展目标，兼顾经济效益和环境效益，这也是本章研究的一个重要现实意义。然而经济效益和环境效益的兼顾并不是一件容易的事情，就环境的资源属性而言，经济效益和环境效益本身就是一对矛盾体，经济发展必须依靠自然资源，经济生产过程本身就是对环境质量的破坏过程。要想达到两者的统一，我们必须遵循三个基本原则：一是协调性原则；二是发展性原则；三是长期性原则。

首先，所谓协调性原则是指社会在发展的过程中必须兼顾经济发展和环境质量两方面的因素，在保证人类社会一定发展速度的同时，通过科技手段寻找非可再生资源的可替代的人造资源，通过自然资源的高效利用和限额开发等手段保证可再生资源的恢复能力，从而达到经济发展和环境质量协调发展的效果，并将此作为社会效益评判的首要目标。具体见表 1-3。

表 1-3 **不同类型自然资源的协调程度评价表**

自然资源类型	协调变指标	调整过程
可再生资源	可恢复能力	限额开采、高效利用
非可再生资源	可替代能力	技术手段改变生产工艺,寻找可替代的人造资源

其次,发展性原则是指在社会发展过程中,不能因为兼顾两者间的共同发展而停止经济生产。避免出现为了提高人类生活的环境质量而将经济发展停滞,也不要妄想经济总量会达到一个理想的水平,从而不需要发展经济而只需要关注环境质量。因为人类的发展是要对经济产出进行不断的消耗,人类发展所需要的经济成果没有一个固定的峰值。相比之下,放弃环境质量强调经济发展的社会目标更不可取,要实现经济系统和环境系统共同的发展。

最后,长期性原则是指社会发展是一个长期过程,其不仅在横向上是一个庞大的综合系统,同样其在时间纵向上也是一个多时间段的综合系统。在设置社会发展目标的时候,要将长期的社会效益考虑在内,在兼顾当前发展效益的同时,也要兼顾今后发展的社会效益,实现社会效益的代际公平,也就是现在十分受人关注的可持续发展原则。当代人的发展不能以破坏后代人发展的机会作为发展的必须要素,应保证在效用上后代人和当代人保持一致。

三、个人效益与社会效益的不一致

在完成对个人追求效益和社会追求效益的界定后,下面将主要对两者之间的不一致进行详尽说明。

(一)效益构成的不一致

通过对个人效益和社会效益界定的讨论可知,两者的构成不一致,个人在追求效益的过程中只关注经济效益;而整个社会在追求效益的过程中不仅关注经济效益,同时也关注环境效益。在上文对两者定义的描述中已经进行了详尽讨论,这里不再赘述。

(二)效益实现时间的不一致

相对于经济效益而言,社会效益的实现具有长期性。经济生产过程只是一个短暂的过程，而环境质量的改善则是一个长期的过程，往往是当前对环境质量改善的投入，相应的效益要到几十年甚至几百年后才能实现，即相对于经济效益的实现，环境效益的投入与产出间具有一定的滞后性。从效用的角度出发，同等的投入，当期的经济效用会很大，而环境效用往往会很小，甚至不存在，这会给我们带来一种假象，对经济活动的投入会比环境质量的投入获得更大的效用，这样会导致人们在发展的过程中更多地消费经济发展这一虚拟的消费品，因为从当期的时间点看其效用比环境质量带来的效用大。因此，我们在利用效用评价社会效益和个人效益的时候，一定要将社会效益实现的滞后性考虑到评价体系之中。

综上所述，在经济社会发展的过程中，个人追求的效益与社会追求的效益在本质上存在着差别，而这种差异的客观存在是导致自然资源经济使用个人效用和社会效用相背离的根本原因。对于个人而言，由于其只关注自身的经济效益，对于自然资源消耗造成的其他人无法继续再使用相应的自然资源造成的他人效用的损失并不关心，只要自身能够源源不断地获取相应的经济利益，其产生的效用就在不断增加，假使每一单位自然资源使用的成本不变，自然资源的稀缺程度对于个体生产者效用的产生并无影响，不同的自然资源禀赋下，只要生产者在生产过程中获得了同样的产出，那么个体生产者获得的效用就相同；但对于社会而言却恰恰相反，等量的社会总产出在不同的自然资源禀赋条件下，获得的效用是不同的，资源禀赋越丰富，等量的经济产出获得的社会效用就越大。反之，资源禀赋越稀缺，等量的经济产出获得的社会效用就越小。由于追求利益目标的不同，自然资源经济使用个人效用和社会效用出现了背离，这一决定过程可以用如下公式进行表示：

$$U_P = U(L) \tag{1.19}$$

$$U_P = U(L, R_e, R_i) \tag{1.20}$$

公式（1.19）说明自然资源经济使用个人效用是由经济效益来决定的，其中，U_P表示自然资源经济使用产生的个人效用。L表示个体生产者在生产过程中获得的利润，在该模型中用以表示经济效益。

公式（1.20）说明自然资源经济使用社会效用的产生过程，其是由经济效益利润、自然资源禀赋和自然资源的使用共同决定的。

1.3.2 自然资源经济使用个人效用与社会效用相背离的一般过程

一、外部性的效用影响

外部性的概念是由马歇尔和庇古在 20 世纪初提出的，在经济学领域，外部性又被称为溢出效应或外部效用，是指经济活动中一个微观主体（消费者或生产者）通过自己的经济行为对其他经济活动中的微观主体产生了一种有利影响或不利影响，这种有利影响给其他微观主体带来的收益或不利影响带来的损失或者说是成本，都不会被生产者或消费者本人所获得或承担，是一个微观主体对除自身之外的微观主体产生的附带影响。

西方经济学中的外部性共分为四类：生产的外部经济、生产的外部不经济、消费的外部经济和消费的外部不经济。其中，生产的外部经济和消费的外部经济是指某一个体的生产者或消费者的经济行为给其他微观主体带来了额外的收益，导致个体的生产或消费行为产生的社会效益超过了生产者自身的效益；相应地，生产的外部不经济和消费的外部不经济是指单位个体的生产者或消费者的经济行为给其他微观主体带来了额外的损失或额外的经济成本，导致个体的生产或消费行为产生的社会效益低于生产者自身的效益。

延续西方经济学中的外部性定义，结合本章研究的主要目的，我们可以从效用的角度对外部性进行重新定义。效应视角下的外部性是指，经济生产活动中的微观主体（生产者或消费者）通过自身的经济行为（生产产品或消费商品）给除自身外的经济活动中的其他微观主体（生产者或消费者）带来了额外的效用影响，导致微观主体在经济活动中获得的个人效用与经济活动产生的社会效用不一致的现象。同样，我们也可以根据经济行为外部性的作用方向对效用视角下的外部性进行划分：生产的外部正效用、生产的外部负效用、消费的外部正效用和消费的外部负效用。

（一）生产的外部正效用

生产的外部正效用是指生产者的生产行为对其他微观主体（生产者

和消费者）的经济活动产生了额外的正效用，致使社会平均效用增加，生产者的个人效用小于社会效用。例如，高科技产品的生产，通过相关的技术创新产生了科技溢出的效用。

（二）生产的外部负效用

生产的外部负效用是指生产者的生产行为影响了其他微观主体（生产者和消费者）进行经济活动时效用的获得，致使社会平均效用减少，社会效用低于生产者的个人效用。例如，生产过程中河流的污染，导致其他生产者在使用河水时得不到与排污企业同样的效用。

（三）消费的外部正效用

消费的外部正效用是指微观主体的消费行为对其他微观主体（生产者和消费者）的经济活动产生了额外的正效用，致使社会平均效用增加，消费者的个人效用小于社会效用。例如，在消费过程中环保袋的使用，致使政府减少处理生活垃圾的资源投入，而将相应的资源投入到其他可以产生更大效用的经济用途中，导致社会效用增加。

（四）消费的外部负效用

消费的外部负效用是指微观主体的消费行为影响了其他微观主体（生产者和消费者）进行经济活动时效用的获得，致使社会平均效用减少，社会效用低于生产者的个人效用。例如，人们在用餐的过程中一次性筷子的使用，会导致森林资源的过度开采，破坏了森林具有的其他对人类发展效用更大的功能，如净化空气，抵挡沙尘的功能，导致其他微观主体或整个社会享用森林资源产生效用程度的降低。

外部性对个人效用和社会效用的影响对照具体见表1-4。

表1-4　　　　　　**外部性对个人效用和社会效用的影响对照表**

效用视角下外部性的类型	个人效用和社会效用的比较
生产的外部正效用	个人效用小于社会效用
生产的外部负效用	个人效用大于社会效用
消费的外部正效用	个人效用小于社会效用
消费的外部负效用	个人效用大于社会效用

表 1-4 系统地总结了外部性对个人效用与社会效用相偏离的影响。在此基础上，结合本小节研究的主题，下文将对自然资源经济使用过程中个人效用与社会效用的形成以及偏离过程进行详细分析，延续西方经济学研究外部性的基本思路，本章将选取生产过程中自然资源经济使用个人效用与社会效用的偏离和消费过程中自然资源经济使用个人效用与社会效用的偏离两个研究角度进行分析。

二、生产过程中个人效用与社会效用的偏离

生产过程中，自然资源的经济使用主要是指生产过程中自然资源作为生产资料投入到生产过程中，其应视为生产成本的一部分，鉴于此，本章对在生产过程中个人效用与社会效用的偏离采用成本分析的方法，考察自然资源的经济使用对社会和个人生产成本所形成的差异，通过生产过程中成本变动对利润最大化均衡的变动影响分析生产过程中个人效用与社会效用的偏离是如何形成的。在分析过程中，需要遵循以下几点基本假设：

（一）效用是生产成本的减函数

效用的构成包括生产的经济效益，在生产过程中，如果生产者获得的收益越多，那么生产者获得的收益[①]也就越大。对于生产收益的考量有多种方式，从数量角度可以用总产出表示，从实物量的角度可以用总收入和总利润表示。比较分析，从成本分析的角度出发，总产出不能反映出效用的经济价值，总收入不能反映出最终的价值成果，鉴于此，本章采用总利润作为衡量生产过程中效用水平的标准，总利润是总成本的反函数，因此，定义效用是成本的反函数在成本分析中是一个合理的假设。

$$U = U(L) = U(R - C) \tag{1.21}$$

$$U_1 = U(R, C_1) > U_2 = U(R, C_2), C_1 < C_2 \tag{1.22}$$

上述公式表明效用是生产成本的反函数。其中：L 表示生产的总利润；R 表示生产的总收益（微观经济学定义）；C 表示生产的总成本。

[①] 效用理论的总收益区别于西方经济学中的总收益，影响效用的总收益是一个更为广义的概念，意指经济行为的总收获，包括西方经济学中的总收益。而西方经济学中的总收益是一个较为狭义的概念，单指在生产过程中，生产者的生产行为获得的总收入，即产品销售价格和销售数量的乘积。

随着生产成本由 C_1 增加到 C_2，在总收益不变的情况下，生产的利润在减少，生产过程中获得的总效用也相应减少。值得注意的是，公式（1.22）表明生产成本是效用的严格递减函数，之所以强调严格递减是为了限定个体生产者是经济学中严格的理性经济人。现实生活中，个体生产者受教育或价值观的影响，在生产过程中也会追求环境效益，那么即使他在生产过程中使用了较少的自然资源，付出了较少的经济成本，但对具有环保意识的生产者而言，其经济行为获得的总效用也可能不会增加，个人效用和社会效用基本一致。为了清晰地显示生产过程中个人效用与社会效用的偏离程度，我们严格限定生产者为理性经济人。

（二）效用最大化的均衡点等同于利润最大化的均衡点

对于个人效用而言，个体生产者追求的是生产行为的经济效益，即通过其经济行为实现自身的利润最大化，这与传统西方经济学的观点相一致；但对于社会效用而言，社会在生产过程中其经济行为在追求经济效益的同时也在追求相应的环境效益，这样，相应的效用最大化的均衡点就会与经济学利润最大化的均衡点偏离。需要注意的是，这里所指的利润最大化的均衡点区别于传统经济学生产者均衡中的利润最大化的均衡点，是一个更为广义的概念。在这里的分析中，我们把环境的外部性用经济学成本的定义去考量，个体生产者自然资源的经济使用对于社会造成的外部性过程实质上是增加社会生产成本的过程，因为个体生产者自然资源的经济使用会导致社会其他微观主体使用自然资源的机会成本的损失。如果可以用经济成本定义自然资源个人使用的社会成本，那么我们也可以用经济利润定义包含环境效益的社会效益。这样，通过环境效益的经济学定义，我们就可以实现社会效用最大化与广义经济利润最大化的统一。社会效用均衡点或社会效益视角下利润最大化均衡点的经济学定义见如下公式组：

$$C_s = C_g + C_e \tag{1.23}$$

$$MC_s = MC_g + ME \tag{1.24}$$

$$L_s = R - C_s = R - C_g - C_e \tag{1.25}$$

$$MC_g = MR \tag{1.26}$$

$$MC_e = MC_g + ME = MR \tag{1.27}$$

公式（1.23）是社会成本 C_s 的经济学定义，其是由经济效益成本 C_g 和环境效益成本 C_e 共同决定的。公式（1.24）是自然资源经济使用社会边际成本的经济学表征，其几何实质是社会成本 C_s 的求导结果，表示经济生产过程中每增加一单位自然资源的使用，整个社会运行过程中增加的总成本，其是由经济效益边际成本 MC_g 和环境效益边际成本 ME 共同决定的，ME 表示经济生产过程中，每增加一单位自然资源的使用，社会环境效益损失的程度，这里借用了经济成本的概念表示环境效益的损失程度。公式（1.25）是社会利润的经济学表征公式，L_s 表示经济生产的社会利润，在生产过程中，自然资源的使用会导致经济效益利润的增加，但同时对于社会而言，其也会导致环境效益利润的减少。公式（1.25）中经济生产的社会利润是由生产的经济收益和资源使用的社会成本共同决定的，数值上等于生产的经济收益 R 减去自然资源使用的经济效益成本 C_g 和环境效益成本 C_e。公式（1.26）是西方经济学生产者均衡中利润最大化的一般条件，即生产的边际成本 MC_g 等于生产的边际收益 MR，生产过程中每增加一单位的经济产出，如果其增加的成本与增加的收益相等，那么，生产者在经济生产中就获得了最大的利润。因为，此时将不再存在帕累托改进的空间，生产过程实现了最佳状态。公式（1.27）表示的是社会利润最大化实现的一般均衡条件，即包含经济效益边际成本和环境效益边际成本的社会边际成本 MC_e 等于经济生产的边际收益 MR。在此均衡点，每增加一单位自然资源的使用或经济产品的产出，导致的社会成本增加量与社会收益增加量相等，不存在继续赚取社会利润的空间，达到帕累托最佳状态。如果此时继续增加或减少自然资源的使用，那么随着经济产出的变动，社会边际成本 MC_e 和社会边际收益 MR 将不再相等，存在追求更多剩余利润的空间，即社会发展没有达到帕累托最佳状态，自然资源的配置方式还存在帕累托改进的空间和余地。

（三）市场的完全竞争性

为了方便研究，我们对成本分析的模型进行了简化，将自然资源使用的市场环境界定为完全竞争的市场。完全竞争市场（Perfectly Competitive Market），又可以称为纯粹竞争市场，是指竞争充分而不受任何阻碍和干扰的一种特殊的理想化的市场经济结构。完全竞争市场具有良好的经济特性，在完全竞争市场中，市场上有无数个生产者和消费者，买者和卖者是价格的接受者，资源可自由流动。这种理想化的假设不会影响问题分析的客观性，因为完全经济市场理论是其他市场理论形成的基础，在完全竞争市场静态分析的基础上，通过改变市场环境，运用比较静态分析方法对其他市场条件下经济行为和经济运行特点进行分析，是经济学市场环境研究的一般方法。

在经济分析中，完全竞争市场的一个突出特点是其生产者的需求曲线和平均收益曲线一致，两者都是坐标轴中一条等于竞争价格的直线，具体见公式（1.28）：

$$P = MR = AR \tag{1.28}$$

在成本分析中，利润最大化的均衡点是边际成本等于边际收益的交叉点，完全竞争市场边际收益曲线的直线型特征为我们分析社会效用最大化和个人效用最大化的均衡条件提供了十分便利的分析工具，因此，本章对研究模型的市场环境进行了理想化的假设，将市场环境定义为完全竞争市场，着重分析完全竞争市场中个人效用与社会效用偏离的一般过程。

在完成上述模型基本假设的同时，我们也构建了自然资源经济使用个人效用和社会效用形成分析的理论基础。在该模型中，自然资源经济使用的效用产生是由经济生产的个人利润水平和社会利润水平决定的，自然资源经济使用个人效用和社会效用的偏离则是由于社会利润最大化均衡点和个人利润最大化均衡点的偏离导致的。借助图 1-9，我们将对自然资源经济使用个人效用和社会效用偏离的一般过程进行详尽分析。

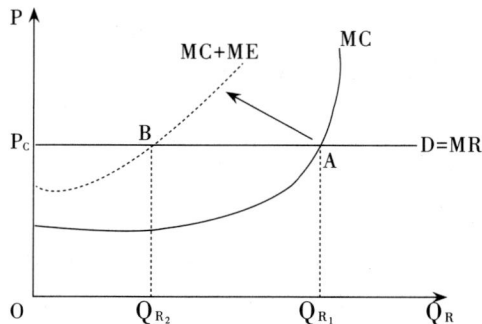

图 1-9　生产过程中自然资源经济使用的外部效用形成示意图

图 1-9 是基于西方经济学中完全竞争市场条件下厂商利润最大化实现

的均衡图建立的。横坐标代表的是自然资源经济使用导致的产出量 Q_R，因为本章研究的是环境质量对经济发展的影响，因此不使用自然资源作为投入的生产活动不在本章的研究范围之内；纵坐标代表的是产品的价格 P，也可以代表生产过程中产生的各种成本 C；一条水平的直线 D，代表厂商的需求曲线，指的是消费市场对生产者自然资源经济使用产出产品的需求程度。由于我们设定了完全竞争市场的基本假设，因此，厂商的需求曲线代表了市场的竞争价格和厂商经济生产的边际收益 MR；曲线 MC 表示厂商在生产过程中自然资源使用的边际成本曲线；曲线 MC+ME 表示生产过程中自然资源使用的社会边际成本曲线。下文将通过分析自然资源经济使用从个人利润最大化均衡点到社会利润最大化均衡点的变化过程，研究自然资源经济使用个人效用与社会效用相背离的一般过程。

首先，在点 A 处，通过对自然资源投入量的调整，厂商对生产过程中的产出进行相应调整，直至厂商生产的个人边际成本等于生产的边际收益，此时，达到利润最大化的均衡点 A，由于假设厂商为理性经济人，是以追求经济利润最大化为生产目标的，因此，在点 A 处，厂商获得的经济效益实现最大化。在该模型中，经济效益被作为衡量厂商效用的唯一指标，因此，点 A 也是厂商效用最大化的均衡点。

其次，由于自然资源经济使用外部效用的存在，环境效益视角下生产的边际成本曲线发生了位移。随着生产厂商在经济生产过程中自然资源投入的增加，整个社会的环境效益在下降，因为从其他厂商或整个社会角度看，其他人可使用或后代人可使用的自然资源在减少，环境能够向经济生产投入的自然资源在逐渐减少，整个社会的环境效益在下降，其他厂商或后代人在使用自然资源的过程中必须付出更多的成本。综上所述，从社会角度出发，环境使用的经济成本在增加，同等产出下，社会成本大于厂商的个人成本，成本曲线向左移动，如图 1-9 箭头方向所示。此时，考虑了环境效益的社会成本曲线与厂商需求曲线在点 B 处相交，自然资源经济使用的社会边际成本等于边际收益，自然资源经济使用的社会利润实现最大化，相应的自然资源经济使用的社会效用也达到了最大化。

最后，比较分析自然资源经济使用效用最大化均衡点的变化过程，我们发现，自然资源在生产过程中的经济使用使得其产生的个人效用大于社会效用，即生产过程中自然资源的经济使用具有生产负外部效用的特点，从点 A 到点 B 的变化过程中，自然资源经济使用产生的效用在逐渐减少。根据前文对效用定义的讨论可知，效用可以用人们对商品的需求程度来表示，从图 1-9 中可以看到，在点 A 处，人们对个人生产商品的最佳需求量为 Q_{R_1}，在点 B 处，人们对社会生产商品的最佳需求量为 Q_{R_2}，人们对社会生产产品数量的需求小于对个人生产产品数量的需求，而在固定的技术条件下，产品的产出数量与自然资源的生产投入量呈正比，因此，在点 A 处人们对自然资源的需求量大于在点 B 处人们对自然资源的需求量，相比之下，在点 A 处自然资源经济使用带来的效用小于在点 B 处自然资源经济使用带来的效用（见公式（1.29）），自然资源经济使用的社会效用小于个人效用，两者在生产过程中发生了偏离。

$$U_A = U(Q_{R_1}) = U[Q(R_A)] > U_B = U(Q_{R_2}) = U[Q(R_B)], R_A > R_B \qquad (1.29)$$

三、消费过程中个人效用与社会效用的偏离

同生产过程一样，自然资源的经济使用也会对消费过程效用的产生发生影响，并且在这一过程中也会出现个人效用与社会效用相偏离的现象。自然资源在消费过程中的使用实质上是一个间接使用的过程，即通过购买、使用自然资源作为生产投入产品的消费过程实现。同生产过程中自然资源经济使用个人效用和社会效用相背离的经济分析一样，为了方便模型的经济学解释，我们需要设置如下的基本假设条件：

（一）效用是需求程度的增函数

在对生产过程中自然资源经济使用个人效用和社会效用相背离进行经济学分析时，我们设置了效用和成本的反向关系。但消费过程与生产过程不一致，不涉及生产的具体过程，从而我们必须从新的视角对消费过程中的效用加以界定。在消费过程中，商品的需求程度是影响消费者效用产生的关键指标，如果某种商品对消费者来说具有强烈的需求欲望，那么通过购买该商品消费者可以获得更多的满足感，即产生更大的效用，因此，我们首先假定消费过程中效用的产生是由消费者对商品的需求程度决定的，效用是需求程度的增函数。

（二）商品生产技术固定

在生产过程中，采用不同的技术手段或不同的生产资料组合方式会生产出不同类型的商品，即使是同一种商品也可以通过不同的生产要素组合方式来进行生产。在研究消费过程中自然资源经济使用的外部效用时，实质上是在分析消费者在购买商品中包含的被技术合成的自然资源时产生的效用，例如，在饭店消费的过程中，从自然资源经济使用的角度出发，我们只关心使用的筷子和纸巾消耗了多少木材，并不关心其他非自然资源使用生产出的产品。传统生产三要素包括资本、劳动和土地，不同产品生产过程中使用生产要素的比例并不固定，每种商品中到底蕴含了多少自然资源的使用比例并不固定，即生产的技术条件不一致。为了方便研究，简化分析的过程，我们假设消费市场上只有一种商品，且在市场中，每一个生产厂家都在使用同一种生产技术，这样就固化了产品生产过程中自然资源的使用比例，便于我们的分析过程和量化研究。

（三）市场上只存在一个消费者

本章在对消费市场模型进行假设的过程中，对商品的供应者——厂商的数量没有具体的限制，因为假设 2 已经对生产过程进行了技术条件限定。然而，在对消费者数量的假设中，我们假定消费者的数量为 1 个，这样做是为了更好地从效用角度说明个人需求曲线和社会需求曲线的偏离，而不是简单从数量角度说明两者之间的不一致。

在建立相关的基本假设后，我们结合图 1-10 对消费过程中自然资源经济使用个人效用与社会效用的相背离过程进行详尽分析。

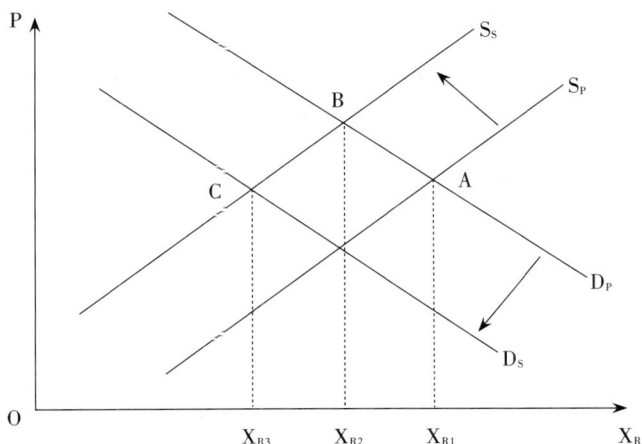

图 1-10　消费过程中自然资源经济使用的外部效用形成示意图

图 1-10 是在西方经济学供求平衡关系分析的基础上建立的，横坐标表示的是商品的需求和供给量 X_R，纵坐标表示的是商品的供给和需求价格 P；D_P 代表了商品的个人需求曲线，相应地，D_S 代表了商品的社会需求曲线，两者都是一条斜率为负的曲线，随着价格的上升商品的需求量下降；S_P 代表了商品的个人供给曲线，相应地，S_S 代表了商品的社会供给曲线，两者都是一条斜率为正的曲线，表明随着价格的上升厂商愿意供给的产品数量在增加。需要注意的是，在西方经济学中，完全竞争市场条件下，社会需求曲线和社会供给曲线被理想化为个人需求曲线和个人供给曲线的水平叠加。在本章的研究中，这种简单的水平叠加规律并不适用，因为我们所研究的社会需求曲线和社会供给曲线已经超越了经济效益的概念，还包括社会因素，是综合考虑了经济效益和环境效益的一条曲线。在构建模型分析基础的前提下，我们将消费过程中自然资源经济使用的社会效用形成过程拆分为两步，进而分析消费过程中自然资源经济使用个人效用和社会效用的偏离过程。

首先，消费过程中自然资源经济使用个人效用的形成。在点 A 处，消费者的个人需求曲线和生产者的个人供给曲线相交，市场上对商品的需求量为 X_{R_1}，由于我们假设了市场上任何厂商的生产技术都是固定的，且设定生产过程中自然资源经济使用的比例为 A，则可以将消费者购买商品的自然资源经济使用量表示为技术比例与商品消费量的乘积，即 AX_R，以此类推在点 A 处，消费者购买商品包含的自然资源经济使用量为 AX_{R_1}。由于假定了效用是需求程度的增函数，因此，我们可以定义点 A 处的序数效用水平，即自然资源经济使用的个人效用水平，见公式（1.30）：

$$U_P = U(X_{R_1}) \tag{1.30}$$

式中：U_P 表示消费过程中自然资源经济使用产生的个人效用。

其次，社会供给曲线的变动。通过上文对生产过程中自然资源经济使用的负外部效用可知，生产过程中自然资源的使用会导致社会成本的增加，同等价格水平下，个人的产品供给量要小于社会的产品供给量，此时，供给曲线将会左移形成新的社会供给曲线 S_S，如图 1-10 上方箭头方向所示。在点 B 处，社会供给曲线和个人需求曲线达到了新的平衡点，较点 A 的均衡条件相比，消费市场上商品的需求量下降到了 X_{R_2}，由此对自然资源经济使用的需求量也随之下降到 AX_{R_2}，但商品的均衡价格却上升了。这时一个奇怪的现象产生了：一方面，从需求量下降的角度出发，通过商品的消费过程，自然资源经济使用产生的效用随之下降；另一方面，从边际效用价值论的角度出发，一种商品的价值是由商品效用决定的，其效用越大，商品的价值就越大，相应的市场需求价格就会越高。两个不同的视角，对效用变化方向的解释完全相反。实际上，表面上看似的一对矛盾体在本质上并不冲突，价格完全是市场机制作用的结果，在市场机制的作用下价格完全是经济价值的体现，其并不能反映消费过程中自然资源经济使用的环境价值。从经济价值考虑商品供给减少，出现了供不应求的状况，从而商品的市场价格会上升，商品对个人的效用形成在增加。但从社会角度出发，需求量客观反映了人们对自然资源经济使用的需求程度，反映了人们的主观意愿，既包括经济效益的影响，也包括环境效益的影响。综上所述，在点 B 处，由于供给曲线向左位移，商品的需求量下降，人们对商品的需求程度下降，相应地，消费过程中自然资源经济使用产生的效用也在下降。

最后，社会需求曲线的变动。在点 B 处，与社会供给曲线相交的是个人需求曲线，那么，消费市场个人需求曲线是否与社会需求曲线一致[①]？答案是否定的，通过上文对环境效益的讨论可知，环境效益的实现存在一定的滞后性，相比经济效益而言，其实现的过程往往滞后。在点 B 处，人们还没有意识到对使用自然资源进行生产的产品消费的环境影响，因此，需求曲线没有发生变动。这一行为过程的描述是合理的，还是一次性筷子的例子，在最初使用一次性筷子的时候，无论是消费者还是餐饮经营者都只看到了一次性筷子的经济效益，消费者认为其干净方便而且不收取任何额外的费用，餐饮经营者则认为一次性筷子成

---

① 效用视角下的社会需求曲线与经济学视角下的社会需求曲线有所不同，经济学社会需求曲线研究的目的从数量上区分个人和群体，个人需求曲线肯定不会与社会需求曲线重合，至少是简单的叠加；但效用视角的社会需求曲线则不同，其对个人和社会的区分不是数量上的，而是观念上的，个人追求的是经济效益，而社会追求的是社会效益。本书为了突出个人和社会对环境效益认识的不同，假设消费市场上只有一个消费者，这样如果个人和社会追求的目标相同，个人需求曲线和社会需求曲线是可以重合的，但实际上两者不同，理性的经济个人只会追求经济效益，而社会的"个人"在追求经济效益的同时也在追求相应的环境效益。

本低，与收益和给顾客带来的方便相比低到可以忽略不计的程度，因此，一次性筷子在社会范围内得到了大面积的使用。随着时间的推移，极端天气特别是沙尘暴现象的日益频繁，让人们认识到了森林资源的重要性，整个社会才看到使用一次性筷子对环境效益的损失，人们逐渐开始停止生产一次性筷子，这一过渡过程是漫长的。回到图1-10，在经历一段漫长的环境效益认识期后，社会对消费使用自然资源生产的商品的需求程度下降，相应地，商品的需求曲线从个人需求曲线 D_P 位移到社会需求曲线 D_s。此时，社会需求曲线与社会供给曲线在点 C 处相交，消费市场上对于使用自然资源生产的产品的需求量下降到 X_{R_3}，通过消费过程对自然资源的需求量相应地下降到 AX_{R_3}，消费过程中自然资源的经济使用产生的社会效用小于个人效用。如公式（1.31）所示：

$$U_s = U(X_{R_3}) < U_p = U(X_{R_1}), X_{R_3} < X_{R_1} \tag{1.31}$$

式中：U_s 表示消费过程中自然资源经济使用的社会效用。

综上所述，同生产过程一样，在消费过程中也存在自然资源经济使用个人效用与社会效用的偏离，并且在消费市场上购买使用了自然资源生产的产品会产生消费的负外部效用。

1.4 自然资源经济效用形成的一般过程

1.4.1 自然资源经济效用的考量视角

在上文的讨论中，我们对如何考量环境质量与经济发展互动关系中形成的效用进行一般性的探讨，认为效用的构成应包括三方面的内容：绝对效用、相对效用和动态效用。由于本章的主要研究内容是环境资源功能对经济增长效用影响的静态分析和比较静态分析，因此，本章研究自然资源经济效用的考量视角并不包括动态效用，是由绝对效用和相对效用共同构成的。下面将结合研究问题的具体范围，对考量自然资源经济效用的研究视角进行详细划分。

一、经济产出

经济产出是从绝对效用角度考察自然资源经济使用过程中产生的效用。将经济产出作为衡量自然资源经济效用的主要指标，符合西方经济学对效用的基本定义与假设，即偏好的非饱和性，也就是我们生活中常说的多多益善，对多样同质的正常消费品而言，数量越多给消费者带来的效用越大。

二、生产效率

生产效率是从相对效用角度考察自然资源经济使用过程中产生的效用。生产效率的测度方法有很多种，最为常见的方式是考察生产投入与产出之间的比例关系。同等生产投入水平下，产出越多，生产效率则越高，生产过程中获得的效用就越大；相应地，同等产出条件下，投入的成本越少，生产效率则越高，生产过程中获得的效用就越多。表征生产效率的统计方法一般有两种：边际产出和弹性产出，具体见如下公式：

$$MP_R = \lim_{\Delta R \to 0} \frac{\Delta Q_R}{\Delta R} = \frac{d[Q(K.R)]}{dR} \tag{1.32}$$

$$EP_R = \frac{\frac{\Delta Q_R}{Q_R}}{\frac{\Delta R}{R}} = \frac{\Delta Q_R}{\Delta R} \cdot \frac{R}{Q_R} \tag{1.33}$$

公式（1.32）表示的是自然资源在生产过程中的边际产出，表示生产过程中每增加一单位自然资源的投入，产出将会增加多少。显然产出越多，生产效率越高，自然资源经济使用产生的效用就越大；公式（1.33）表示的是自然资源在生产过程中的弹性产出 EP_R，其表示在生产过程中，自然资源使用每增加一个百分点，相应产出增加的百分比。由于边际产出的几何意义是生产曲线的斜率，具有良好的几何特性，因此在本章的分析中采用了自然资源经济使用的边际产出作为衡量自然资源经济效用的考察指标。值得注意的是，与经济产出作为衡量效用的指标相比，自然资源经济使用生产效率既考察了生产的经济效益，同时也考察了生产的环境效益，而总产出指标只是单纯地考察了自然资源经济使用的经济效用，相比之下，生产效率指标在考察自然资源经济效用的过程中更具有说服力。

三、资源稀缺度

同生产效率一样，资源稀缺度也是从相对效用的角度来考察自然资源经济使用产生的效用。在一定的区域范围内，可供经济生产使用的自然资源数量是有限的，生产过程中自然资源使用得越多，那么剩余可供经济生产使用的自然资源就越少，自然资源越显得稀缺。需要注意的是，资源的稀缺程度对效用产生的影响要区分环境效益影响和经济效益影响。对于环境效益而言，稀缺资源在经济生产过程中的使用会导致环境质量的下降，对于社会而言其产生的效用在减少[①]；而对于经济效益而言，稀缺资源在经济生产过程中的使用会导致生产效用的增加，因为，对于生产者而言，自然资源越是稀缺，其对生产过程的重要性就越发明显，其产生的效用就会越大。不同效益视角下，资源稀缺性导致的自然资源经济使用效用差异的经济学解释如图 1-11 和图 1-12 所示。

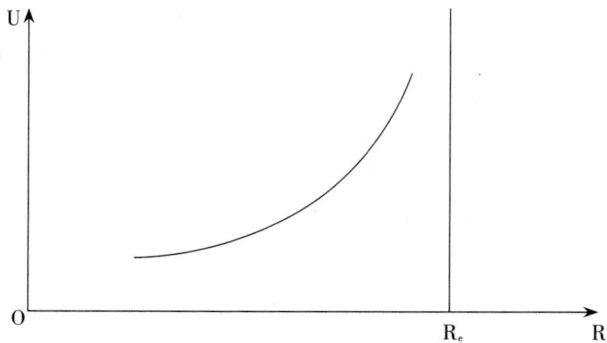

图 1-11 经济效益视角下自然资源稀缺程度对经济效用的影响示意图

图 1-11 描述了经济效益视角下自然资源稀缺程度对经济效用的影响过程。其中：横坐标代表自然资源的经济使用量，R_e 表示区域内所具有的自然资源总量，即生态承载力[②]，我们假定短期内一定区域自然资源的总量不会发生变化，且区域经济也不会使用区域以外的自然资源（封闭的经济区），则在坐标轴内用一条垂直于横坐标轴的直线表示环境的生态承载力。随着自然资源经济生产的不断使用，自然资源越发稀缺，对于生产者而言，自然资源在生产中是必不可少的，相对于资本，

---

① 这里所说的社会效用减少是指只考虑环境效益后稀缺自然资源的使用引起的效用变化，而并不是指社会总效用的变化，因为社会总效用的形成受到环境效益和经济效益两方面因素的影响。如果把经济效益引起的社会效用变化考虑在内，稀缺自然资源的经济使用不一定会导致自然资源在生产过程中产生的社会效用的减少。

② 由于该部分的研究内容是环境的资源功能对经济增长的影响，因此，这里所指的生态承载力只指代环境可向经济系统提供的最大自然资源量。并不包括环境对经济生产排放废弃物的受纳功能。

稀缺性导致自然资源在生产口难以获取，生产者获得自然资源的欲望强
于资本，并会对生产者产生更大的效用。一种极端的情况：当自然资源
的经济使用量达到生态承载力时，生产者可以不计代价地获取自然资
源，此时，从经济效益角度看，自然资源的经济使用对生产者具有无穷
大的效用。

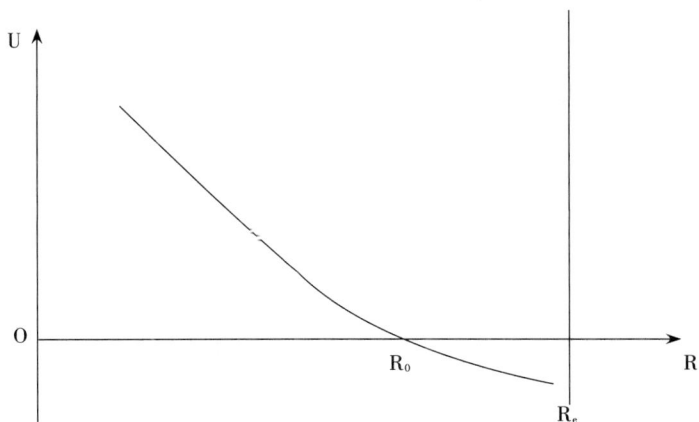

图 1-12 环境效益视角下自然资源稀缺程度对经济效用的影响示意图

图 1-12 描述了环境效益视角下自然资源稀缺程度对经济效用的影
响过程。随着自然资源经济使用的不断增加，自然资源愈发显得稀缺，
从环境效益角度出发，稀缺资源的使用破坏了环境质量，因此，随着自
然资源的使用，环境效益视角下自然资源的经济效用在下降，当自然资
源经济使用量超过环境可恢复能力界限 R_0 时，自然资源的经济使用将
会产生负的效用，此时自然资源具有了厌恶品的特性。一种极端的情
况：当自然资源的使用量无限接近生态承载力时，环境效益视角下自然
资源的经济效用将会无限接近于 0。

资源稀缺度测度方法有很多，其中最为系统、最为典型的方法是生
态足迹分析法。生态足迹分析法认为，区域内的资源数量和质量可以用
一个统一的量纲进行核算。人类在生产生活中，需要不断地向外界索取
各种生产所需的自然资源，不同的自然资源来源于不同的生态环境。这
种环境为人类经济活动提供自然资源支持的能力被称为生态承载力或生
态容量，也可以称之为资源禀赋；与之对应的是生态足迹的概念，它表

示人类在经济生产过程中使用自然资源的数量或对自然环境的使用程度。生态容量表示了环境系统能够向经济系统提供资源的能力，即代表自然资源的供给方，而生态足迹则代表了经济系统向环境系统实际所取得自然资源数量，代表了自然资源的需求方，两者之间的差额从质量和数量上反映了自然资源的稀缺程度。生态足迹分析法测度自然资源稀缺程度的主要测度过程如下：

（一）自然资源使用量——生态足迹的测度

（1）各主要消费项目年人均消费量的测度

$$\text{人均消费量 } C_i = 产出 + 进口 - 出口 \big/ N \tag{1.34}$$

式中：N 代表研究区域内的人口数量。

（2）在经济活动中形成的对各种生态生产性土地的人均占用量

$$A_i = C_i \big/ P_i \tag{1.35}$$

式中：A_i 表示的是人均生态生产性土地占用量；C_i 表示的是第 i 项消费项目的人均消费量；P_i 表示的是提供第 i 项消费项目生产的生态生产性土地的生产力。

（3）利用均衡因子计算生态足迹

$$ef = \sum (r_i \times A_i) \tag{1.36}$$

式中：ef 表示的是人均的生态足迹；r_i 表示的是均衡因子，均衡因子是指将不同类型的生态生产性土地转化为在生产力上等价的土地所使用的一个合理权重；A_i 表示的是生产第 i 项消费项目人均占用的生态生产性土地面积。

（4）计算生态足迹

$$EF = N \times (ef) \tag{1.37}$$

式中：EF 表示的是区域总的生态足迹；N 表示的是区域的人口数量；ef 表示的是区域人均的生态足迹。

（二）可供使用的自然资源量——生态容量的测度

$$EC = \sum (ec_i) = \sum (A_i \times r_i \times Y_i) \tag{1.38}$$

式中：EC 表示的是区域总的生态容量；ec_i 表示的是区域第 i 类生态生产性土地的生态容量；A_i 表示的是第 i 类生态生产性土地的面积；

r_j 表示的是均衡因子；Y_i 表示的是生产力系数[①]。考虑到生态多样的作用，调整后的生态承载力计算公式如下：

$$GEC = (1 - 12\%) EC[②] \tag{1.39}$$

（三）自然资源稀缺程度的判断

通过环境可供经济活动自然资源的使用量——生态容量 GEC 和自然资源的实际使用量 EF 的比较，我们可以量化分析经济活动所处环境的自然资源稀缺程度，两者的差额越小说明今后或他人可使用的自然资源越少，自然资源越发稀缺，相应的效用水平会发生变化。

综上所述，在环境质量与经济发展互动关系静态分析的框架内，可以从自然资源经济投入的总产出、经济生产效率和自然资源的稀缺程度三个方面度量自然资源经济使用的效用水平。其中，自然资源的经济产出和稀缺程度分别是从经济效益和环境效益角度来衡量效用水平的，考虑到当前发展的实际情况，强调用能够反映环境效益的自然资源稀缺程度来表征自然资源经济效用更具有说服力，符合当前发展的主流观点。相比总产出和稀缺程度而言，自然资源的经济生产效率是从经济效用和环境效用两个角度考量自然资源经济使用产生的效用，强调如何用更少的自然资源获得更多的经济产出，能够更为全面地反映环境质量与经济发展互动过程中产生的效用水平。自然资源经济效用三个表征指标之间的联系与区别具体见表 1-5。

表 1-5　　　　自然资源经济效用表征指标比较分析表

自然资源经济效用表征指标	效用属性	设置视角	表征程度
经济产出	绝对效用	经济效益	低
自然资源的经济生产效率	相对效用	经济效益和环境效益	高
自然资源的稀缺程度	相对效用	环境效益	中

---

① Wackernagel M.Ecological Footprints of Nations [EB/OL]. http://www.encouncil ac cr/rio/focus/report/English/footprint.html，1997.
② 公式（1.39）中的12%是基于保护生态多样性的角度提出的，由于原有的生态容量计算仅仅从数量角度出发计算区域所能提供的资源总量，从而忽略了区域生态的多样性要求，没有考虑到发展的质量要求。针对这一问题，世界环境与发展委员会（WCED）曾提出，至少有12%的生态容量需被保存以保护生物多样性。

1.4.2 自然资源经济使用效用形成的一般过程

在上一小节的研究中，讨论了自然资源经济使用形成效用的度量视角，本小节将在此基础上，对自然资源经济使用效用形成的一般过程进行详细分析，深入探讨环境质量与经济发展互动关系过程中静态效用的形成机制，具体如图 1-13 所示。

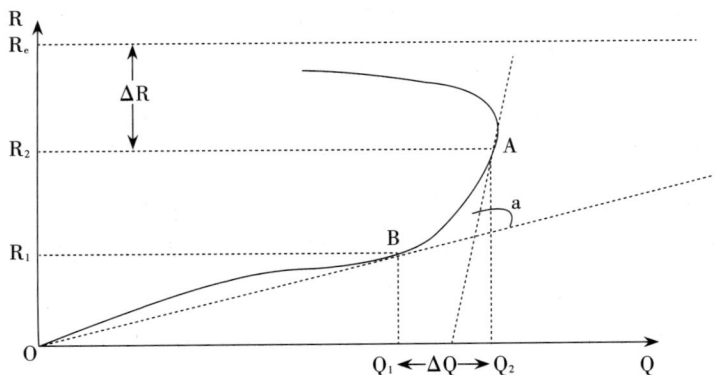

图 1-13 环境质量与经济发展间静态效用形成过程示意图

一、绝对效用的形成过程

在前面的理论研究部分已经讨论过，绝对效用是衡量静态效用的一种表征指标，使用经济发展和环境质量的相关总量指标来反映两者互动关系过程中静态效用的形成过程。自然资源经济使用的绝对效用是指通过一定量自然资源的使用，能为经济发展水平总量增长带来的效用程度。在图 1-13 中，从点 B 到点 A 的变化过程中，环境资源使用量从 R_1 增加到 R_2，相应的经济总产出由 Q_1 也增加到 Q_2 的总产出水平，两者间产生了 ΔQ 的产量增长，相应地，由于经济总产出增加导致了经济效用水平的提升，形成了环境资源经济使用绝对效用的增加。

二、相对效用的形成过程

在前面的理论研究部分已经讨论过，相对效用也是衡量静态效用的一种重要的表征指标，其由两个二级指标构成：环境质量与经济发展间的投入产出效率，环境资源的相对稀缺性。

（一）环境资源经济使用的投入产出效率

所谓环境资源经济使用的投入产出效率实际是指环境资源每增加一单位的使用，经济发展水平或经济产出增长的程度。由该定性描述可知，环境资源经济使用投入产出效率的几何含义为总产出曲线的斜率。在图 1-13 中，从点 B 到点 A 的过程中，总产出曲线斜率不断变大，表明随着环境资源经济使用的投入，等量的环境资源投入获得的经济产出在减小，即边际产出递减，相应地，环境资源经济使用的投入产出效率在下降，环境质量与经济发展互动关系过程中产生的相对效用在减少。

（二）资源稀缺性

资源稀缺性是相对效用的另一种表征指标，反映了环境资源使用量和环境资源禀赋间的相对稀缺度。在图 1-13 中，从点 B 到点 A 的变化中，环境资源使用量在不断增加，从 R_1 增加到 R_2，而短期内环境资源禀赋并不会改变，维持在 R_e 的水平，环境资源使用量和环境资源禀赋间的差距为 ΔR，两者间的差距反映了环境资源的稀缺程度，且这种由环境资源稀缺程度导致的环境质量效用水平的增加在不断持续。

第二章　基于投入产出分析的中国能源利用效率测度方法研究

2.1　思想与原理

2.1.1　研究背景

　　从 20 世纪 70 年代末的改革开放以来，中国经济进入快速发展的新阶段。1978—2010 年，中国 GDP 达到 397 983 亿元人民币，年均增长率达到 9.97%，到 2011 年，中国 GDP 达到 471 564 亿元人民币，已经超过日本，位居世界第二。同时，中国在 2010 年也成为世界上最大的能源消耗国家。2009 年，中国在丹麦首都哥本哈根举行的全球气候会议上，温家宝总理代表中国向世界各国做出节能减排的承诺：与 2005 年的碳排放量相比，到 2020 年要实现降低 40% ~ 50% 的目标，此目标不仅需要国家层面的产业转型，更要依赖于各省份主动积极的减排行动。到 2016 年为止，中国的减排目标并未取得较大进展，所以国家还需要把握各省域的能源利用效率，制定出科学合理的减排政策。虽然中国是一个资源大国，但是与发达国家相比，作为一个发展中的国家，中国的经济正处于高速发展的阶段，对于能源的利用也在不断增加，随着资源的不断减少，供需矛盾会变得越来越尖锐。中国每生成1亿美元国内生产总值需要消耗约11万到12万吨标准煤，大约为日本的6倍多，德国的4倍多，美国的3倍多，巴西的2倍多。显而易见，中国这种"粗放式"的生产模式是以耗费大量的不可再生资源为前提的，这种发展模式不符合可持续发展目标，能源的过度耗费和环境的严重污染不仅会引起世界范围内对于资源的争夺，还会由于环境污染越来越严重影响人类生存。

早期对于经济增长的研究大多是不考虑自然资源的消耗问题的，过去，经济学家认为影响中国经济增长的因素是劳动力、资本和土地等要素。随着经济的不断发展，能源的供需逐渐出现矛盾，经济学家开始注意到自然资源对于中国经济的发展有不可替代的约束作用。随着自然资源的不断减少，势必会引起国际范围内对自然资源的掠夺，一场抢夺自然资源的国际战争将会是不可避免的。当经济学家们开始意识到自然资源对于人类社会的发展的重要影响时，就将焦点放在自然资源的研究上了。如何才能在不影响各国经济发展的同时，自然资源的消耗尽量减少？这个问题成为经济学家和学者们的关注点。在没有发现其他可再生、可替代资源的情况下，只有通过提高能源利用效率，减少环境污染才能保证自然资源合理利用，避免自然资源的掠夺战争。

近年来，随着中国经济的快速发展，能源利用效率也有一定程度的提高。但是，从世界范围看，中国的能源利用效率相对较低，资源人均占有率少。中国2010年资源消耗量已经比1992年资源消耗量增加了两倍。随着资源消耗的不断增加，不可再生资源储存量的不断减少，为了保证经济的可持续发展，中国开始制定各种能源政策。在"十一五"规划中提出了节能减排的总体目标。而且，中国政府还加强了环境法规建设，积极推动能源净化技术的发展，这些措施主要是为了提高中国的能源利用效率，走可持续发展道路。

近年来，随着不可再生能源储存量的不断减少，环境污染逐渐加重，实现节能减排和发展循环经济越来越受到国际上的关注。各国经济学家将焦点放在如何让经济循环发展的研究上。发展循环经济是各国未来经济发展的一个大趋势，循环经济道路的核心是减少污染和节省能源。现在的中国经济乃至世界经济都已经走到需要转型的时期，能否把握好这个转折点，对于中国经济未来的发展形势至关重要。虽然过去中国经济发展迅猛，但是其发展模式是不符合未来经济发展趋势的。过去中国经济发展模式是粗放型、扩张性的经济发展模式，接下来中国经济开始进入到节约型、优化型经济发展模式。只有转变传统的经济发展模式，才能保证中国经济的健康、可持续发展，而不是一个短暂时期的增长。

2.1.2　研究意义

一、理论意义

改革开放以来，中国的工业得到快速发展，在三大产业中，工业所占比重最大，是中国经济发展的重要组成部分，但是中国工业的发展是以能源的大量消耗为基础的。能源的大量消耗不仅给环境造成了严重的污染，而且随着自然资源的不断减少，终究会成为经济发展的阻力。面临这种情况，走可持续发展道路成为解决能源问题和环境问题的关键所在。1992 年，联合国和环境发展大会给出了可持续发展的定义，"在满足当代人需求的前提下，不损害子孙后代的利益"。即在我们发展经济的同时，尽最大努力保护人类赖以生存的自然资源与环境，实现经济、环境和社会资源得到协调发展。本章在此基础上，希望能够在不影响经济快速发展的前提下，可以提出一条资源利用率高、环境污染少的符合可循环发展政策的发展道路，使自然资源得到高效利用，尽最大努力保护好社会环境，从理论上来说，这样能够使我们的经济发展更符合中国作为发展中国家的当代国情，在我国经济处于转型时期指导中国经济快速、健康发展。

本章使用 Bootstrapped-DEA 非参数统计方法进行实证分析，在考虑环境效应的影响下，对中国 30 个省域的全要素能源利用效率进行了测度，并通过 Malmquist 指数分解法对全要素能源利用效率进行分解，研究各部分指数对全要素能源利用效率的影响，最后通过 Moran I 指数对中国省域全要素能源利用效率的空间相关性进行检验，研究某一省份是否受到其相邻省份经济活动的影响。传统的 DEA 模型属于一种非参数估计方法，没有生产函数，所以各种边际效应、各种参数的弹性和参数的统计性估计量无法得到。而 Bootstrapped-DEA 方法克服了这些缺点，使能源的效率研究更符合实际，可以为能源政策的制定提出更符合实际情况的建议。

二、现实意义

能源是推动经济发展的关键所在。中国未来经济能否健康稳定发展，能源供给是否能够满足需求将会成为决定性因素之一。但是现在大多数资源是不可再生资源，中国作为一个发展中国家，正处于经济快速发展阶段，对于资源利用的需求也在不断增长，资源的供需矛盾越来越尖锐，资源的供给越来越少。在这种情况下，要保证能源的供给和需求平衡，只能提高能源利用效率，这样做不仅可以减少环境污染，而且可以为人类找到可再生资源提供时间保证。所以，合理规划和利用资源对于经济发展具有重要意义。本章立足于中国经济的健康稳定发展，采用科学合理的方法对能源利用效率进行测度，期望为中国经济发展提供帮助。

中国经济近几十年的发展经验证明，低效率、污染严重的能源消耗模式，已经不符合当代经济可持续发展的要求。解决我国目前困境的方法就是提高能源利用效率，减少能源消耗量。面对日益加重的环境污染和资源不可再生问题，只有借鉴发达国家的发展经验，结合我国各省域实际情况，科学、合理、客观地对中国省域能源利用效率发展现状做出评价，在提高能源利用效率的基础上，发展太阳能等清洁能源，并大力支持技术创新和改革，通过最低的能源使用保持我国经济的正常发展。

2.1.3 研究现状

目前对全要素能源利用效率收敛性的研究主要是国家、省级和市级层面通过面板数据进行研究，而研究最多的是从省级层面出发的，因为省域的发展关系到一个国家是否可以实现可持续发展。大多数专家学者认为改革开放以来，我国能源消耗的大幅度增长是因为我国能源利用效率过低造成的，所以迫切需要从以下三个方面对能源利用效率进行深入探讨。

第一，目前对于能源利用效率的测度方法很多，但是由于不同方法计算得到的结果存在差异，以致政策建议存在一些不同。即使在全要素能源利用效率核算中，由于学者们观点的不同，通常选择的投入和产出指标存在差异，导致测算结果会有明显差距。在这种情况下，对能源利用效率的测算方法的选择仍然是一个需要进行研究的问题。

第二，许多学者和专家们对能源利用效率的测算已经进行了大量的研究和探讨，分析并指出了影响能源利用效率的诸多因素，但是对于这些决定性的影响因素，我们仍然缺乏有效的理论支持，如何利用研究模型推导出决定性的影响因素，将成为以后的研究重点。

第三，在全要素的测度中，将环境因素考虑进去，构造出包含环境变量的绿色能源利用效率，会成为一个研究能源利用效率的热点问题。这不仅为我们测度能源利用效率提供一个新视角，也为我们解决环境问题提供一种新的方法，实现可持续发展。

2.2　模型与步骤

2.2.1 Bootstrapped-DEA 分析方法

一、DEA 方法

（一）DEA 的基本概念

数据包络分析方法（Data Envelopment Analysis，DEA）是一种非参数效率评估的方法。Farrell 于 1957 年在研究中第一次提出数据包络思想的概念，并在 1978 年由美国运筹学家 Rhode、Cooper 和 Chames 正式创建。数据包络分析是通过运筹学模型测算各个决策单元之间的相对效率，并进一步对决策单元之间的效率水平差异性进行效率评价，进而得到各决策单元存在差异的原因。

通常，能源利用效率是指一个国家、地区、企业或者某个项目在生产过程中有效利用的能源与实际消耗能源的比值，是一个综合性指标，用来反映能耗水平和能源利用效果，其值越大，表示利用效率越高；反之，则利用效率越低。根据生产过程中能源投入和产出指标的数量不同，能源利用效率可以分为单要素能源利用效率和全要素能源利用效率。

单要素能源利用效率通常指只考虑能源作为唯一的投入指标时，其有效产出量与能源投入量相比得到的比值。这种指标虽然使用和计算比较简便，但是却存在很多问题，只考虑了能源投入，与实际情况存在差异。在经济学研究中，我们认为能源投入、人力资本和资本存量这些是可以互相转化的，所以单要素能源利用效率无法准确反映能源利用效率的变化。

与单要素能源利用效率相比，全要素能源利用效率恰好可以弥补单要素能源利用效率的缺陷。全要素能源利用效率以全要素生产理论为基础，认为在整个社会生产的过程中，所利用的各种投入要素在一定条件下是可以相互替代的。其不仅考虑到能源投入，还考虑了人力资本和资本存量等指标，这种方法与单要素能源利用效率相比，更符合实际情况，更可以准确地度量能源利用效率。

全要素能源利用效率主要包括参数和非参数两种统计方法。参数统计方法中具有代表性的是随机前沿分析法，而非参数统计方法的典型方法是数据包络分析法。与随机前沿分析法（SFA）相比，数据包络分析法（DEA）使用更为方便，其不需要特定的生产函数，并且所需指标相对较少，且各指标之间不需要统一单位，保留原始数据完整性即可。

以下以投入型能源利用效率模型为例，对全要素能源利用效率模型（DEA 模型）进行简要介绍。

投入型能源利用效率模型如图 2-1 所示，横坐标代表投入能源量，纵坐标代表人力资本、资本存量等其他投入，GG1 为被简化的等产出曲线，等产出曲线远离坐标轴的部分产出全部相等，点 A 和点 D 分别为两个评价单元（DMU1 和 DMU2）的实际投入点，可以明显看出，当点 A 沿着原点方向逐渐移动到点 B 时，可以同比例地降低能源投入和其他投入，这说明点 B 的能源利用效率明显比点 A 高，但这并不能说明点 B 就是最优能源利用效率点，因为当点 B 逐渐向点 C 移动时，其他投入不变，能源利用减少，而产出保持不变，这是由于资源配置不当（规模效率低）使得能源利用效率损失的部分得到提高（BC），而从点 A 到点 B 能源利用效率得到提高主要是由于技术效率得到提高（AB）。

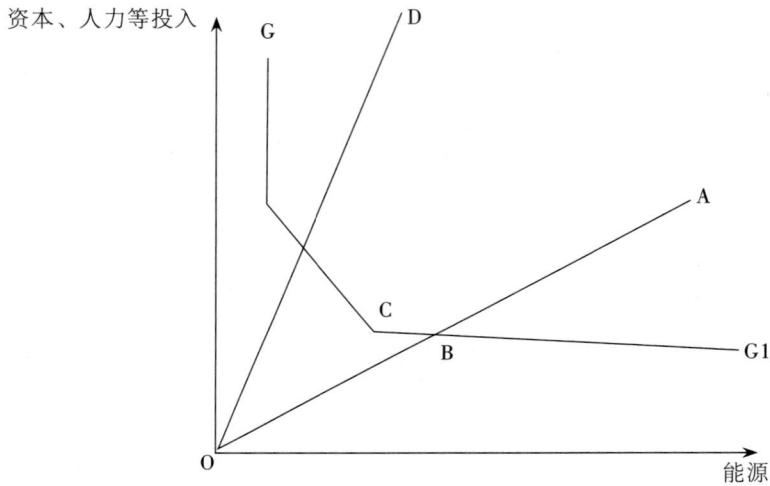

图 2-1 基于投入的能源利用效率模型图

在产出量不变的情况下，如果不能找到比点 C 能源投入量更少的点，则称点 C 为效率值最优点，其效率值为 1，而点 A 小于点 B，小于 1。

（二）DEA 方法原理

当前，对前沿函数的估计方法主要包括参数法和非参数法。参数法是通过生产前沿函数对能源利用效率和生产效率进行测算，主要方法有自由分布法、厚前沿分析方法和随机前沿分析法，其中比较典型的方法是随机前沿分析法。本章则选取非参数方法，即数据包络分析法，这种分析方法不仅不需要过多指标，对产出变量的个数也没有限制，还可以考虑环境因素对能源利用效率的影响。相关分析如下：

假设受估单元数为 j（j=1，2，…，n），每个决策单元有 i 项投入（i=1，2，…，m）和 r 项产出（r=1，2，…，s），输入向量为：

$$\begin{pmatrix} x_{11} & x_{12} & x_{13} & \cdots & x_{1j} & \cdots & x_{1n} \\ x_{21} & x_{22} & x_{23} & \cdots & x_{2j} & \cdots & x_{2n} \\ \vdots & \vdots & \vdots & & \vdots & \cdots & \vdots \\ & & & & x_{rj} & & \\ \vdots & \vdots & \vdots & & \vdots & \cdots & \vdots \\ x_{s1} & x_{s2} & x_{s3} & \cdots & x_{sj} & \cdots & x_{sn} \end{pmatrix} \qquad (2.1)$$

输出向量为：

$$\begin{pmatrix} y_{11} & y_{12} & y_{13} & \cdots & y_{1j} & \cdots & y_{1n} \\ y_{21} & y_{22} & y_{23} & \cdots & y_{2j} & \cdots & y_{2n} \\ \vdots & \vdots & \vdots & & \vdots & \cdots & \vdots \\ & & & & y_{rj} & & \\ \vdots & \vdots & \vdots & & \vdots & \cdots & \vdots \\ y_{s1} & y_{s2} & y_{s3} & \cdots & y_{sj} & \cdots & y_{sn} \end{pmatrix} \qquad (2.2)$$

则相对效率表示如下：

$$\begin{cases} \max h_{j_0} = \dfrac{\sum\limits_{r=1}^{s} u_r y_{rj_0}}{\sum\limits_{i=1}^{m} v_i x_{ij_0}} \\[4mm] s.t. \dfrac{\sum\limits_{r=1}^{s} u_r y_{rj}}{\sum\limits_{i=1}^{m} v_i x_{ij}} \leqslant 1, j = 1,2,\ldots n \Leftrightarrow \\[4mm] u \geqslant 0, v \geqslant 0 \end{cases} \begin{cases} s.t. \sum\limits_{j=1}^{m} \lambda_j y_{jr} \geqslant y_{0r} \\[3mm] \vartheta x_{0i} - \sum\limits_{j=1}^{m} \lambda_j x_{ji} \geqslant 0 \\[3mm] \lambda_j \geqslant 0 \end{cases} \qquad (2.3)$$

当加入 $\sum\limits_{j=1}^{n} \lambda_j = 1$ 条件时，由 CCR 模型变为 BBC 模型，即由规模报酬不变的模型转化为规模报酬变动的模型。

二、Bootstrapped-DEA 分析方法

本章对全要素能源利用效率的分析采用了 Bootstrapped-DEA 方法，在原有 CCR-DEA 模型上进行了改进，把 Bootstrap 方法和 DEA 方法相结合，使得到的结果更为精确。Bootstrap 方法属于非参数统计方法，在 1979 年由 Efron 首次提出。其原理是在原有样本中进行有放回的抽样，从而通过产生的伪随机数对总体分布进行推断。把 Bootstrap 方法和 DEA 方法相结合，不仅能够对原来效率值进行修正，还可以求出偏差，并得到效率值的置信区间，从而对决策单元之间的差异进行更准确的评估。

Bootstrapped-DEA 方法的步骤如下：

（1）由 DEA 模型求出每个决策单元 DMU(X_k, Y_k) 的技术效率值，

记为 $\theta_k(k=1，\cdots，n)$。

（2）对原样本进行有放回抽样，生成新样本，计算新样本每个决策单元的效率值 θ_{Rk}。

（3）利用步骤（2）中计算的结果得到模拟样本 (X_{Rk}^*,Y_k)，其中：

$$X_{Rk}^* = \frac{\hat{\theta}_k}{\theta_{Rk}} \times X_k \tag{2.4}$$

（4）对步骤（3）中得到的模拟样本求每个决策单元的效率估计值 $\hat{X}_{Rk}^*$。

重复步骤（2）到（4）M 次，本章选取 2 000 次。

（5）计算出每个决策单元初始效率值和修正后的效率值的大小。

具体如图 2-2 所示。

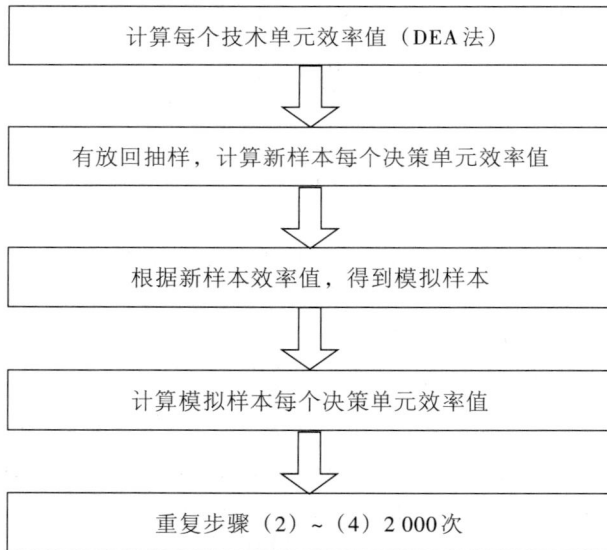

图 2-2　Bootstrapped-DEA 方法的步骤图

2.2.2　技术进步对全要素能源利用效率的影响

一、Malmquist 指数相关概念

Malmquist 指数的概念最早于 1953 年由瑞典经济学家 Sten Malmquist 首先提出，并于 1982 年由 Caves、Christensen 和 Diewert 等将

Malmquist 指数应用到生产效率测算当中。到 1994 年，Fare 等对 Malmquist 指数做出了明确的定义，并将其与数据包络分析法相结合，形成了测量全要素能源利用效率的 Malmquist 指数。

Malmquist 指数的使用有以下有利之处：第一，它是对整体要素生产力的衡量；第二，需要信息量少，无具体生产函数，计算简便，同时避免了具体生产函数带来的误差；第三，可以将全要素生产效率分解为技术进步效率、技术效率和规模效应，进行更深入的分析。但 Malmquist 指数也存在一定的缺点，在对全要素能源利用效率的研究中，存在不期望生产（如环境污染），不期望生产越少，经济效率越好，然而 Malmquist 指数定义中非期望产出的增加加大了经济效率，这不符合自然规律，因此非期望产出不能包含在 DEA-Malmquist 模型中，这也是本章对全要素能源利用效率研究不采用 DEA-Malmquist 模型的原因。

二、Malmquist 指数分解法

Malmquist 生产效率指数定义如下：

$$M_0^{t+1} = \left(\frac{D_0^{t+1}(x^{t+1}, y^{t+1})}{D_0^t(x^t, y^t)} \frac{D_0^{t+1}(x^{t+1}, y^{t+1})}{D_0^{t+1}(x^t, y^t)} \right)^{\frac{1}{2}} \tag{2.5}$$

式中：(x^t, y^t) 和 (x^{t+1}, y^{t+1}) 分别表示第 t 期和第 t+1 期的投入向量和产出向量，D_0^t 表示距离函数（以第 t 期的技术 s^t 为参照），D_0^{t+1} 表示距离函数（以第 t+1 期的技术 s^{t+1} 为参照）。

假设规模报酬不变时，Malmquist 生产效率指数还可进一步分解为技术效率指数（eff）和科技进步指数（tech），如下式所示：

$$M_0^{t+1} = \frac{D_0^{t+1}(x^{t+1}, y^{t+1})}{D_0^t(x^t, y^t)} \times \left(\frac{D_0^t(x^{t+1}, y^{t+1})}{D_0^{t+1}(x^{t+1}, y^{t+1})} \frac{D_0^t(x^t, y^t)}{D_0^{t+1}(x^t, y^t)} \right)^{\frac{1}{2}} \tag{2.6}$$
$$= eff \times tech$$

式中：乘号之前部分代表技术效率指数（eff），如果决策 eff>1，表示决策单元不断靠近前沿面，效率不断改善，相反效率下降；乘号后边部分代表科技进步指数（tech），当 tech>1 时，表示生产性边界向外移动，即效率得到改善，否则效率下降。

在规模报酬可变的前提下，eff 可进一步分解为纯技术效率指数

（pech）和规模效率指数（sech）。

$$
\begin{aligned}
\text{eff} &= \frac{D_0^{t+1}\left(x^{t+1}, y^{t+1} \mid \text{CRS}\right)}{D_0^{t+1}\left(x^t, y^t \mid \text{CRS}\right)} = \frac{D_0^t\left(x^{t+1}, y^{t+1} \mid \text{VRS}\right)}{D_0^t\left(x^t, y^t \mid \text{VRS}\right)} \times \\
&\quad \left[\frac{D_0^{t+1}\left(x^{t+1}, y^{t+1} \mid \text{CRS}\right)}{D_0^t\left(x^t, y^t \mid \text{CRS}\right)} \frac{D_0^t\left(x^t, y^t \mid \text{VRS}\right)}{D_0^{t+1}\left(x^{t+1}, y^{t+1} \mid \text{VRS}\right)}\right] \\
&= \text{pech} \times \text{sech}
\end{aligned}
\tag{2.7}
$$

式中：乘号前的部分表示纯技术效率指数（pech），当 pech>1 时，在变动规模报酬假设下表示效率改进，反之效率下降；乘号后面的部分表示规模效率指数（sech），当 sech>1 时，被评价单元第 t+1 期比第 t 期更接近于规模报酬，否则会远离。

上述各公式中提到的距离函数是由 Shephard 求得的距离函数，具体算法以距离函数 $D_0^t\left(x^t, y^t \mid \text{CRS}\right)$ 为例，假设决策单元数为 K，第 K 个决策单元的距离函数由下式求得，其他距离函数求解方法相同。

$$
\begin{aligned}
D_0^t\left(x^t, y^t \mid \text{CRS}\right)^{-1} &= \max_{\theta, \lambda} \theta \\
\text{s.t.} \quad -\theta y^t &+ Y^t \lambda \geq 0, \\
x^t &- x^t \lambda \geq 0, \\
\lambda &\geq 0
\end{aligned}
\tag{2.8}
$$

2.3　应用与案例

2.3.1　全要素能源利用效率测度实证分析

一、变量选取原则

在利用 DEA 方法对全要素能源利用效率测度研究中，对指标的选择应该遵循以下原则：第一，选的指标应该保证数据可得，这是最基本的选择，只有保证得到准确的数据，才能进行精确的实证分析；第二，根据研究目的进行选择，选择对于研究意义更有针对性的指标，综合评价过程中可以选取的指标很多，但是应该根据不同的研究目的，选取不同的指标，才能保证评价结果的准确性；第三，选取的指标还应该能够客观反映我国各省、自治区、直辖市能源利用状况，坚持客观性原则，尽量避免个人主观偏好；第四，选取的指标之间核算内容和时间保持一致。在可以充分反映能源利用效率的前提下，所选择的指标数量应该越少越好。

二、变量说明及数据来源

（一）投入指标选取

（1）能源投入

通过查阅中外有关全要素能源利用效率研究的文献发现，对能源投入的指标统一选择了能源消耗总量。所以本章也采用了各省、自治区、直辖市能源消耗总量来衡量能源投入。由于宁夏 2005 年能源消耗总量数据的缺失，本章采用算术平均法计算 2005 年数据，用 2004 年、2006 年数据的平均值来替代。

（2）资本投入

对于资本投入的衡量指标，大多数文献采用了永续盘存法来计算资本存量。还有一部分文献采用了固定资产投资或者资本形成总额来表示资本投入。由于我国目前对于资本存量的计算并没有官方统计，计算方法并不统一，在学术界较为认可的核算方法包括单豪杰的资本存量核算方法和张军的资本存量核算方法。为保证数据的精确性，本章采用资本存量作为资本投入指标。全部转换为以 2001 年价格为基础计算的不变价格资本存量。由于张军教授的资本存量核算到 2009 年，本章在此基础上通过其计算方法将资本存量核算到 2017 年。

（3）劳动力投入

对于劳动力投入指标的选择不太统一，有些文献采用了当年就业人口作为劳动力投入指标，还有一些外文文献采用工作小时数或人均教育水平作为劳动力投入指标。在这些指标中，教育年限法使用较多，较其他几种方法更为准确。考虑到指标衡量的精确性等因素，本章通过教育年限法求出各省、自治区、直辖市人口平均受教育程度乘以就业人口来衡量劳动力投入。将受教育程度分为未上过学（人数 N_1）、上过小学（人数 N_2）、上过初中（人数 N_3）、上过高中（人数 N_4）、上过大专及以上（人数 N_5）五大类，根据中国目前的教育情况，未上过学和小学教育年限平均记为 4 年计算，初中教育年限按 9 年制计算，高中教育年限按 12 年制计算，大专及以上教育年限按 16 年计算。则平均受教育年限为：

$$ME = \frac{4 \times (N_1 + N_2) + 9 \times N_3 + 12 \times N_4 + 16 \times N_5}{N_1 + N_2 + N_3 + N_4 + N_5} \qquad (2.9)$$

得到平均受教育程度之后，用平均受教育程度乘以各省市就业人口来衡量劳动力投入。贵州省由于统计口径的变化，数据差距过大。2015年、2016年和2017年原来口径的年末就业人口缺失，因此2015年、2016年和2017年年末就业人口数据可以依据趋势外推法求得。

（二）产出指标选取

（1）国内生产总值（GDP）

在关于全要素能源利用效率的研究中，基本上所有文献都选取国内生产总值（GDP）作为产出指标。国内生产总值是用来衡量一个国家或地区经济发展水平的重要指标，能够反映全要素能源利用效率的变化，所以本章选取30个省、自治区、直辖市的国内生产总值作为期望产出指标，并将数据统一转换为2001年的基本价格。

（2）工业废气排放总量的倒数

在能源生产效率研究中，许多文献将环境污染作为投入指标进行核算。但是环境污染对产出影响较大，且数据包络分析指标选取原则中要求在可以充分反映能源利用效率的前提下，投入指标选取应该越少越好，考虑到这两方面的因素，本章将环境污染放入产出指标中，这样可以更准确地反映能源利用效率的变化。同时由于环境污染属于不期望产出，本章将工业废气排放总量的倒数作为非合意产出指标。

（三）数据来源与说明

本章以2001—2017年为研究期间，研究了中国30个省级行政单位的全要素能源利用效率，将西藏地区排除在外，主要是由于西藏地区数据缺失严重。本章选取2001年为基期，是因为从2001年重庆和四川开始分开核算经济指标，得到的数据更为精确。本章所有数据主要来源于《中国统计年鉴》、《中国环境统计年鉴》、《中国人口和就业统计年鉴》和各个省行政区统计年鉴，部分缺失数据通过趋势外推法和算术平均法计算得到。

三、全要素能源利用效率测度结果分析

（一）地区能源利用效率分析

使用基于R平台开发的Benchmarking程序包，计算出了DEA效率值、通过 Bootstrap 修正后的效率值、偏差、95% 置信区间的上、下边界。由于篇幅限制，本章没有全部列出，以下以 2009 年为例（见表 2-1），其他年份和 2009 年基本相同。

表 2-1　　　　　2009 年全国各地区能源 DEA 效率值

决策单元 DMU	DEA 效率值	修正效率值	偏差	下边界	上边界
北京	0.8739	0.8132	0.0607	0.7428	0.8695
天津	1.0000	0.8952	0.1048	0.8092	0.9930
河北	0.7887	0.7487	0.0400	0.7001	0.7850
上海	1.0000	0.8679	0.1321	0.6979	0.9934
江苏	0.8812	0.8097	0.0714	0.6850	0.8764
浙江	0.9027	0.8414	0.0613	0.7625	0.8966
福建	0.9541	0.8953	0.0588	0.8277	0.9495
山东	0.8311	0.7725	0.0586	0.6836	0.8279
广东	1.0000	0.8638	0.1362	0.6931	0.9935
海南	1.0000	0.8699	0.1301	0.6959	0.9947
山西	0.8709	0.8338	0.0370	0.8010	0.8656
安徽	0.8772	0.8412	0.0360	0.8035	0.8717
江西	0.8487	0.8030	0.0457	0.7537	0.8442
河南	0.8590	0.8178	0.0412	0.7674	0.8545
湖北	0.5786	0.5433	0.0353	0.5089	0.5751
湖南	0.9588	0.9144	0.0444	0.8720	0.9537
内蒙古	0.8551	0.8095	0.0456	0.7648	0.8499
广西	0.9707	0.9353	0.0354	0.8970	0.9656
重庆	0.6256	0.5880	0.0376	0.5419	0.6226
云南	0.7950	0.7634	0.0315	0.7343	0.7908
陕西	0.7381	0.7069	0.0312	0.6790	0.7341
甘肃	1.0000	0.9442	0.0558	0.8966	0.9947
青海	1.0000	0.8747	0.1253	0.7361	0.9946
宁夏	0.9801	0.8985	0.0817	0.7676	0.9740
新疆	0.6455	0.5962	0.0493	0.5402	0.6411
辽宁	0.8937	0.8431	0.0506	0.7876	0.8888
吉林	0.8573	0.8134	0.0439	0.7774	0.8519
黑龙江	1.0000	0.9378	0.0622	0.8923	0.9939

从图 2-3 可以看出，有些省份通过传统 DEA 方法计算得到的效率值为 1，这并不能代表这些省份效率值已经达到最大，没有办法提高。只是说明这些省份处于生产前沿面上，所处状态仍然可以得到改善。与传统 DEA 方法计算出的全要素能源利用效率相比，Bootstrapped-DEA 方法修正后的效率值有明显的降低，充分说明传统 DEA 方法计算得到的效率值要偏高于实际值，而通过 Bootstrapped-DEA 方法计算得到的效率值更精确，更符合实际情况。所以应该选择修正后得到的效率值进行各省市能源利用效率分析。下文对全要素能源利用效率值的研究采用的是 Bootstrap 修正后的能源利用效率值。

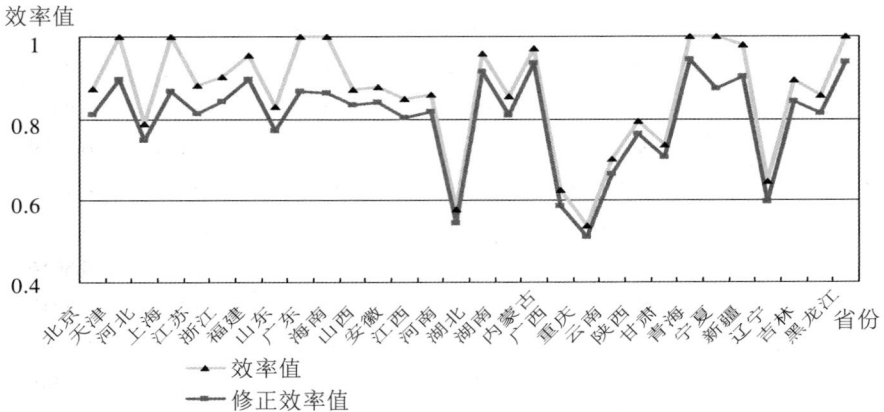

图 2-3　2009 年能源利用效率值和修正效率值图

通过 R 软件利用 Bootstrap 方法对基础的 DEA 模型得到的全要素能源利用效率得分进行修正。

随着时间的不断推移，各省的能源利用效率值普遍呈现先上升后下降的趋势。沿海地区和东部一些老工业基地的能源利用效率值明显较高，而西部一些地区能源利用效率值则相对较低。其中北京、上海等地区能源利用效率值较高是正常情况，而青海、宁夏等经济落后地区能源利用效率值也相对较高，这与我们的想法不一致，本章认为这两个地区的能源利用效率值较高的主要原因是：第一，本章考虑了环境的影响，这两个地区都属于环境质量高，污染少的地区；第二，这两个地区工业发展速度较慢，能源消耗量较少。以上两个方面导致了这两个地区能源利用效率值较高。

（二）区域能源利用效率分析

由于中国地大物博，各个地区之间的经济发展水平、资源禀赋和环境污染程度都存在很大的差异，所以各区域之间的能源利用效率也存在不同的变化特征。随着时间的不断推移，各个区域的经济发展也将经历不同的演变过程，在这样的客观情况下，为了研究各个区域间的相同点和不同点，以下将中国划分为三大区域进行分析。

从区域范围来看，我国地域可以分为东部、中部、西部三大区域。东部地区包括北京、天津、河北、上海、江苏、浙江、福建、山东、广东、海南和辽宁地区，其地处沿海地带，地理位置较好，经济发展较快；中部地区包括山西、安徽、江西、河南、湖北、湖南、吉林和黑龙江地区，其经济发展水平处于东西部地区之间；西部地区包括内蒙古、广西、重庆、四川、贵州、云南、陕西、甘肃、青海、宁夏、新疆和西藏地区，其经济发展较慢。但是由于数据缺失原因，本章的研究不包括西藏地区。

改革开放 40 多年以来，虽然中国经济在不断加速增长，但是随着时间的推移，区域间发展的不平衡性也逐渐显现出来。东部地区的经济发展速度远远高于中部和西部地区，这是由于东部地区地理位置优越，处于沿海地区，相比其他两个地区工业发展较快，且国家给予东部地区优惠政策较多。中西部地区虽然资源禀赋丰富，但是由于历史诸多原因，中西部地区经济发展较为缓慢。区域之间的差距也在慢慢增大。

由图 2-4 可以看出，东部地区能源利用效率值较高，西部地区能源利用效率值最低，但 2012 年之后，中部地区和西部地区平均能源利用效率逐渐趋近。2009 年之前，三大地区能源利用效率值均有下降的趋势，2009 年之后，东部地区能源利用效率值趋于平稳，中部和西部地区下降趋势变缓，但仍然缓慢下降。

我国东部地区处于沿海地带，地理位置相对较好，相对西部和中部地区而言，其经济发展较快，拥有较高的技术水平和较强的经济实力，为能源高效利用提供了优越的条件，所以东部地区能源利用效率值相对较高。中部地区能源利用效率值处于东部地区和西部地区之间，但是 2012 年之后开始逐渐和西部地区趋近。出现这种现象的原因可能是国家开始注重西部经济发展，实行西部大开发战略，将人才和技术不断地

平均能源利用效率值

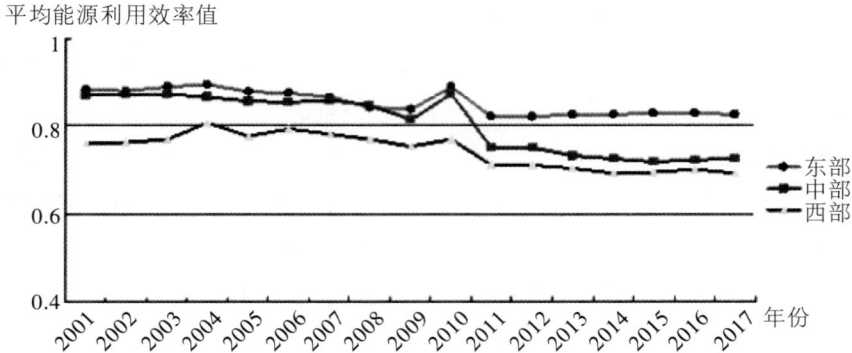

图 2-4　区域历年平均能源利用效率趋势图

引入西部地区，使西部地区经济水平和技术发展水平不断增长，在这种情况下，西部地区的能源利用效率值必定开始改变，逐渐趋近于中部地区。同时由于国家对于中部地区经济发展有所忽略，所以西部地区能源利用效率值开始高于中部地区。但是近年来随着经济的快速发展，国家开始不再将力量全部放在某个特定的地区发展上，转而开始把重点放在各地区经济共同均衡发展上，这会给中部地区的经济发展带来新的力量，使中部地区经济实力快速发展，三个区域能源利用效率逐渐走向均衡。

图 2-5、图 2-6、图 2-7 分别是从 2001—2017 年东部、中部、西部地区各省份平均全要素能源利用效率随时间推移的变化趋势。

从图 2-5 中可以看出，东部地区平均能源利用效率值普遍位于 0.7 ~ 0.9，除河北地区外，其他地区全要素能源利用效率值均处于 0.8 之上，说明东部地区能源利用效率较高。北京、天津、上海、江苏、浙江、福建、广东地区经济发展相对较快，为能源利用效率提供更好的技术水平和条件，所以能源利用效率值较高，全部在 0.8 以上。而河北地区经济发展较为缓慢，三大产业中对经济增长速度贡献率最大的产业是工业，而河北地区第二产业发展缓慢，对经济拉动作用不强，这是造成河北地区的经济与一些强省存在一定差异的主要原因。其经济和技术水平不如其他经济强省发展好，所以难以为能源利用效率提供较好的技术水平和条件，能源利用效率值相对较低，处于 0.8 以下。所以应该促进各地区经济均衡发展，好的经济基础才能够为能源利用效率提供更好的条件，才能更好地保护环境，才更有利于走上可持续发展道路。

平均能源利用效率值

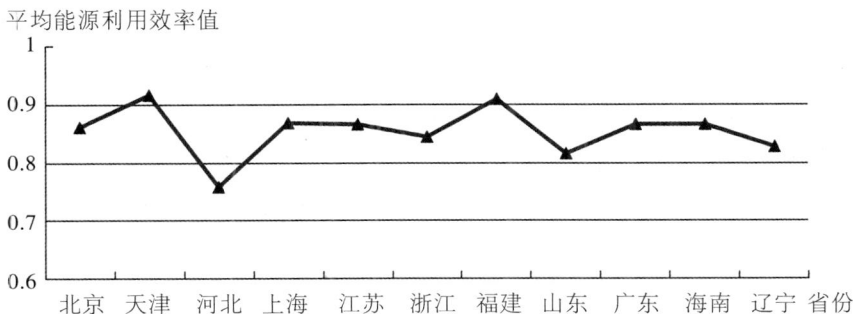

图 2-5 东部地区平均能源利用效率图

从图 2-6 可以看出，中部地区只有湖北地区能源利用效率值在 0.6 以下，河南和吉林地区的能源利用效率值在 0.7~0.8，而山西、安徽和江西地区的能源利用效率值处于 0.8~0.9，湖南和黑龙江地区全要素能源利用效率值处于 0.9 以上。湖南和黑龙江地区经济发展较快，且环境污染不严重，废气排放量不大，故能源利用效率较高；山西、安徽和江西地区经济发展和工业发展相对较慢，全要素能源利用效率也相对较低；河南和吉林地区相对较为贫困，河南地区能源消耗量和废气排放量相对较大，且其经济和技术发展缓慢，所以其全要素能源利用效率值偏低，而吉林地区地处中国东北，地理位置相对较偏，其经济发展并不太快，故其全要素能源利用效率值相对也偏低；湖北地区全要素能源利用效率最低，这可能是因为湖北工业发展相对较弱，导致其经济发展缓慢。总体来说，中部地区全要素能源利用效率地区波动较小，但是与东部地区相比，全要素能源利用效率偏低。

平均能源利用

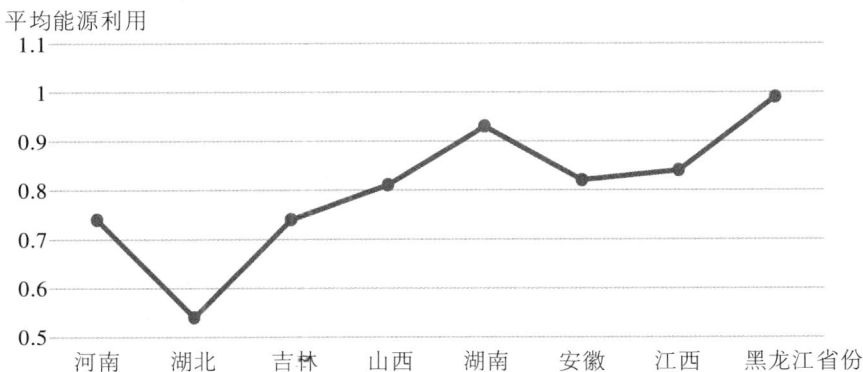

图 2-6 中部地区平均能源利用效率图

从图 2-7 可以看出,西部地区全要素能源利用效率值处于 0.6 ~
0.9,但是只有内蒙古、广西、甘肃、青海、宁夏在 0.8 ~ 0.9,四川和重
庆地区全要素能源利用效率值处于 0.6 之下,这是由于四川和重庆地区
地理位置偏僻,而且属于山区,农业和工业发展缓慢,多以第三产业发
展为主,故其经济发展缓慢,全要素能源利用效率最低。与东部地区和
中部地区相比,西部地区各省份的全要素能源利用效率波动较大。

平均能源利用效率值

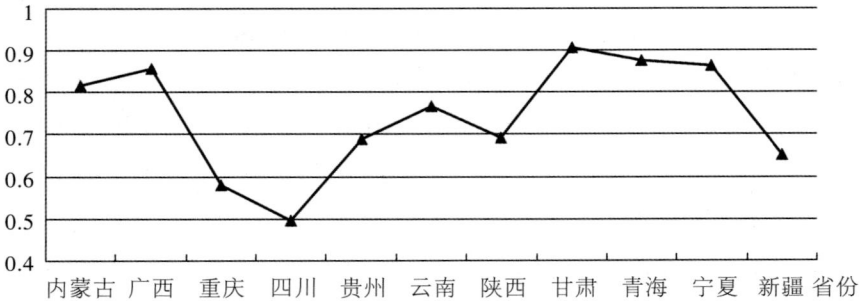

图 2-7　西部地区平均能源利用效率图

综合比较上述三幅图可以看出,在东部地区包括的省市区中,除河
北地区全要素能源利用效率值在 0.8 以下外,其他省市的全要素能源利
用效率值全部在 0.8 以上;在中部地区,河南、湖北、吉林三个省份的
能源利用效率值全部在 0.8 之下,其他省份全要素能源利用效率值处于
0.8 以上;在西部地区,重庆、四川、贵州、云南、陕西、新疆全要素
能源利用效率值全部在 0.8 之下,其他五个地区全要素能源利用效率值
在 0.8 以上。在三大区域内,东部地区全要素能源利用效率值低于 0.8
的较少,而中部地区则相对较多,西部全要素能源利用效率值小于 0.8
的省份最多。在三大区域中,东部地区和西部地区各省市间的差距相对
较小,波动不大;而西部地区内各省市之间的差距较大,波动较大。从
以上分析中也基本上可以确定,全要素能源利用效率的高低和经济发展
水平是息息相关的,东部地区经济较西部和中部地区发展较快,则其能
源利用效率相对最高,西部地区经济发展最慢,其全要素能源利用效率
最低。下一节通过对全要素能源利用效率进行 Malmquist 分解,对各省
市全要素能源利用效率进行更深入的分析。

2.3.2 全要素能源利用效率的分解

一、全要素生产率指数变动的总体分析

表 2-2 列出了我国 30 个省市 2001—2017 年历年平均 Malmquist 生产率指数 M、技术效率指数、科技进步指数、纯技术效率指数和规模效率指数。

表 2-2　　　历年平均 Malmquist 生产率指数及其分解结果

年份	技术效率指数	科技进步指数	纯技术效率指数	规模效率	M
2001—2002	1.005	0.985	1.002	1.002	0.990
2002—2003	1.011	0.976	1.004	1.007	0.987
2003—2004	1.020	0.975	1.014	1.006	0.995
2004—2005	0.983	0.999	0.987	0.996	0.983
2005—2006	0.998	0.981	1.002	0.997	0.979
2006—2007	0.980	0.994	0.992	0.989	0.975
2007—2008	0.976	0.998	0.983	0.992	0.974
2008—2009	0.990	0.969	0.979	1.011	0.958
2009—2010	0.964	1.011	0.977	0.986	0.974
2010—2011	0.992	0.994	0.986	1.005	0.985
2011—2012	0.993	0.987	0.991	1.002	0.980
2012—2013	0.996	0.982	1.000	0.996	0.978
2013—2014	0.985	0.992	0.993	0.992	0.977
2014—2015	1.000	0.982	0.998	1.002	0.983
2015—2016	1.008	0.981	1.003	1.005	0.989
2016—2017	1.014	0.959	1.000	1.014	0.972
平均	0.995	0.985	0.994	1.000	0.980

从表 2-2 可以看出，M 值全部小于 1，说明全要素能源利用效率平均增长率为-2%，与之前学者得到的 0.8% 存在一定的差异，但是本章将环境因素考虑了进去，在产出指标中添加了废气排放量的倒数，必定会降低全要素能源利用效率平均增长率，这也说明我国经济的快速增长是以环境破坏和污染为代价的。我国全要素能源利用效率的增长主要来自于技术效率的贡献，平均增长-0.5%，这并不能说明技术退步，只能说明技术进步速度不断减慢，科技进步效率值平均增长为-1.5%，科技进步速度有所减缓。经过再次分解可以看出，技术效率的增长主要来源于规模效率的贡献，平均增长 0%，这不能说明规模变小，只能说明规模变化不大，纯技术效率增长-0.6%，说明纯技术进步速度有所减缓。

二、各地区平均 Malmquist 生产率指数及其分解

表 2-3 给出了我国 30 个省、自治区、直辖市及东部、中部和西部三大区域全要素生产率指数及其分解指数。

表 2-3　　　　　各省、自治区、直辖市全要素能源平均

Malmqusist 生产率指数及其分解

地区	M	技术效率	科技进步效率	纯技术效率	规模效率
北京	1.046	1.007	1.038	1.005	1.002
天津	1.020	1.005	1.015	1.000	1.005
河北	0.967	0.986	0.981	0.986	1.000
上海	1.054	1.000	1.054	1.000	1.000
江苏	1.016	1.001	1.016	1.007	0.994
浙江	1.029	0.996	1.033	0.996	1.000
福建	1.015	0.993	1.022	0.993	0.999
山东	0.972	0.990	0.982	0.992	0.998
广东	1.011	1.000	1.011	1.000	1.000
海南	0.857	1.000	0.857	1.000	1.000
山西	0.952	0.974	0.977	0.975	0.999
安徽	0.981	1.007	0.974	1.008	1.000
江西	0.979	0.991	0.987	0.994	0.998
河南	0.959	0.977	0.981	0.974	1.004
湖北	0.994	0.987	1.007	0.986	1.001
湖南	0.968	0.996	0.972	0.995	1.002
内蒙古	0.976	0.975	1.001	0.972	1.004
广西	0.973	0.974	0.999	0.975	0.999
重庆	1.045	1.013	1.031	1.013	1.000
四川	1.038	1.015	1.023	1.007	1.008
贵州	0.960	0.997	0.962	1.003	0.995
云南	0.959	0.987	0.972	0.989	0.999
陕西	0.975	1.003	0.972	1.004	0.999
甘肃	0.954	0.994	0.960	0.998	0.996
青海	0.864	1.000	0.864	1.000	1.000
宁夏	0.932	0.996	0.936	0.992	1.004
新疆	0.992	0.992	1.000	0.992	1.000
辽宁	0.985	0.995	0.990	0.994	1.000
吉林	0.975	0.978	0.996	0.980	0.998
黑龙江	0.984	1.008	0.976	1.008	1.000
东部	0.996	0.998	0.999	0.998	1.000
中部	0.970	0.990	0.980	0.990	1.000
西部	0.969	0.995	0.974	0.995	1.000

从表 2-3 中可以看出，生产率指数东部地区最高，中部其次，西部最低。但是三大区域生产率指数差异并不大，区域性特征并不明显，这与之前学者关于这方面研究存在显著的区域性特征有所不同，笔者认为产生这种不同的原因有两方面：第一，之前学者的研究集中在 2012 年之前的数据，随着时间的不断推移，近些年来，我国开始注重经济的全面发展，各区域间的差异生不断减小。第二，明显可以看出，之前学者没有将环境因素考虑进去 所以当时得到的三大区域的有的区域生产率指数明显大于 1，而本章将环境因素考虑进去，经济发展越快的地区，对环境造成的污染越大，所以当我们将环境因素考虑进去以后，经济发展快的地区比经济发展缓慢地区的生产率指数降幅更大。基于这两方面的原因，得到的三大区域全要素生产率指数虽然存在差异，但是差异并不显著。

三、各地区分解指数分析

全要素生产率指数由科技进步效率指数、纯技术效率指数和规模效率指数组成。科技进步效率是指生产技术改进产品生产的程度，而纯技术效率是指产品生产过程中管理和经营情况，规模效率是指能够经营大企业的能力。

（一）科技进步效率指数分析

科技进步效率指数反映省域能源利用技术进步情况，当科技进步效率指数>1 时，表示科技进步对省域能源利用效率有促进作用，即科技越发达的地区，能源利用效率越高。当科技进步效率指数=1 时，表明科技进步既没提高也没降低能源利用效率。当科技进步效率指数<1 时，表示科技进步没有提高能源利用效率，反而降低了能源利用效率。

从图 2-8 可以看出，技术进步增长率为正的地区是北京、天津、上海、江苏、浙江、福建、广东、湖北、内蒙古、重庆、四川，说明这些地区技术进步速度相对较快。技术进步增长率为负的地区有河北、山东、海南、山西、安徽、江西、河南、湖南、广西、贵州、云南、陕西、甘肃、青海、宁夏、辽宁、吉林和黑龙江，但并不能说明这些地区科技退步，只是说明这些地区科技发展相对减缓。技术进步增长率等于 0 的地区为新疆地区，这说明新疆地区科技进步速度变化不大。可以看

科技进步效率指数

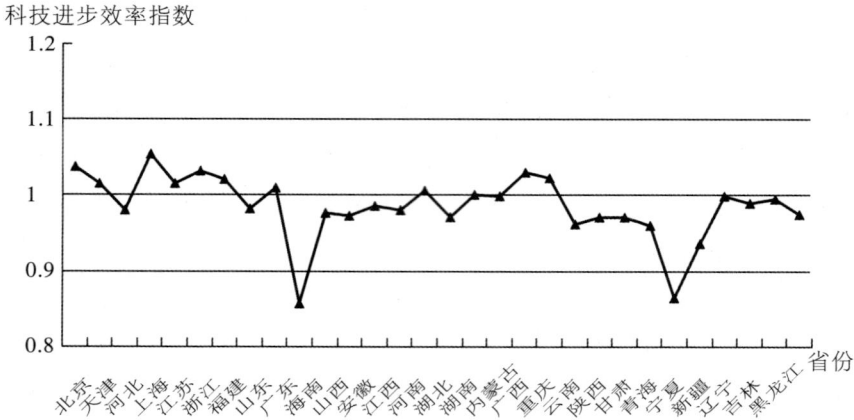

图 2-8　地区平均科技进步效率指数图

出，技术进步对全要素能源利用效率具有促进作用的地区都是经济发展
相对比较快的地区，这些地区研发和创新能力强、更容易接受先进生产
技术，使企业生产成本低于市场生产成本，从而有利于促进能源利用效
率提高。而技术进步对能源利用效率没有明显促进作用的地区相对来说
经济发展较慢，这些地区自主研发能力弱，主要通过从其他地区引进先
进生产技术，这无疑提高了生产成本，从而难以促进能源利用效率
提高。

　　由图 2-9 能够明显地看出 Malquist 指数分解的全国近年平均技术进
步指数的变动趋势。平均技术进步指数只有 2009—2010 年大于 1，其
他年份技术进步指数都小于 1，这说明近年来我国技术进步在促进能源
利用效率改善方面作用并不大，在产出一定的情况下，技术进步不仅没
有减少能源消耗，反而增加了能源消耗。这种情况可能是因为我国技术
进步在不断推进经济增长的同时，降低了成本，却增加了能源的需求
量，这说明我国技术的创新和研发还不完善，还需要不断提高，只有这
样才能充分利用技术进步的有利之处。虽然近年来，国家对创新的政策
支持和奖励力度不断加大，使得我国近年来在技术上不断创新，技术设
备更新方面取得了一定的进展。但是就全国来说，技术进步还是不够
的，所以应该提高全国技术进步步伐，不能局限在个别省份的技术发展
上。许多企业技术设备已经不断与国际接轨，向着可持续发展道路不断

前进。但是和发达国家相比，我国的创新能力和自主研发能力还存在一定的差距，相对薄弱，高端产品的生产技术和研发还主要依靠国外进口或者模仿，许多高端产品基本仍然依赖于进口。

科技进步效率指数

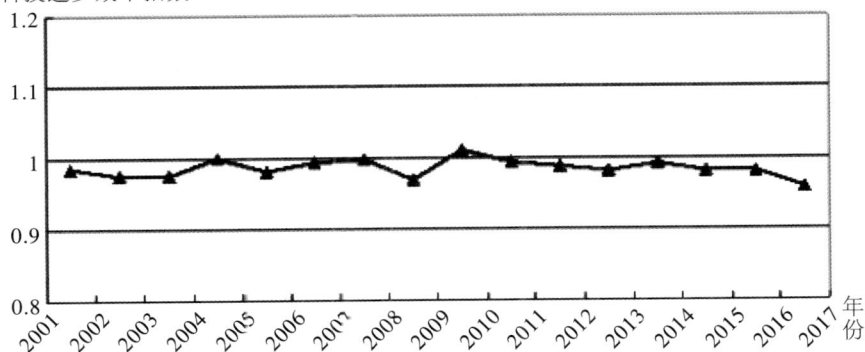

图 2-9　历年平均科技进步效率指数趋势图

（二）纯技术效率指数分析

纯技术效率反映决策单元在管理和政策等方面各因素影响下的生产效率，指在这些因素下决策单元能源利用效率的提高，用来衡量的是决策单元靠近当期生产前沿面生产技术和管理水平的程度。当纯技术效率指数大于 1 时，表示纯技术效率可以促进技术效率改进，即随着纯技术效率的提高，技术效率也在不断提高；当纯技术效率指数小于 1 时，表示纯技术效率对技术效率具有抑制作用，即随着纯技术效率的提高，技术效率不断降低；当纯技术效率指数等于 1 时，表示纯技术效率对技术效率既无促进也无抑制作用。

从图 2-10 可以看出，北京、江苏、安徽、重庆、四川、贵州、陕西、黑龙江等地区的技术效率指数大于 1，说明这些地区的纯技术效率对技术效率具有促进作用，即这些地区纯技术效率的提高可以促进技术效率的提高；河北、浙江、福建、山东、山西、江西、河南、湖北、湖南、内蒙古、广西、云南、甘肃、宁夏、新疆、辽宁、吉林等地区的纯技术效率指数小于 1，表示这些地区的纯技术效率对技术效率具有抑制作用，即随着这些地区纯技术效率的提高，技术效率将会降低；天津、上海、广东、海南、青海等地区纯技术效率指数等于 1，说明随着这些地区纯技术的提高，对技术效率无明显作用。

纯技术效率指数

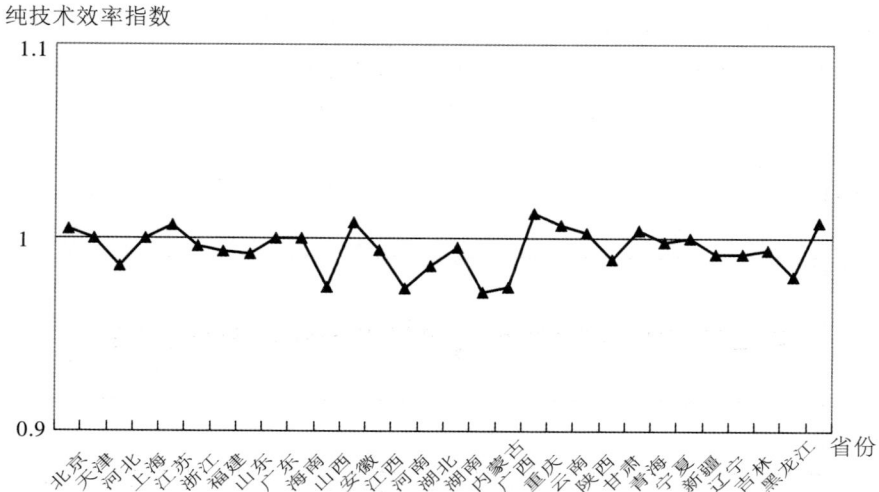

图 2-10　地区平均纯技术效率指数图

从图 2-11 可以清楚地看出 Malquist 指数分解的全国 2001—2017 年平均纯技术效率指数的变动趋势。2004 年之前，我国平均纯技术效率指数一直处于 1 以上，纯技术效率的增长促进了技术效率的增长，这说明 2004 年我国各企业管理能力较强。2004 年之后，我国纯技术效率指数开始出现小于 1 的情况，但是仍然有些年份出现大于 1 的情况，而且波动较大，这可能是因为越来越接近 2012 年金融危机，使得许多企业出现资金短缺，从而使企业管理出现问题。2015 年之后，技术效率指数逐渐出现大于等于 1 的情况，经济逐渐转好。经过这次的金融危机，企业的管理水平也不断地得到提高。目前，与发达国家相比，我国企业的管理水平、技术水平等还存在一定差距，由于经验不足，经常会出现平均纯技术效率指数波动较大的情况。这对技术效率的提高并未起到很大的促进作用。

（三）规模效率指数分析

规模效率用来衡量省域规模状态是最合适的。经济意义的规模效率是指企业平均成本最低时的生产规模，这时企业的利润最高、经营水平最佳。当规模效率指数大于 1 时，表示规模效率对技术效率有促进作用，这时候决策单元可以说具有规模效率，也就是说提高规模有助于提高技术效率，这时候的决策单元不是最合适的规模状态。当规模效率指

纯技术效率指数

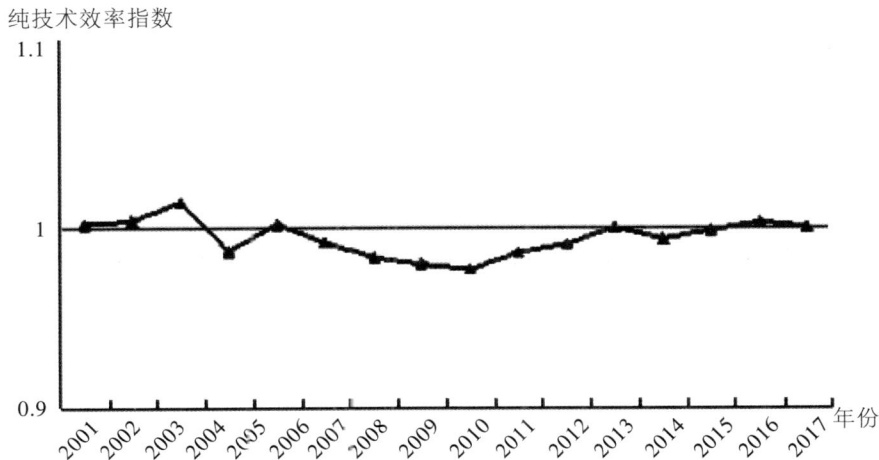

图 2-11　历年平均纯技术效率指数趋势图

数小于 1 时，规模效率的提高不能提高技术效率，反而抑制了技术效率的提高，这时的决策单元通常说不具有规模效率。当规模效率指数等于 1 时，规模效率提高既不能提高技术效率，也不会降低技术效率。

　　图 2-12 客观地描述了我国各省市平均规模效率情况，从中可以看出，我国北京、天津、河南、湖北、湖南、内蒙古、四川、宁夏等地区的规模效率指数大于 1，说明这些地区具有规模效率，即规模效率的提高也提高了技术效率，可以适当提高企业规模。江苏、福建、山东、山西、江西、广西、贵州、云南、陕西、甘肃、吉林等地区的规模效率指数小于 1，说明这些地区不具有规模效率，即这些地区的规模效率增加会抑制技术效率的增长。这些地区较具有规模效率地区企业规模已经达到极限，这时候提高规模效率不仅不能提高技术效率，反而会抑制技术效率的增长。河北、上海、浙江、广东、海南、安徽、重庆、青海、新疆、辽宁、黑龙江等地区的规模效率指数等于 1，这些地区的规模效率的提高既不会促进技术效率的提高，也不会抑制技术效率的提高。

　　从图 2-13 可以清楚地看出 Malmquist 分解的年平均纯规模效率指数的变动趋势，我国大多数年份的规模效率处于 1 附近，表明规模效率的提高对提高能源利用效率的作用不大，这表明我国各省份规模已经基本达到饱和，盲目地扩大规模已经很难再提高效率。这可能是因为改革

规模效率值

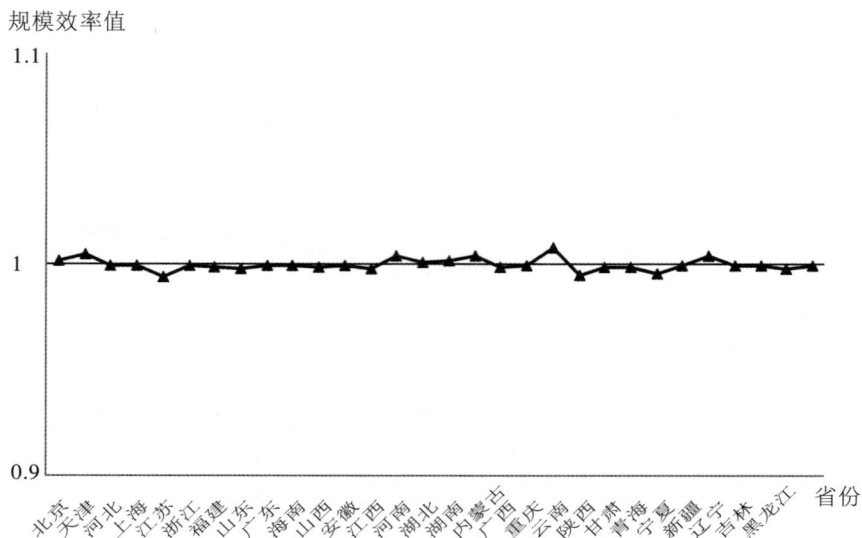

图 2-12　地区平均规模效率指数图

开放以后，各种企业不断涌现，已经达到饱和，提高规模效率不能提高能源利用效率，只有通过提高技术进步效率和纯技术效率才可以提高能源利用效率，或者通过产业结构调整改变企业结构模式提高能源利用效率。

规模效率值

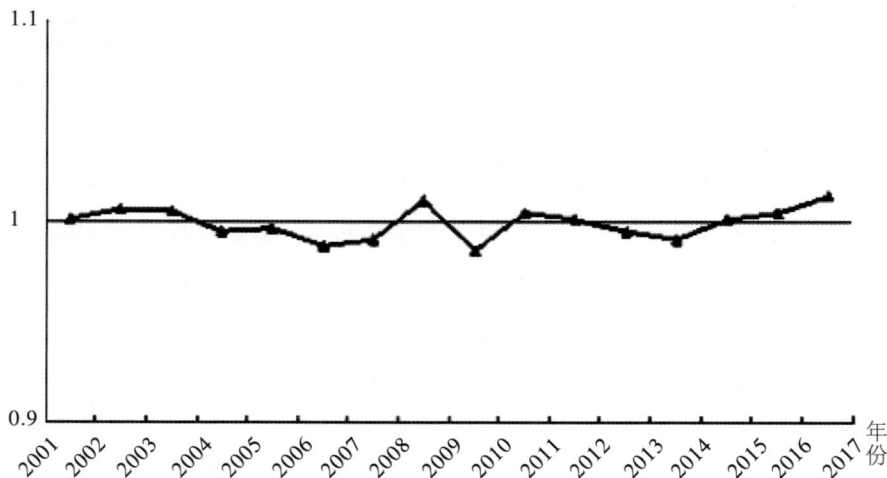

图 2-13　历年平均规模效率指数趋势图

2.3.3　全要素能源利用效率的空间相关性分析

一、空间相关性与空间差异性概述

空间相关是指对于一组样本观测值，其中一个观测值 M 与其他观测值 N（M 不等于 N）之间存在关联关系，即 N=f（M）。这种关联关系不仅说明这些观测值缺乏空间独立性，而且还说明服从这种空间结构，即这种空间相关性的强度随着空间布局和距离的改变而变化。由以下两个方面导致了空间相关：第一，相邻空间对象之间的经济、社会和文化的交互作用，存在空间区域的互相影响。第二，空间对象与研究问题的不对称。例如，一般情况下，空间对象是按照省份进行分类的，但是有时候所研究的问题与我们的空间对象不一致，这种情况下便会产生空间自相关。通常情况下，当两个空间对象之间的距离越近时，空间自相关越强，当两个空间对象之间的距离越远时，空间自相关相对较弱。

能源利用效率研究是能源领域研究的重要课题，也是评价区域经济发展能力、创新能力和综合竞争力的重要指标之一。能源利用效率不仅与本地区经济发展水平、环境水平、人力资本、资本存量等因素存在相关关系，还与相邻区域的经济发展水平、交流与合作、要素流动等因素存在一定的相关关系。我国能源利用效率的研究与国外相比，起步较晚，大多数研究假设各地区之间相对独立，空间相关性在现有文献研究中相对较少。然而对于我国而言，地大物博，各区域之间的空间相关性非常显著，所以对我国区域之间空间相关性的研究是进行能源利用效率研究的重要组成部分。

空间差异是指空间对象之间存在的差异，例如城市和农村、沿海与内地等，一般通过空间差异来研究空间对象之间存在的不平衡和不稳定问题。由于人类的所有经济活动都是在空间范围内进行的，所以这些经济数据一般情况下都存在空间差异和空间自相关。当空间自相关和空间差异同时存在时，传统意义上的计量方法要区分空间差异和空间自相关是很困难的，这种情况下，空间计量经济学为我们研究空间差异和空间自相关提供了可能。空间自相关分析是空间计量经济学分析的基础，其主要目的是检验一个空间对象与其相邻空间对象之间是否存在相关性。

二、空间相关性分析方法

空间相关性分析是用来检验一个空间对象与其相邻的空间对象之间是否存在显著的空间自相关。如果相邻的两个空间对象之间观测值均高或者均低，则这两个空间对象之间存在显著的空间正相关关系；反之，则存在显著的空间负相关关系。一般情况下，通过 Moran I 指数和 Geary'C 指数来检验空间自相关。Moran I 指数最早由 Moran 在 1950 年提出，之后被广泛应用于自相关检验，大多数学者采用这种方法检验空间自相关。这种指数可以进行全局自相关检验和局部自相关检验，全局自相关检验用来检验整体区域的自相关，而局部自相关检验则用来检验整体区域内小区域之间的相关性。Geary'C 指数与 Moran I 指数相同，也可以用来检验区域/全局空间自相关。两种自相关指数的作用大致相同，但是 Moran I 指数更为普遍。因此，本章采用 Moran I 指数进行全局自相关检验。

Moran I 指数定义如下：

$$\text{Moran I} = \frac{N \sum_{i=1}^{N} \sum_{j=1}^{N} W_{ij} (x_i - \bar{x})(x_j - \bar{x})}{\left(\sum_{i=1}^{N} \sum_{j=1}^{N} W_{ij} \right) \sum_{i=1}^{N} (x_i - \bar{x})}, (i \neq j) \tag{2.10}$$

式中：x_i 表示地区 i 的能源利用效率；x_j 表示地区 j 的能源利用效率，地区 i 和地区 j 相邻；N 表示空间对象数；$\bar{x} = \frac{1}{N} \sum_{i=1}^{n} x_i$，为地区 N 个空间对象的能源利用效率均值；$W_{ij}$ 表示空间权重矩阵，本章采用二进制邻接空间矩阵来计算 Moran I 值。

在上式中，Moran I 指数取值范围为 [-1，1]。当取值在区间 [0，1] 时，表示地区 i 与相邻地区之间存在正相关关系；当取值在区间 [-1，0] 时，表示地区 i 与相邻地区之间存在负相关关系；当 Moran I 等于 0 时，表示地区 i 与其相邻地区之间无自相关关系，即地区 i 的能源利用效率不受相邻地区的影响。

对上式得到的 Moran I 值进行显著性检验，假设其服从正态分布，其方差公式如下：

$$\text{var}(I) = \left[\frac{1}{S_0^2 (n^2 - 1)} (n^2 S_1 - N S_2 + 3 S_0^2) \right] - E(I)^2 \tag{2.11}$$

其中：$S_1 = \sum\sum (W_{ij} + W_{ji})^2$；$S_2$ 表示权重矩阵第 i 行和第 i 列和的平方。

期望值为：

$$E(I) = \frac{-1}{n-1} \qquad (2.12)$$

用 Z-Score 模型来检验空间单元之间是否存在显著的空间相关性，检验公式如下：

$$Z = \frac{MoranI - E(I)}{\sqrt{Var(I)}} \qquad (2.13)$$

本章以 0.05 水平下的临界值（1.96）为边界，当 Z 值大于 1.96 时，表示存在显著的空间自相关；当 Z 值小于 1.96 时，则不能说明其存在显著的空间自相关。

三、空间权重的确定

空间权重矩阵是衡量空间邻接性的定量化指标，是对地区间空间布局（如邻接、拓扑关系）的描述，也是我们进行空间计量经济分析的基础。空间权重矩阵是进行空间统计检验和建立回归模型必不可少的一部分。

最早的空间权重是二进制权重矩阵，这种矩阵是以邻接性为基础的，这种邻接性通过 0 和 1 两个值来表达，如果空间对象在地理位置上是相邻的，就认为这两个空间对象的空间矩阵值为 1，如果这两个空间对象的地理位置不相邻，就认为其空间矩阵值为 0。之后又出现了 Rook 和 Queen 权重矩阵，这两种矩阵都是通过多边形的邻居关系确定空间矩阵的。Rook 权重矩阵是将空间对象之间共享一条边的作为邻居，Queen 将与其共享一条边或一个点的其他空间对象作为邻居。这两种空间矩阵不仅存在一阶空间矩阵，还存在高阶空间矩阵。

本章采用的方式为 Rook 邻接矩阵，Rook 矩阵的名称来源于国际象棋中车的前行方式。当两个空间对象之间存在共同的边界时，则称两个空间对象是相邻的。具体表示为：当地区 i 和地区 j 相邻时（主对角线元素为零），取权重 W_{ij} 为 1；若地区 i 和地区 j 不相邻时，取权重为零，即：

$$W_{ij} = \begin{cases} 1, & \text{当i和j相邻时} \\ 0, & \text{当i和j不相邻时} \end{cases} \qquad (2.14)$$

为了检验我国各省市之间全要素能源利用效率空间上是否存在相关性，首先需要构建空间权重矩阵。目的是界定相邻省份是否存在相同的边界。

四、全要素能源利用效率的空间相关性检验

全要素能源利用效率的空间相关性检验的 Moran I 系数计算结果见表 2-4。

表 2-4 Moran I 系数计算结果

年份	Moran I	P值	Z值	Sd
2001	0.214	0.020	2.264	0.110
2002	0.231	0.020	2.375	0.112
2003	0.256	0.026	2.598	0.112
2004	0.196	0.042	2.009	0.115
2005	0.219	0.021	2.442	0.104
2006	0.107	0.121	1.214	0.117
2007	0.118	0.094	1.378	0.111
2008	0.078	0.150	1.018	0.111
2009	0.068	0.187	0.904	0.114
2010	0.256	0.017	2.670	0.109
2011	−0.002	0.348	0.282	0.117
2012	0.002	0.362	0.319	0.116
2013	0.048	0.252	0.692	0.120
2014	0.077	0.163	0.991	0.113
2015	0.127	0.115	1.317	0.123
2016	0.131	0.111	1.350	0.123
2017	0.082	0.174	0.959	0.122

由表 2-4 可以看出，从 2001—2005 年，中国全要素能源利用效率的 Moran I 的检验 Z 值全部大于 1.96，说明我国各省市的全要素能源利用效率存在显著的全局自相关现象（全要素能源利用效率高的地区聚集在一起，全要素能源利用效率低的地区聚集在一起），某一省份受到与它相邻省份经济活动影响很大。但是从 2006—2017 年，只有 2010 年存在显著的全局自相关，其他年份明显不存在显著的自相关现象，而是呈现出完全的随机分布，受其相邻省份经济活动的影响并不显著。笔者认为，这种现象主要由以下两种情况引起：第一，2004 年之后，社会主义市场经济体制建立，中国经济市场作用减弱，政府对于经济的指导作用增强，充分发挥其适度干预的作用。政府尝试在市场机制发挥其优化资源作用的基础上，通过宏观调控经济政策，使经济主体达到利润最大化。在政府的主观调控下，必然导致一些地区经济快速发展，而有些地区经济发展则较慢，使全要素能源利用效率的自相关现象减弱，逐渐形成全要素能源利用效率完全随机分布。第二，2004 年之后，在社会主

义市场经济的作用下，中国个别省份的经济发展速度加快，同时，其能源消耗量和环境污染程度加重。本章是在考虑了环境因素的基础上对全要素能源利用效率进行测量。与传统全要素能源利用效率测度方法相比，其能源利用效率大大降低，与环境污染较大的地区相比，环境污染比较少的地区，全要素能源利用效率降低也较少，在这种情况下，其相对值发生变化，所以导致全要素能源利用效率呈现出完全的随机分布。

参考文献

［1］魏楚，沈满洪. 能源效率与能源生产率：基于 DEA 方法的省际数据比较［J］. 数量经济技术经济研究，2007（09）：110-121.

［2］魏楚，沈满洪. 能源效率及其影响因素：基于 DEA 的实证分析［J］. 管理世界，2007（08）：66-76.

［3］魏楚，沈满洪. 结构调整能否改善能源效率：基于中国省级数据的研究［J］. 世界经济，2008（11）：77-85.

［4］姜雁斌，朱桂平. 能源使用的技术无效性及其收敛性分析［J］. 数量经济技术经济研究，2007（10）：108-119.

［5］史丹，董利，孟合合，等. 我国各地能源效率与节能潜力及影响因素分析［J］. 天然气技术，2007（02）：5-8.

［6］ANDREA B，JOSE G. Desertification，energy consumption and liquified petroleum gas use，with an emphasis on Africa［J］. Energy for Sustainable Development，1996，2（5）：32-37.

［7］RAY S C，CHEN L，MUKHERJEE K. Input price variation across locations and a generalized measure of cost efficiency［J］. International Journal of Production Economics，2008，116（2）：208-218.

［8］HU J L，WANG S C. Total-factor energy efficiency of regions in China［J］. Energy Policy，2006，34（17）：3206-3217.

［9］WANG K，WEI Y M，ZHANG X. A comparative analysis of China's regional energy and emission performance：Which is the better way to deal with undesirable outputs? ［J］. Energy Policy，2012，46：574-584.

［10］KADOSHIN S，NISHIYAMA T，ITO T. The trend in current and near future energy consumption from a statistical perspective ［J］. Applied Energy，2000，67（4）：407-417.

附 录

附表 1　　　　　　　　全要素能源利用效率得分的修正结果

省份	2001 年	2002 年	2003 年	2004 年	2005 年	2006 年
北京	0.8733	0.8554	0.8748	0.8681	0.8334	0.8223
天津	0.9550	0.9439	0.9541	0.9526	0.9354	0.9293
河北	0.8689	0.8423	0.8298	0.8126	0.7902	0.7838
上海	0.8885	0.8878	0.8944	0.9019	0.8863	0.8882
江苏	0.8381	0.8352	0.8564	0.8875	0.9050	0.9333
浙江	0.8654	0.8580	0.8662	0.8751	0.8575	0.8146
福建	0.9073	0.9061	0.9168	0.9386	0.9157	0.9264
山东	0.9508	0.9423	0.9372	0.9014	0.8713	0.8449
广东	0.8789	0.8764	0.8861	0.8997	0.8852	0.8895
海南	0.8796	0.8807	0.8855	0.8958	0.8866	0.8857
山西	0.9603	0.9510	0.9026	0.8718	0.8468	0.8623
安徽	0.7465	0.7598	0.8025	0.8120	0.8184	0.8434
江西	0.9231	0.9149	0.9204	0.9275	0.9272	0.9019
河南	0.9216	0.9013	0.8928	0.8840	0.8798	0.8743
湖北	0.7408	0.7206	0.7148	0.6937	0.6404	0.6079
湖南	0.9637	0.9598	0.9515	0.9488	0.9501	0.9563
内蒙古	0.9405	0.9682	0.9540	0.9475	0.9351	0.9370
广西	0.9306	0.9264	0.9404	0.9505	0.9428	0.9451
重庆	0.5034	0.4574	0.4370	0.6821	0.5279	0.6916
四川	0.4167	0.4139	0.4551	0.5474	0.4810	0.5169
贵州	0.7131	0.7141	0.7063	0.6938	0.6535	0.6446
云南	0.8097	0.8009	0.8030	0.8080	0.8142	0.8149
陕西	0.6396	0.6819	0.7124	0.7418	0.7440	0.7497
甘肃	0.9358	0.9283	0.9344	0.9428	0.9383	0.9414
青海	0.8838	0.8885	0.8921	0.9014	0.8945	0.8945
宁夏	0.8790	0.9054	0.9245	0.9381	0.9265	0.9213
新疆	0.7243	0.7173	0.7193	0.7338	0.7044	0.6752
辽宁	0.8158	0.8535	0.8865	0.8949	0.8951	0.9066
吉林	0.8565	0.8981	0.9042	0.8877	0.8880	0.8727
黑龙江	0.8558	0.8769	0.8906	0.9020	0.9029	0.9245

附表 2　　　　　　全要素能源利用效率得分的修正结果

省份	2007年	2008年	2009年	2010年	2011年	2012年
北京	0.8082	0.7761	0.8122	0.8748	0.8415	0.8425
天津	0.9164	0.9050	0.8963	0.9541	0.8864	0.8852
河北	0.7834	0.7651	0.7488	0.8298	0.7134	0.7132
上海	0.8841	0.8731	0.8673	0.8944	0.8426	0.8484
江苏	0.9190	0.8566	0.8131	0.8564	0.8077	0.8107
浙江	0.7933	0.7889	0.8427	0.8662	0.8373	0.8392
福建	0.9189	0.9140	0.8957	0.9168	0.9004	0.9013
山东	0.8181	0.7895	0.7730	0.9372	0.7301	0.7315
广东	0.8803	0.8698	0.8679	0.8861	0.8428	0.8481
海南	0.8820	0.8741	0.8631	0.8855	0.8472	0.8459
山西	0.9083	0.8834	0.8348	0.9026	0.7648	0.7650
安徽	0.8528	0.8596	0.8416	0.8025	0.8101	0.8107
江西	0.8565	0.8332	0.8035	0.9204	0.7328	0.7334
河南	0.8667	0.8553	0.8183	0.8928	0.7176	0.7178
湖北	0.5781	0.5568	0.5444	0.7148	0.4998	0.5005
湖南	0.9605	0.9617	0.9150	0.9515	0.8996	0.8996
内蒙古	0.9504	0.9023	0.8103	0.9540	0.6757	0.6755
广西	0.9495	0.9600	0.9354	0.9404	0.8375	0.8386
重庆	0.6713	0.6470	0.5871	0.4370	0.5890	0.5887
四川	0.4595	0.4451	0.5125	0.4551	0.5213	0.5219
贵州	0.6319	0.6345	0.6643	0.7063	0.6760	0.6764
云南	0.8216	0.8075	0.7633	0.8030	0.7142	0.7152
陕西	0.7315	0.7220	0.7069	0.7124	0.6754	0.6761
甘肃	0.9329	0.9294	0.9444	0.9344	0.8868	0.8875
青海	0.8875	0.8738	0.8747	0.8921	0.8611	0.8620
宁夏	0.9168	0.9224	0.9025	0.9245	0.8264	0.8281
新疆	0.6501	0.6242	0.5959	0.7193	0.5695	0.5689
辽宁	0.9144	0.8671	0.8423	0.8865	0.7805	0.7807
吉林	0.8897	0.8764	0.8135	0.9042	0.6434	0.6435
黑龙江	0.9555	0.9466	0.9384	0.8906	0.9427	0.9425

附表 3 　　　　全要素能源利用效率得分的修正结果

省份	2013年	2014年	2015年	2016年	2017年	平均值
北京	0.8866	0.8997	0.9312	0.9197	0.9013	0.8601
天津	0.8834	0.8827	0.8917	0.8991	0.8841	0.9150
河北	0.6839	0.6829	0.6749	0.6799	0.6829	0.7580
上海	0.8479	0.8417	0.8401	0.8469	0.8421	0.8692
江苏	0.8926	0.8863	0.8798	0.8725	0.8887	0.8670
浙江	0.8461	0.8496	0.8414	0.8508	0.8505	0.8437
福建	0.8908	0.8972	0.9021	0.9099	0.8989	0.9092
山东	0.7270	0.7178	0.7280	0.7356	0.7183	0.8149
广东	0.8408	0.8403	0.8389	0.8387	0.8385	0.8652
海南	0.8435	0.8376	0.8402	0.8382	0.8396	0.8653
山西	0.6756	0.6597	0.6425	0.6496	0.6594	0.8083
安徽	0.8191	0.8338	0.8384	0.8580	0.8336	0.8202
江西	0.7526	0.7581	0.7691	0.8034	0.7583	0.8374
河南	0.6404	0.6075	0.5903	0.5832	0.6073	0.7795
湖北	0.5259	0.5312	0.5400	0.5358	0.5321	0.5987
湖南	0.9122	0.8910	0.8654	0.8655	0.8910	0.9261
内蒙古	0.6774	0.6451	0.6298	0.6113	0.6443	0.8152
广西	0.7336	0.6796	0.6999	0.6960	0.6808	0.8581
重庆	0.6019	0.6126	0.6091	0.6205	0.6145	0.5811
四川	0.5281	0.5366	0.5466	0.5581	0.5373	0.4972
贵州	0.7026	0.7063	0.7206	0.7386	0.7061	0.6876
云南	0.7597	0.7232	0.6881	0.6795	0.7228	0.7676
陕西	0.6613	0.6524	0.6447	0.6551	0.6522	0.6917
甘肃	0.8501	0.8451	0.8492	0.8879	0.8450	0.9067
青海	0.8640	0.8515	0.8551	0.8553	0.8479	0.8756
宁夏	0.7871	0.7717	0.7753	0.7724	0.7674	0.8641
新疆	0.5951	0.6020	0.6295	0.6432	0.6025	0.6514
辽宁	0.7572	0.7549	0.7507	0.7326	0.7550	0.8279
吉林	0.5848	0.5723	0.5651	0.5605	0.5725	0.7608
黑龙江	0.9506	0.9470	0.9384	0.9400	0.9462	0.9230

第三章　基于回归模型的经济发展与环境
质量互动关系研究

3.1　思想与原理

一、利用参数模型研究相关问题的研究综述

王火根（2008）将能源引入生产函数，建立三要素生产函数模型，利用面板单位根检验、Granger 因果关系和协整检验对能源消费和经济增长进行了检验。徐小斌（2008）运用有关面板数据协整建模的理论和方法，对中国东西部能源与经济增长的关系进行了比较研究。许广月（2010）以环境库兹涅茨曲线理论为基础，将中国各省分为东部、中部、西部，选取了各部 1990—2007 年的数据，研究了全国、东部、中部和西部碳排放环境库兹涅茨曲线（CKC）是否存在，若存在的话其拐点是否存在，何时能达到拐点。设定的模型中，以人均碳排放量作为被解释变量，以人均 GDP 和其平方项为解释变量，通过对模型进行协整检验，发现全国、东部和中部地区得到的模型中人均 GDP 平方项的系数为负，故存在环境库兹涅茨曲线,西部地区的这一系数为正数,故不存在该曲线。赵爱文(2011)基于中国在1953—2008年碳排放量和GDP的时间序列数据,利用协整、误差修正模型和因果分析等方法,研究了中国的碳排放量和经济增长的关系。其中,协整检验的结果认为碳排放量与经济增长之间的长期均衡关系是存在的;误差修正模型则表明了变量间的短期波动情况。曹广喜(2011)基于1981—2008年的数据,选取了"金砖国家"的碳排放量、GDP和能源消耗量三个变量,其中用各国的煤炭、石油和天然气的消耗量代表能源消耗量,通过协整检验得出:除了中国,其他国家的碳排放量和GDP的关系均为正相关,另外,"金砖国家"的碳排放量均随着能源消耗量的增加而增加。胡彩梅和韦福雷(2011)以人均碳排放量、人均GDP和人均能源消耗量为模型的变量,选取了1971—2006年间28个OECD国家的面板数据进行研究分析。结果表明,28个国家中有10个国家存在环境库兹涅茨曲线,能源消耗量与碳排放量的正相关关系显著,但是各个国家的碳排放量对能源消耗量的长期弹性差异比较明显。

Apergis和Payne(2009)利用面板数据的向量误差修正模型(VECM)研究1971—2004年6个中美洲国家的二氧化碳排放量、能源消耗量和输出间的关系。结果表明,碳排放量随着能源消耗量的增加而不断增加,二者之间存在一个长期的正相关关系,经济产出呈现倒"U"型曲线。Pao和Tsai(2010)利用"金砖国家"在1971—2005年间碳排放量、能源消耗量和输出间的动态因果关系,研究认为当经济发展水平达到一个较高的阶段时,碳排放量随着GDP的增加出现下降趋势,二者呈负相关关系,证明EKC假设成立。

二、利用非参数模型研究相关问题的研究综述

符淼(2008)对比了各种非参数估计方法,根据我国的实际情况,最终选择了局部线性估计来分析问题,核函数选用Epanechnikov核。采用省级面板数据,分别以工业废水、废气和固体废物的人均排放量为被解释变量,研究其与人均GDP的非参数关系。非参数估计结果认为人均工业废水排放量与人均GDP存在倒"U"型关系,人均废气排放量与人均GDP得到的曲线为倒"U"型曲线的上升部分。吕志鹏

（2012）选取了 1995—2009 年的数据，分别以辽宁省的碳排放总量、人均碳排放量和碳排放强度为被解释变量，对比参数估计和非参数估计的结果，非参数估计采用局部线性估计，通过实证研究发现辽宁省碳排放量 EKC 为倒"N"型，已经经过倒"N"的第一个转折点。随着经济的发展，碳排放量先减少后增加，还没有达到第二个转折点，在未来一段时间内，碳排放量仍将保持增长，但增速逐渐变缓。胡宗义（2013）在低碳经济背景下，采用非参数样条估计模型，研究二氧化碳作为环境代理指标的碳排放量的环境库兹涅茨曲线，发现我国的经济增长与环境质量之间不存在倒"U"型曲线关系，不过可以通过采取积极的政策措施来促使它们之间的环境库兹涅茨曲线的产生。FDI 与城市化对我国的环境质量的影响统计意义显著，但经济意义不显著，而贸易、能源强度则对我国的环境具有恶化作用。

Schmalensee（1998）选取了 1950—1990 年的数据，采用非参数模型对 141 个国家进行研究分析，结果表明，二氧化碳排放量与人均 GDP 满足环境库兹涅茨曲线这一理论，二者呈倒"U"型的曲线关系。Azomahou 和 Laisney 等（2006）选用非参数回归模型，根据 1960—1996 年的面板数据对 100 个国家的二氧化碳排放量和人均 GDP 的关系进行非参数估计，研究表明二氧化碳排放量随着人均 GDP 的增加呈单调递增的形态。

三、利用半参数模型研究相关问题的研究综述

冯烽和叶阿忠（2013）采用半参数面板数据模型研究了我国二氧化碳排放量的 EKC 曲线的存在性，选用了人均二氧化碳排放量、第二产业占 GDP 的比重和人均实际 GDP 三个指标，将人均 GDP 纳入了半参数模型的非参数部分。结果表明中国及其东部地区存在 EKC 曲线，转折点人均实际 GDP 为 0.76 千元，而中国的中部和西部地区不存在该曲线。

蔡超、王艳明和许启发（2013）运用参数和半参数分位数回归分析方法对库兹涅茨曲线形状进行了实证研究，结果证明中国经济发展与收入差距之间存在复杂的非线性关系。从半参数分位数回归结果可知，在中低分位点，库兹涅茨曲线为"U"型曲线，而在高分位点，为"W"型曲线，表现为两个"U"型曲线的连接，我国目前处于"U"型曲线

的下降阶段。同时这三位学者对比了参数和半参数分析方法，认为半参数分位数回归模型能够更加细致、准确地描述中国库兹涅茨曲线的特征。

邓晓兰、鄢哲明和武永义（2014）选用中国省域面板数据，通过半参数广义可加模型研究分析了中国碳排放量与经济发展的曲线关系。最终认为在以二氧化碳排放总量作为环境表征变量时，传统 EKC 的倒"U"型关系不存在。

周睿（2015）在对新兴市场国家 EKC 曲线的半参数固定效应面板数据估计中，将被解释变量设为二氧化碳排放量的对数，解释变量的参数部分包括贸易依存度和技术进步，非参数部分则为人均 GDP 对数的函数。模型结果表明：由于受样本和研究方法的影响，环境库兹涅茨曲线的倒"U"型关系不一定成立，但是随着经济的增长，污染物排放量存在先上升后下降的整体趋势。周睿（2015）在采用半参数方法的同时也采用了参数方法，但两个模型中贸易依存度和技术进步对二氧化碳排放量的影响截然相反。

薛艳（2016）选取了中国 2000—2012 年 30 个省、自治区、直辖市的面板数据，通过构造半参数混合模型研究影响碳排放量的各因素。根据所得模型得出结论：GDP、人口总量、对外贸易、城市化水平与碳排放量之间呈正相关关系。同时作者将半参数混合模型与其他模型比较后认为：半参数混合模型从参数的显著性、BIC 准则和 AIC 准则来看都是最优的。

四、文献述评

综上所述，大部分学者在研究碳排放量、能源消耗量和经济增长之间的关系时，选择了参数模型。参数模型可以直接对变量间的关系进行拟合，得出回归方程，不过存在一定的模型设定误差。在分析实际问题时，各个变量之间不一定存在明显的线性关系，也不一定存在可线性化的非线性关系，而各变量之间参数关系的确定又是十分艰难的探究过程。在实际应用中，传统的线性或非线性计量模型常常因为直接对设定模型的形式进行拟合而存在误差，而且所研究问题的某些方面的需求可能不能被满足。

与参数模型相比，非参数模型或者半参数模型不需要设定各变量之间的系数关系，可以更加灵活地设定解释变量对被解释变量的影响作用。虽然非参数回归给出了变量间关系的较好的一个拟合，但由于非参数回归只是用一条回归曲线来代表变量的关系，而不能给出变量关系的具体表达公式，因此对于变量关系的进一步分析具有一定的局限性。近几年，部分学者开始尝试采用半参数方法研究环境库兹涅茨曲线，分析影响碳排放量的因素。

半参数广义可加模型包括参数部分和非参数部分，避免了参数模型的模型设定误差，同时为进一步分析变量间的影响关系提供了参考依据。因此本章选择半参数广义可加模型（GAM）分析"金砖国家"碳排放量、能源消耗量和经济增长之间的关系。

3.2 模型与案例

通过对研究碳排放量、能源消耗量及经济增长关系的相关文献总结，最终在方法上选取半参数广义可加模型（GAM）。由前文中"金砖国家"的二氧化碳排放量、能源消耗量和经济增长三个变量的描述性统计分析可知，各国的二氧化碳排放总量和能源消耗总量的整体变化趋势几乎一致，我们可以设定两者存在直接的线性关系。本章将在前两章的基础上，利用 R 软件，建立参数回归模型和半参数回归模型，分别对"金砖国家"的碳排放量、能源消耗量和经济增长的关系进行实证分析。本章共分为四部分。第一部分主要为模型概述和变量的选取；第二部分主要从协整方面分析"金砖国家"的碳排放量、能源消耗量和经济增长的关系；第三部分主要从半参数回归方面分析"金砖国家"的碳排放量、能源消耗量和经济增长的关系；第四部分主要对模型的结果进行分析。

3.2.1 模型的设定和变量的选取

一、变量选取

根据对二氧化碳排放量相关文献的研究以及现实中影响二氧化碳排放量的因素可以知道：

第一，随着经济的增长，二氧化碳排放量必然会受到影响。环境库兹涅茨曲线假说认为经济发展对环境污染程度有所影响，但是，不同国家、不同地区环境库兹涅茨曲线存在与否以及存在的形态，各学者的研究结果有所差别，因此，本章将反映经济增长的指标——人均 GDP，纳入半参数模型的非参数部分。

第二，能源消耗必然会引起二氧化碳排放量的增加。特别是对于能源消费以煤炭为主的国家来说，能源消耗对二氧化碳排放量的影响更加显著，同时，上一节的描述分析认为，各国的二氧化碳排放总量和能源消耗总量的整体变化趋势几乎一致，因此本章将能源消耗量纳入半参数模型的参数部分，并设定其与二氧化碳排放量存在一次线性关系。

第三，城市化进程的不断推进，会直接或间接地对二氧化碳排放量产生一定影响。随着城市化水平的不断提高，社会的生产力和居民的消费水平也在不断提高，对环境产生的压力也越来越大。

因此，本章选取"金砖国家"1997—2017 年的数据，选取的变量为二氧化碳排放量、人均 GDP、能源消耗量、出口额、工业增加值占比、城市化。其中，二氧化碳排放量和能源消耗量的数据来源于美国能源信息署（EIA），工业增加值占比和城市化的数据来源于 EPS 数据平台，人均 GDP 和出口额的数据来源于世界银行。各指标的说明见表 3-1。

表 3-1 　　　　　　　　　　　**指标说明表**

指标表示	指标解释
Y	二氧化碳排放总量（百万吨）
lnY	二氧化碳排放总量的对数
PGDP	人均 GDP（美元）
lnPGDP	人均 GDP 的对数
ENE	能源消耗量（Quadrillon Btu）
lnENE	能源消耗量的对数
EX	货物出口额（美元）
lnEX	货物出口额的对数
SIA	工业增加值占比（%）
CI	城市化（%）

本章选用二氧化碳排放量、人均 GDP、能源消耗量、出口额、工业增加值占比、城市化六个变量，建立模型如下：

$$Y=f（PGDP，ENE，SIA，CI，EX） \tag{3.1}$$

为了减少原始数据的波动，消除数据中可能出现的异方差，在进行建模时对指标进行取对数处理。

二、EKC 模型形式的设定

环境库兹涅茨曲线自创立以来，引起了国内外学者进行大量的理论与实证的研究，不同学者选择的回归模型不尽相同。学者们设定的参数模型主要有一次线性相关、二次多项式和三次多项式形式。其中，设定的二次多项式模型在形式上倾向于假设倒"U"型的 EKC，而三次多项式得到的结果受系数正负的影响可以是单调线性形式，可以是和二次多项式相似的倒"U"型，也可以是"N"型的 EKC 曲线。因此，本章采用三次多项式的设定形式。若我们假设以下模型：

$$\ln Y = \alpha_1 + \alpha_2 \ln PGDP + \alpha_3 \ln^2 PGDP + \alpha_4 \ln^3 PGDP + \varepsilon_t \tag{3.2}$$

α_2、α_3、α_4 的取值不同，模型的曲线形态不同，具体情况为：

（1）当 $\alpha_2 = \alpha_3 = \alpha_4 = 0$ 时，二氧化碳排放量和人均 GDP 之间没有关系；

（2）当 $\alpha_2 < 0$ 且 $\alpha_3 = \alpha_4 = 0$ 时，二氧化碳排放量随着人均 GDP 的增长呈单调递减趋势；

（3）当 $\alpha_2 > 0$ 且 $\alpha_3 = \alpha_4 = 0$ 时，二氧化碳排放量随着人均 GDP 的增长呈单调递增趋势；

（4）当 $\alpha_2 < 0$ 且 $\alpha_3 > 0$，$\alpha_4 = 0$ 时，二氧化碳排放量和人均 GDP 存在"U"型关系，随着人均 GDP 的增长，二氧化碳排放量先减后增；

（5）当 $\alpha_2 > 0$ 且 $\alpha_3 < 0$，$\alpha_4 = 0$ 时，二氧化碳排放量和人均 GDP 存在倒"U"型关系，随着人均 GDP 的增长，二氧化碳排放量先增后减；

（6）当 $\alpha_2 < 0$ 且 $\alpha_3 > 0$，$\alpha_4 < 0$ 时，二氧化碳排放量和人均 GDP 存在倒"N"型关系，随着人均 GDP 的增长，二氧化碳排放量先减后增，然后再开始减少；

（7）当 $\alpha_2 > 0$ 且 $\alpha_3 < 0$，$\alpha_4 > 0$ 时，二氧化碳排放量和人均 GDP

存在"N"型关系，随着人均 GDP 的增长，二氧化碳排放量先增后减，然后再开始增加。

三、协整关系和协整检验

1987 年，Engle 和 Granger 提出变量间的协整理论，指出虽然一些经济变量是非平稳序列，但是这些变量间组成的线性关系却可能是平稳的，即这些变量之间的协整关系依旧成立。他们将此种平稳的线性组合称为协整方程并将其解释为各变量之间的长期稳定的均衡关系。下面给出协整的定义：

K 维向量 $y_t = (y_{1t}, y_{2t}, \cdots, y_{kt})'$ 的分量间被称为 d，b 阶协整，记为 $y_t \sim CI(d,b)$，如果满足：

（1）$y_t \sim I(d)$，要求 y_t 的每个分量 $y_{it} \sim I(d)$；

（2）存在非零列向量 β，使得 $\beta' y_t \sim I(d-b)$，$0 < b \leq d$。

则，简称 y_t 是协整的，向量 β 又称为协整向量。

协整检验根据检验对象的不同可以分为两种：一种是基于模型回归系数的协整检验，如 Johansen 协整检验；另一种是基于模型回归残差的协整检验，如 CRDW 检验、DF 检验和 ADF 检验。基于模型回归残差的协整检验的协整思想是对回归方程的残差进行单位根检验，若残差序列是平稳序列，则表明方程的因变量和解释变量之间存在协整关系，否则不存在协整关系。因此，检验一组变量（因变量和解释变量）之间是否存在协整关系等价于检验回归方程的残差序列是否是一个平稳序列。

检验的主要步骤如下：

若 k 个序列 y_{1t} 和 $y_{2t}, y_{3t}, \cdots, y_{kt}$ 都是一阶单整序列，建立回归方程

$$y_{1t} = \beta_1 + \beta_2 y_{2t} + \beta_3 y_{3t} + \cdots + \beta_k y_{kt} + u_t \tag{3.3}$$

模型估计的残差为：

$$\hat{u}_t = y_{1t} - \hat{\beta}_1 - \hat{\beta}_2 y_{2t} - \hat{\beta}_3 y_{3t} - \cdots - \hat{\beta}_k y_{kt} \tag{3.4}$$

检验残差序列 $\hat{u}_t$ 是否平稳，也就是判断序列 $\hat{u}_t$ 是否含有单位根。通常用 ADF 检验来判断残差序列是否是平稳的。

如果残差序列是平稳的，则可以确定回归方程中的 k 个变量之间存

在协整关系，否则不存在协整关系。

四、GAM 模型

参数模型一般对模型的限制较多，非参数模型虽然无须预先设定模型的形式，避免了设定误差，但是当解释变量较多的时候，会出现"维度诅咒"问题，而且，非参数回归的结果由一条线来表示，若需要对模型进行进一步的分析，就会有局限性。半参数广义可加模型在一定程度上解决了这些问题。

广义可加模型（generalized additive models，GAM）是由 Hastie 和 Tibshiraniti（1990）提出的，模型的表示方法如下：

$$Y = s_0 + \sum_{i=1}^{q} s_i(X_i) + \varepsilon \tag{3.5}$$

式中：s_i（·）是光滑函数；ε 为误差项，非参数部分满足 $E(s_i(X_i)) = 0$，误差项 ε 与解释变量 X_i 是相互独立的关系（i=1，2，…，q），并且满足 E（ε）=0，Var（ε）=σ^2。

3.2.2 协整分析与案例

一、序列平稳性检验

在对序列进行协整检验前，需要对序列的平稳性进行检验。通常使用的方法是 ADF 单位根检验、DF 单位根检验、KPSS 检验和 PP 检验。本章选择 ADF 单位根检验对时间序列进行序列平稳性检验。

用 ADF 单位根检验的方法分别对"金砖国家"的各变量进行检验，从而确定变量的平稳性。中国的单位根检验的结果见表 3-2。

由表 3-2 的检验结果可知，当我们对各序列的值进行单位根检验时，检验结果表明接受序列"存在单位根"的原假设；在对各序列进行一阶差分后，检验结果显示 ADF 的值在 1%、5%、10% 的显著性水平上均不显著，不能拒绝原假设；我们对序列继续进行差分处理，在进行二阶差分处理后，我们发现各序列都通过了显著性水平为 1% 的单位根检验，均拒绝原假设。因此，可以说明中国的六个变量的二阶差分序列都是平稳的，即 I（2）。同理，在对其余金砖国家的变量依次进行单位根检验后，结果显示六个变量差分后的序列均为平稳的。故可以对其进行协整检验。

表 3-2　　　　　　　中国各变量的单位根检验结果表

变量	检验形式 (C, T, P)	ADF值	P值	结论
ln Y	(C, T, 1)	-2.026	0.551	不平稳
Δln Y	(0, 0, 0)	-1.455	0.132	不平稳
ΔΔln Y	(0, 0, 0)	-4.798	0.000***	平稳
ln PGDP	(C, T, 3)	-2.448	0.346	不平稳
Δln PGDP	(C, T, 0)	-2.878	0.190	不平稳
ΔΔln PGDP	(0, 0, 1)	-5.240	0.000***	平稳
$\ln^2$PGDP	(C, T, 3)	-2.151	0.484	不平稳
$\Delta\ln^2$PGDP	(C, T, 0)	-2.810	0.211	不平稳
$\Delta\Delta\ln^2$PGDP	(0, 0, 0)	-5.4390	0.000***	平稳
$\ln^3$PGDP	(C, T, 3)	-1.898	0.612	不平稳
$\Delta\ln^3$PGDP	(C, T, 0)	-2.534	0.124	不平稳
$\Delta\Delta\ln^3$ PGDP	(0, 0, 0)	-5.606	0.000***	平稳
ln ENE	(C, T, 1)	-1.505	0.791	不平稳
Δln ENE	(0, 0, 0)	-1.426	0.139	不平稳
ΔΔln ENE	(0, 0, 0)	-6.637	0.000***	平稳
ln EX	(C, 0, 0)	-0.494	0.873	不平稳
Δln EX	(0, 0, 0)	-2.666	0.110	不平稳
ΔΔln EX	(0, 0, 1)	-6.363	0.000***	平稳
$\ln^2$EX	(C, 0, 0)	-0.354	0.900	不平稳
$\Delta\ln^2$EX	(0, 0, 0)	-1.324	0.115	不平稳
$\Delta\Delta\ln^2$EX	(0, 0, 1)	-6.311	0.000***	平稳
$\ln^3$EX	(C, 0, 0)	-0.213	0.922	不平稳
$\Delta\ln^3$EX	(0, 0, 0)	-1.533	0.121	不平稳
$\Delta\Delta\ln^3$EX	(0, 0, 1)	-6.261	0.000***	平稳
SIA	(0, 0, 0)	0.344	0.775	不平稳
ΔSIA	(C, T, 0)	-3.137	0.130	不平稳
ΔΔSIA	(0, 0, 1)	-4.550	0.000***	平稳
CI	(C, T, 1)	-2.652	0.264	不平稳
ΔCI	(C, 0, 0)	-1.454	0.534	不平稳
ΔΔCI	(0, 0, 0)	-4.123	0.000***	平稳

　　注：变量前的 Δ 表示对变量做一阶差分，ΔΔ 表示对变量做二阶差分；检验形式（C、T、P）中的 C、T 和 P 分别表示单位根检验方程包括常数项、时间趋势项和滞后期数，0 表示检验方程不包括常数项或趋势项；***表示在 1% 的显著性水平下显著。

二、协整检验

由 ADF 单位根检验的结果可以知道，序列 ln Y、ln PGDP、ln ENE、ln EX、SIA 和 CI 均为二阶单整过程，可以检验其协整关系。

通过对国内外学者研究内容的总结，我们发现，学者们设定的参数模型主要有一次线性相关、二次多项式和三次多项式形式。其中，设定的二次多项式模型在形式上倾向于假设倒"U"型的 EKC，而三次多项式得到的结果受系数正负的影响可以是单调线性形式，可以是和二次多项式相似的倒"U"型，也可以是"N"型的 EKC 曲线。因此，本章对于人均 GDP 采用三次多项式的设定形式。

能源的消耗会对二氧化碳排放量变化产生直接影响，上一节分析也表明各国的二氧化碳排放总量和能源消耗总量的整体变化趋势几乎一致，因此本章设定其与二氧化碳排放量存在一次线性关系。

综上所述，本章将模型设定为：

$$\ln Y = \beta_1 + \beta_2 \ln PGDP + \beta_3 \ln^2 PGDP + \beta_4 \ln^3 PGDP + \beta_5 \ln ENE + \beta_6 \ln EX + \beta_7 \ln^2 EX + \beta_8 \ln^3 EX + \beta_9 SIA + \beta_{10} CI + \varepsilon_1 \tag{3.6}$$

其中：ε_1 表示随机误差；参数 β_2、β_3、β_4、β_5、β_6、β_7、β_8、β_9、β_{10} 分别代表人均 GDP、人均 GDP 的平方、人均 GDP 的立方、能源消耗量、出口额、出口额的平方、出口额的立方、工业增加值占比、城市化对二氧化碳排放量的长期弹性。为了减少原始数据波动性的影响，在这里将二氧化碳排放量、人均 GDP、能源消耗量和出口额的原始数据取自然对数。

如果 β_5 的符号为正，说明随着能源消耗量的增加，二氧化碳排放量会随之增加；如果 β_9 和 β_{10} 的符号为正，即意味着随着工业化的比重增加，城市化的不断前进，二氧化碳排放量会不断增加，环境压力会越来越重，提醒我们在发展经济的同时要注意减轻环境压力。

根据 R 软件的分析结果，可以得出"金砖国家"二氧化碳排放量、人均 GDP、能源消耗量、出口额、工业增加值占比、城市化的协整方程。

（1）对中国的数据进行拟合后，得到如下回归方程：

$$\ln Y = 274.803 - 0.033\ln^2 PGDP + 0.003\ln^3 PGDP + 0.990\ln ENE - 30.743\ln EX + 1.165\ln^2 EX - 0.015\ln^3 EX + 0.011SIA + \varepsilon_t \tag{3.7}$$

方程中的系数在 1% 的显著性水平下均为显著的，二氧化碳排放量与能源消耗量呈正比。人均 GDP 的平方项和立方项的弹性系数分别为 -0.033 和 0.003，人均 GDP 的平方项的系数为负，人均 GDP 的立方项的系数为正，因此二氧化碳排放量与人均 GDP 存在"N"型关系，但是"N"型曲线是否存在拐点需要进一步计算。出口额与二氧化碳排放量存在倒"N"型关系。另外，此方程也表明中国城市化进程对二氧化碳排放量的影响尚不显著。

协整方程反映了变量间的长期关系。由公式（3.7）可知，能源消耗量的弹性系数为 0.99，即在其他变量不变的情况下，能源消耗量每增加 1%，二氧化碳排放量增加 0.99%，这一数据说明能源消耗量对二氧化碳排放量的变化起着重要作用。

二氧化碳排放量对工业增加值占比的弹性系数为 0.011，即在其他变量不变的情况下，工业增加值占比每增加 1%，二氧化碳排放量增加 0.011%，这说明工业增加值占比与二氧化碳排放量存在一定的正相关关系，工业增加值占比的增加在一定程度上会造成二氧化碳排放量的增加。

出口额与二氧化碳排放量存在倒"N"型关系。出口额、出口额的平方项和出口额的立方项的长期弹性系数分别为 -30.743、1.165 和 -0.015，即在其他变量不变的情况下，出口额每增加 1%，二氧化碳的排放量下降 30.743%，说明出口额对二氧化碳排放量的影响有着极其重要的作用。

（2）对巴西的数据进行拟合后，得到如下回归方程：

$$\ln Y = -1317 - 0.006\ln^2 PGDP + 157.1\ln EX - 6.242\ln^2 EX + 0.083\ln^3 EX + 0.058CI + \varepsilon_t \tag{3.8}$$

此方程中的系数在 5% 的显著性水平下均为显著的，而能源消耗量和工业增加值占比并未通过显著性检验。由公式（3.8）可知，人均 GDP 平方项的长期弹性系数为 -0.006。二氧化碳排放量与人均 GDP 存在倒"U"型关系，即随着人均 GDP 的增加，二氧化碳排放量呈现先增加后减少的趋势，这与 EKC 假说的倒"U"型关系一致，为环境库兹涅茨曲线假说提供了支持。

对于巴西来说，二氧化碳排放量与能源消耗量的关系极弱，几乎没有影响，这可能与其能源消费结构有一定关系。2004 年，巴西的可再生能源和不可再生能源的比例为 43.9% 和 56.1%，而世界平均比例是 13.6% 和 96.4%。通过 BP 公司 2015 年发布的《Statistical Review of World Energy》可知，2014 年，巴西的水力发电占比高达 28.2%，高居世界第四，而中国的水力发电仅占 8.1%。

出口额、出口额的平方项和出口额的立方项的长期弹性系数分别为 157.1、-6.242 和 0.083，即二氧化碳排放量与出口额存在"N"型关系；城市化的长期弹性系数为 0.058，即在其他变量不变的情况下，城市化每增加 1%，二氧化碳排放量上升 0.058%。

（3）对俄罗斯的数据进行拟合后，得到如下回归方程：

$$\ln Y = 3.662 - 0.001 \ln^2 PGDP + 1.101 \ln ENE + 0.003SIA + \varepsilon_t \tag{3.9}$$

此方程中的系数在 1% 的显著性水平下均为显著的。出口额和城市化对二氧化碳排放量的影响不显著。二氧化碳排放量与人均 GDP 存在倒"U"型关系，随着人均 GDP 的增加，二氧化碳排放量呈现先增加后减少的趋势。与巴西一样，俄罗斯的经济增长与二氧化碳排放量满足 EKC 假说中的倒"U"型关系。

由公式（3.9）可知，二氧化碳排放量对人均 GDP 平方项的长期弹性系数为 -0.001；能源消耗量的长期弹性系数为 1.101，即在其他变量不变的情况下，能源消耗量每增加 1%，二氧化碳排放量增加 1.101%，这一数据说明，能源消耗量对二氧化碳排放量的变化起着极其重要的作用，要注意能源消耗对二氧化碳排放的影响，积极调整能源消费结构；工业增加值占比的长期弹性系数为 0.003，即在其他变量不变的情况下，工业增加值占比每增加 1%，二氧化碳排放量上升 0.003%。

（4）对南非的数据进行拟合后，得到如下回归方程

$$\ln Y = 571.303 + 0.925\ln ENE - 68.900 \ln EX + 2.791 \ln^2 EX - 0.038 \ln^3 EX + \varepsilon_t \tag{3.10}$$

此方程中的系数在 10% 的显著性水平下均为显著的。由公式（3.10）可知，人均 GDP 对南非的二氧化碳排放量的影响不显著，工业增加值占比和城市化也未通过方程的显著性检验。而出口额与二氧化碳排放量存在倒"N"型关系。

能源消耗量的长期弹性系数为 0.925，即在其他变量不变的情况下，能源消耗量每增加 1%，二氧化碳的排放量增加 0.925%，这一数据说明能源消耗量与二氧化碳排放量的变化几乎相同，能源消耗量对二氧化碳排放量的影响极为重要。

出口额、出口额的平方项和出口额的立方项的长期弹性系数分别为 −68.9、2.791 和 −0.038，即在其他变量不变的情况下，出口额每增加 1%，二氧化碳排放量下降 68.9%，说明出口额对二氧化碳排放量的影响有着极其重要的作用。

（5）对印度的数据进行拟合后，得到如下回归方程：

$$\ln Y = 9.151 - 1.516 \ln PGDP + 0.110 \ln^2 PGDP + 1.130 \ln ENE + \varepsilon_t \qquad (3.11)$$

对于印度来说，只有人均 GDP 和能源消耗量的系数在 1% 的显著性水平下是显著的，其余变量对二氧化碳排放量的影响不显著，并未通过检验。人均 GDP 与二氧化碳排放量存在"U"型关系，随着人均 GDP 的增加，二氧化碳排放量呈先下降再上升趋势，这与环境库兹涅茨曲线假说相矛盾。其中人均 GDP 的长期弹性系数为 −1.516，人均 GDP 的平方项的长期弹性系数为 0.11。

能源消耗量与二氧化碳的排放量呈正比，其长期弹性系数为 1.13，意味着在其他变量不变的情况下，能源消耗量每增加 1%，二氧化碳排放量增加 1.13%，增长速度比能源消耗量更大。

三、残差检验

为了确定回归方程的变量间是否存在协整关系，判断模型设定是否正确，需要通过 ADF 检验的方法来判断残差序列是否平稳。如果残差序列是平稳的，则回归方程的设定是合理的，同时说明回归方程的各变量之间存在稳定的均衡关系；反之，说明变量间不存在稳定的均衡关系，即便参数估计的结果很理想，这样的一个回归也是没有意义的，模型本身的设定出现了问题，这样的回归是一个伪回归。

因此，需要对上面"金砖国家"拟合出的回归方程的残差序列进行单位根检验，具体检验结果见表 3-3。

表 3-3　　　　　　　　残差序列单位根检验结果表

国家	t统计量	1%临界值	5%临界值	10%临界值	P值
中国	-8.411	-2.66	-1.95	-1.6	0.000***
巴西	-9.803	-2.66	-1.95	-1.6	0.000***
俄罗斯	-4.336	-2.66	-1.95	-1.6	0.0004***
南非	-4.662	-2.66	-1.95	-1.6	0.0002***
印度	-6.451	-2.66	-1.95	-1.6	0.000***

注：***表示在 1% 的显著性水平下显著。

从表 3-3 可以看出，中国拟合方程的残差单位根检验的 t 统计量为-8.411，小于 1% 的显著性水平下的临界值-2.66，同时，相应概率值 $p<0.01$，表明方程的残差通过了检验，故认为中国的回归方程的残差序列是平稳的。同理，其余'金砖国家"拟合方程的残差单位根检验的 t 统计量均小于 1% 的显著性水平下的临界值，同时，相应概率值 $p<0.01$，故认为"金砖国家"回归方程的残差序列均为平稳的。根据协整关系的定义，可认为"金砖国家"中每个国家的各变量间的协整关系都成立。

3.2.3　半参回归分析与案例

在分析实际问题的时候，各个变量之间不一定存在明显的线性关系，也不一定存在可线性化的非线性关系，而各变量之间的参数关系的确定过程又是十分艰难的探究过程。在实际应用中，传统的线性或非线性计量模型常常因为直接对设定模型的形式进行拟合而存在误差，而且所研究问题的某些方面的需求可能不能被满足。半参数广义可加模型包括参数部分和非参数部分，避免了参数模型的设定误差，同时为进一步分析变量间的影响关系提供了参考依据。

根据前面对变量选取的解释，以及前文描述性统计中初步的分析结果，我们构建以下半参数广义可加模型：

$$\ln Y = \varphi_1 + s(\ln PGDP) + \varphi_2 \ln ENE + \varphi_3 \ln EX + \varphi_4 \ln^2 EX + \varphi_5 \ln^3 EX + \varphi_6 SIA + \varphi_7 CI + \varepsilon_t \tag{3.12}$$

在此模型中，ε_t 为随机误差项。将人均 GDP 纳入非参数部分，而模型的参数部分则由能源消耗量、出口额、出口额的平方、出口额的立方、工业增加值占比、城市化构成。同参数估计一样，将原始数据先取自然对数再进行模型拟合。

借助 R 软件的 mgcv 语言包，对"金砖国家"的数据进行预处理，并对公式（3.12）进行半参数广义可加模型拟合。拟合结果总共为两部分：第一部分是参数部分的拟合回归结果，以及模型拟合检验统计量；第二部分是非参数部分的拟合效果图。

（1）对中国数据进行拟合后，得到如下回归方程：

$$\ln Y = 4.406 + 1.099 \ln ENE - 0.001 \ln 2EX + 0.01 SIA + s(\ln PGDP) + \varepsilon_t \tag{3.13}$$

由公式（3.13）可知，对于参数部分，二氧化碳排放量与能源消耗量呈正比，能源消耗量的弹性系数为 1.099，即在其他变量不变的情况下，能源消耗量每增加 1%，二氧化碳排放量增加 1.099%；出口额与二氧化碳排放量存在倒"U"型关系，即随着出口额的增加，二氧化碳排放量呈先增加后减少的趋势；工业增加值占比的弹性系数为 0.01，说明工业增加值占比对二氧化碳排放量有一定影响，两者为正相关关系。中华人民共和国成立以后，大力发展工业，工业以较高的增长速度不断发展，在工业化程度不断增高的同时，工业增加值占比对二氧化碳排放量有显著的促进作用。

由表 3-4 可知，对于拟合出的 GAM 模型的参数部分，解释变量中 ENE、EX 和 SIA 的 P 值均小于 0.01，说明在 1% 的显著性水平下对二氧化碳排放量的作用均为显著的，这一结论与上部分的参数回归结果一致。而城市化进程对中国的二氧化碳排放量影响并不显著。

表 3-5 显示了拟合出的 GAM 模型的非参数部分估计结果，表中的 P 值为 0.002，小于 0.01，通过了显著性水平为 1% 的检验。由此可知，同参数部分一样，非参数部分在 1% 的显著性水平下也是显著的，非参数部分的平滑参数为 4.688。

表 3-4　　　　　　中国 GAM 模型参数部分回归结果表

解释变量	参数估计值	t 统计量	P 值
截距项	4.405	17.918	0.000***
ln ENE	1.009	20.032	0.000***
ln² EX	−0.001	−3.324	0.006***
SIA	0.01	4.729	0.000***

注：***表示在 1% 的显著性水平下显著。

表 3-5　　　　　　中国 GAM 模型非参数部分估计结果表

	edf（平滑参数）	Ref.df	F 值	P 值
s（ln PGDP）	4.688	5.723	7.06	0.002***

注：***表示在 1% 的显著性水平下显著。

　　非参数部分不能显示具体的回归方程，只能得到人均 GDP 和二氧化碳排放量的曲线关系。如图 3-1 所示，显示了人均 GDP 与二氧化碳排放量的变化关系，二者的关系整体呈"U"型，又有倒"N"的趋势。可以看到，在 lnPGDP<6.5 的时候，随着人均 GDP 的增加，二氧化碳排放量没有增加反而下降了。而在 7.0<lnPGDP<8.0 的时候，二氧化碳排放量随着人均 GDP 的增加而增加，在 lnPGDP>8.0 的时候，随着人均 GDP 的增加，二氧化碳排放量再次出现下降的趋势，不过下降的趋势不明显。图 3-1 中的上下虚线分别表示 95% 置信度下的置信区间。

　　（2）对巴西数据进行拟合后，得到如下回归方程：

$$\ln Y = 0.429 + 3.639 \ln EX - 0.284 \ln^2 EX + 0.006 \ln^3 EX + 0.067CI + s(\ln PGDP) + \varepsilon_t$$

$$(3.14)$$

　　由公式（3.14）可知，对于参数部分，能源消耗量对二氧化碳排放量的影响不显著，工业增加值占比也未通过显著性检验。这一结论与参数回归的结论相一致。

　　出口额、出口额的平方项和出口额的立方项的长期弹性系数分别为 3.639、−0.284 和 0.006，即二氧化碳排放量与出口额存在"N"型关系。在其他变量不变的情况下，出口额每增加 1%，二氧化碳排放量上升 3.639%，出口额对二氧化碳排放量的影响极为重要，不容忽略。城市化

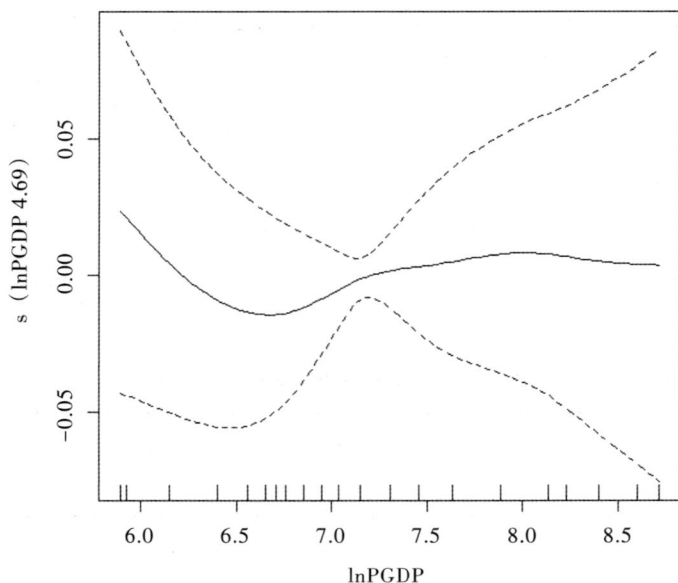

图 3-1　中国人均 GDP 与二氧化碳排放量的非参数关系趋势图

的长期弹性系数为 0.067，即在其他变量不变的情况下，城市化每增加
1%，二氧化碳排放量上升 0.067%。模型中出口额与城市化对二氧化碳
排放量的影响也与参数回归的结论一致。

　　由表 3-6 可知，对于拟合出的 GAM 模型的参数部分，解释变量中
出口额 EX 和城市化 CI 在 1% 的显著性水平下对二氧化碳排放量的作
用均为显著的，其 P 值均小于 0.01，其中城市化 CI 在模型中的 P 值远
小于 0.01。这一结论与上部分的参数回归结果一致。

表 3-6　　　　　　　　巴西 GAM 模型参数部分回归结果表

解释变量	参数估计值	t统计量	P值
截距项	0.429	3.471	0.005***
ln EX	3.639	3.472	0.005***
$\ln^2$ EX	−0.284	−3.369	0.006***
$\ln^3$ EX	0.006	3.321	0.006***
CI	0.067	12.579	0.000***

注：***表示在 1% 的显著性水平下显著。

表 3-7 显示了拟合出的 GAM 模型的非参数部分估计结果。可以看出，模型的非参数部分的 P 值远小于 0.01，其在 1% 的显著性水平下为显著的，另外，结果显示非参数部分的平滑参数为 6.147。

表 3-7 　　　　　　　　巴西 GAM 模型非参数部分估计结果表

	edf（平滑参数）	Ref.df	F 值	P 值
s（ln PGDP）	6.147	7.137	8.623	0.000***

注：***表示在 1% 的显著性水平下显著。

如图 3-2 所示，非参数部分显示了巴西的人均 GDP 与二氧化碳排放量的曲线关系。从整体上看，人均 GDP 和二氧化碳排放量呈倒"U"型关系，随着人均 GDP 的增加，二氧化碳排放量有先增加后减少的趋势，这与 EKC 假说中的倒"U"型关系一致，为环境库兹涅茨曲线假说提供了支持。具体来看，在 7.8<lnPGDP<8.5 的时候，随着人均 GDP 的增加，二氧化碳排放量是不断增加的；在 8.6<lnPGDP<8.9 的时候，二氧化碳排放量随着人均 GDP 的增加反而减少了；在 8.9<lnPGDP<9.3 的时候，随着人均 GDP 的增加，二氧化碳排放量又出现了增加的趋势；在 9.3<lnPGDP<9.5 的时候，随着人均 GDP 的增加，二氧化碳排放量在不断减少。

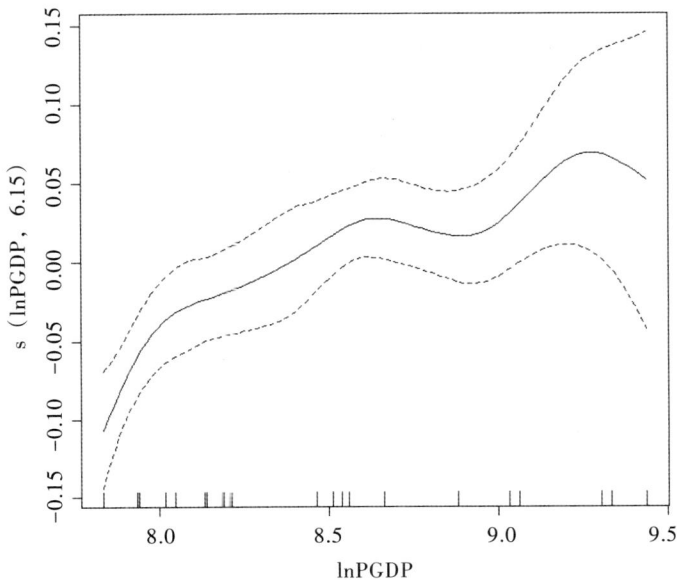

图 3-2 　巴西人均 GDP 与二氧化碳排放量的非参数关系趋势图

（3）对俄罗斯数据进行拟合后，得到如下回归方程：

$$\ln Y = 0.645 + 1.073 \ln ENE + 0.003 SIA + 0.042 CI + s(\ln PGDP) + \varepsilon_t \quad (3.15)$$

由公式（3.15）可知，在参数估计部分，能源消耗量的弹性系数为1.073，即在其他变量不变的情况下，能源消耗量每增加1%，二氧化碳排放量增加1.073%，而在参数回归的结果中，能源消耗量的弹性系数为1.101，两者结论基本一致。同参数回归的结果一样，出口额对二氧化碳排放量的影响不显著。

工业增加值占比的长期弹性系数为0.003，即在其他变量不变的情况下，工业增加值占比每增加1%，二氧化碳排放量上升0.003%，这一结论与参数回归的结论完全一致。城市化的长期弹性系数为0.042，即在其他变量不变的情况下，城市化每增加1%，二氧化碳的排放量上升0.042%。

由表3-8可知，对于俄罗斯GAM模型的参数部分，解释变量中能源消耗量ENE的P值远小于0.01，说明在1%的显著性水平下其对二氧化碳排放量的作用是显著的，工业增加值占比SIA的P值为0.035，城市化CI的P值为0.073，二者分别通过了显著性水平为5%和10%的检验，说明工业增加值占比和城市化对二氧化碳排放量的影响也是显著的。在参数回归中，俄罗斯的城市化对其二氧化碳排放量的影响是不显著的，两个模型的这一结论不一致。

表 3-8　　　　　　俄罗斯 GAM 模型参数部分回归结果表

解释变量	参数估计值	t统计量	P值
截距项	0.645	0.412	0.6869
ln ENE	1.073	20.781	0.000***
SIA	0.003	2.343	0.035**
CI	0.042	1.941	0.073*

注：***表示在1%的显著性水平下显著，**表示在5%的显著性水平下显著，*表示在10%的显著性水平下显著。

表3-9显示了拟合出的俄罗斯GAM模型的非参数部分估计结果。可以看出，非参数部分的P值为0.011，小于0.05，说明模型的非参数

部分在 5% 的显著性水平下是显著的，得到的平滑参数为 3.478。

表 3-9   **俄罗斯 GAM 模型非参数部分估计结果表**

	edf（平滑参数）	Ref.df	F 值	P 值
s（ln PGDP）	3.478	4.366	4.792	0.011**

注：**表示在 5% 的显著性水平下显著。

如图 3-3 所示，显示了俄罗斯的人均 GDP 与二氧化碳排放量的非参数关系。从整体上看，随着人均 GDP 的增加，二氧化碳排放量有先增加后减少的趋势，两者的关系和倒"U"型关系相似。在 lnPGDP<7.5 时，随着人均 GDP 的增加，二氧化碳排放量越来越小；在 7.5<lnPGDP<9.5 时，人均 GDP 与二氧化碳排放量呈倒"U"型关系，随着人均 GDP 的增加，二氧化碳排放量先增加后减少，当 7.5<lnPGDP<8.2 时，二氧化碳排放量随着人均 GDP 的增加而增加，当 8.2<lnPGDP<9.5 时，二氧化碳排放量随着人均 GDP 的增加而减少。这一结论为环境库兹涅茨曲线假说提供了支持。

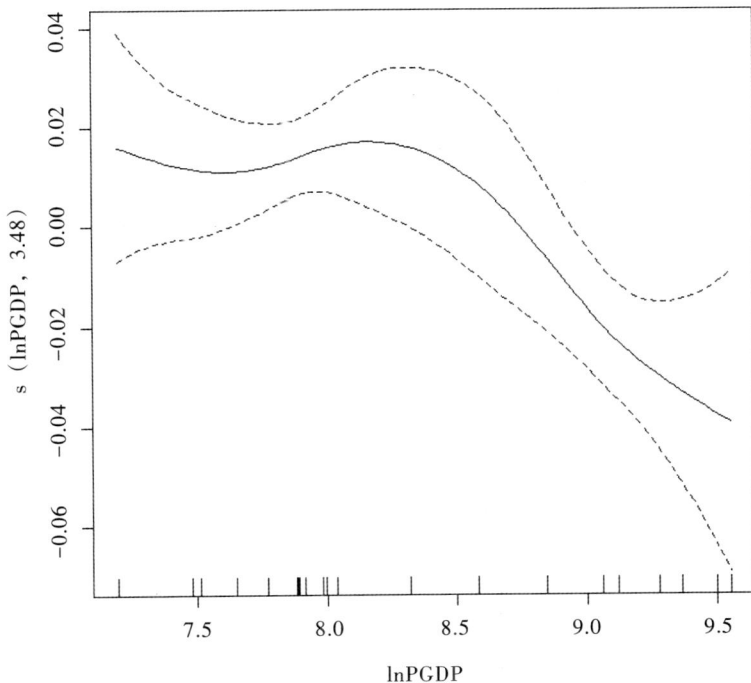

图 3-3   俄罗斯人均 GDP 与二氧化碳排放量的非参数关系趋势图

（4）对南非数据进行拟合后，得到如下回归方程：

$$\ln Y = 0.01 + 0.929 \ln ENE + 0.264 \ln EX - 0.0002 \ln^3 EX + 0.004SIA +$$
$$0.008CI + s(\ln PGDP) + \varepsilon_t \quad (3.16)$$

由公式（3.16）可知，能源消耗量的长期弹性系数为 0.929，即在其他变量不变的情况下，能源消耗量每增加 1%，二氧化碳的排放量增加 0.929%，能源消耗量和二氧化碳排放量呈正相关关系。出口额、出口额的立方项的长期弹性系数分别为 0.264 和-0.0002。工业增加值占比的弹性系数为 0.004，即在其他变量不变的情况下，工业增加值占比每增加 1%，二氧化碳排放量增加 0.004%；城市化的弹性系数为 0.008，即在其他变量不变的情况下，城市化每增加 1%，二氧化碳排放量增加 0.008%。

由表 3-10 可知，对于南非 GAM 模型的参数部分，解释变量中能源消耗量 ENE 和出口额 EX 在 1% 的显著性水平下对二氧化碳排放量的作用是显著的，工业增加值占比 SIA 和城市化 CI 的 P 值分别为 0.048 和 0.046，两者均通过了显著性水平为 5% 的检验，说明对二氧化碳排放量的影响也是显著的。

表 3-10 南非 GAM 模型参数部分回归结果表

解释变量	参数估计值	t统计量	P值
截距项	0.01	22.376	0.000***
ln ENE	0.929	24.116	0.000***
ln EX	0.264	34.546	0.000***
$\ln^3 EX$	-0.0002	-12.630	0.000***
SIA	0.004	2.152	0.048**
CI	0.008	2.180	0.046**

注：***表示在 1% 的显著性水平下显著，**表示在 5% 的显著性水平下显著。

表 3-11 为拟合出的南非 GAM 模型的非参数部分估计结果。可以看出，模型的非参数部分的 P 值为 0.022，小于 0.05，说明非参数部分在 5% 的显著性水平下是显著的，得到的平滑参数为 1。

表 3-11   南非 GAM 模型非参数部分估计结果表

	edf（平滑参数）	Ref.df	F 值	P 值
s（ln PGDP）	1	1	6.521	0.022**

注：**表示在 5% 的显著性水平下显著。

图 3-4 为南非的人均 GDP 与二氧化碳排放量的非参数关系趋势图。图中显示，随着人均 GDP 的增加，二氧化碳排放量直线上升，两者的关系为完全正相关。而在参数估计结果中，人均 GDP 和二氧化碳排放量的关系是不合理，人均 GDP、人均 GDP 的平方项和立方项均未通过显著性检验，说明人均 GDP 对二氧化碳排放量的影响不显著。

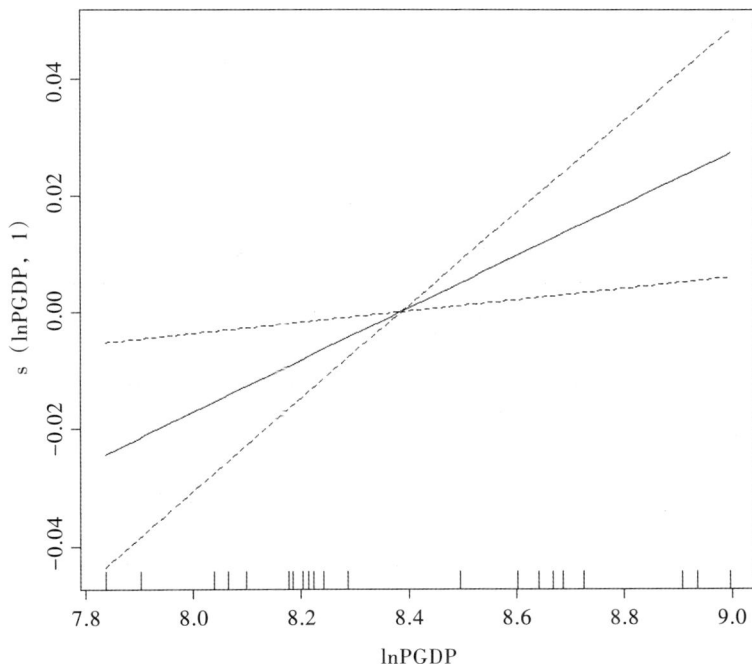

图 3-4　南非人均 GDP 与二氧化碳排放量的非参数关系趋势图

（5）对印度数据进行拟合后，得到如下回归方程：

$$\ln Y = 3.441 + 1.323 \ln ENE + s(\ln PGDP) + \varepsilon_t \tag{3.17}$$

由公式（3.17）可知，能源消耗量的长期弹性系数为 1.323，即在其他变量不变的情况下，能源消耗量每增加 1%，二氧化碳的排放量增加 1.323%，能源消耗量和二氧化碳排放量呈正相关关系，这一结论与前面参数回归的结论一致。

由表 3-12 可知，对于印度 GAM 模型的参数部分，解释变量中能源消耗量 ENE 在 1% 的显著性水平下对二氧化碳排放量的作用是显著的，但是其余参数部分的变量并未通过显著性检验，说明其余变量对二氧化碳排放量的影响不是显著的，这一结论与参数回归的结论一致。

表 3-12 印度 GAM 模型参数部分回归结果表

解释变量	参数估计值	t统计量	P 值
截距项	3.441	15.470	0.000***
ln ENE	1.323	15.960	0.000***

注：***表示在 1% 的显著性水平下显著。

表 3-13 为拟合出的印度 GAM 模型的非参数部分估计结果。可以看出，模型的非参数部分的 F 值为 9.409，同时 P 值远小于 0.01，说明非参数部分在 1% 的显著性水平下是非常显著的，而且拟合效果较好，最终得到的非参数部分的平滑参数为 8.115。

表 3-13 印度 GAM 模型非参数部分估计结果表

	edf（平滑参数）	Ref.df	F 值	P 值
s（ln PGDP）	8.115	8.676	9.409	0.000***

注：***表示在 1% 的显著性水平下显著。

非参数部分不能显示具体的回归方程，只能得到人均 GDP 和二氧化碳排放量的曲线关系。图 3-5 为印度的人均 GDP 与二氧化碳排放量的非参数关系趋势图。整体来看与"U"型曲线相近，"U"型曲线的后半部分表现得不明显，随着人均 GDP 的增加，二氧化碳排放量呈波浪式的下降趋势。

本章分别对"金砖国家"的二氧化碳排放量 Y、人均 GDP、能源消耗量 ENE、出口额 EX、工业增加值占比 SIA 和城市化 CI 等变量建立参数回归模型和半参数广义可加模型，进而分析"金砖国家"的二氧化碳排放量、能源消耗量和经济增长的关系。整体上来说，不同国家的解释变量对被解释变量的影响有显著的区别，从模型的拟合效果来看，半参数广义可加模型（GAM）的拟合优度要稍高于参数回归模型。

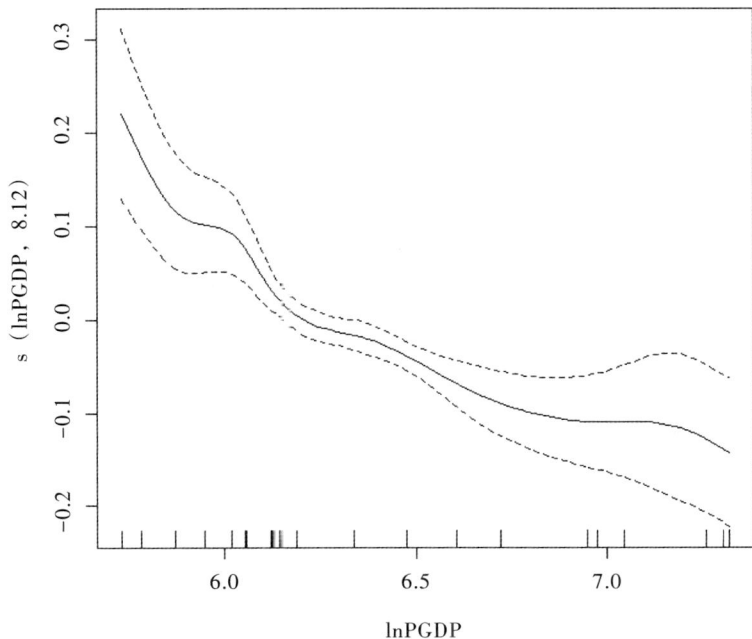

图 3-5　印度人均 GDP 与二氧化碳排放量的非参数关系趋势图

（1）汇总"金砖国家"的参数回归结果和 GAM 模型中各变量对二氧化碳排放量的弹性系数以及人均 GDP 与二氧化碳排放量的 EKC 曲线的形态，最终得到表 3-14 和表 3-15，我们发现两个模型的有些结论是一致的，GAM 模型的非参数部分不存在模型设定误差，拟合效果要优于参数模型，而且模型用一条曲线表示人均 GDP 与二氧化碳排放量的关系，更加直观。

对比中国的参数回归和 GAM 模型回归结果，可以发现：在两模型的估计中，能源消耗量 ENE 和工业增加值占比 SIA 对二氧化碳排放量影响的估计结果极为相近，除此之外，城市化 CI 对二氧化碳排放量的影响在两模型中均未通过显著性检验。但是，参数回归模型的结论显示，出口额 EX 与二氧化碳排放量存在倒"N"型关系，而在 GAM 模型的结论中，两者存在倒"U"型关系。

对比巴西的两模型的结果，可以发现：第一，在参数回归模型中，人均 GDP 平方项的系数为负，表明人均 GDP 与二氧化碳排放量存在倒"U"型关系，GAM 模型的非参数部分拟合出的非参数关系也近似于倒

表 3-14　　　　　"金砖国家"参数回归拟合方程结果汇总表

	中国	巴西	俄罗斯	南非	印度
ln ENE	0.990	—	1.101	0.925	1.130
ln EX	−30.73	157.10	—	−68.900	—
$\ln^2$ EX	1.165	−6.242	—	2.791	—
$\ln^3$ EX	−0.015	0.083	—	−0.038	—
SIA	0.011	—	0.003	—	—
CI	—	0.058	—	—	—
ln PGDP	—	—	—	—	−1.516
$\ln^2$ PGDP	−0.033	−0.006	−0.001	—	0.110
$\ln^3$ PGDP	0.003	—	—	—	—
EK曲线形态	"N"型	倒"U"型	倒"U"型	无	"U"型

注：—表示变量的检验结果不显著。

表 3-15　　　　　　金砖国家 GAM 估计结果汇总表

	中国	巴西	俄罗斯	南非	印度
ln ENE	1.099	—	1.073	0.929	1.323
ln EX	—	3.639	—	0.264	
$\ln^2$ EX	−0.01	−0.24	—	—	—
$\ln^3$ EX	—	0.006	—	−0.002	
SIA	0.010	—	0.003	0.004	
CI	—	0.067	0.042	0.008	—
s（ln PGDP）	"U"型	倒"U"型	倒"U"型	线性增加	"U"型

注：—表示变量的检验结果不显著。

"U"型，可认为两者结论一致；第二，两模型的估计结果均认为出口额 EX 和二氧化碳排放量存在"N"型关系；第三，城市化 CI 对二氧化碳排放量的影响在两模型中均通过了显著性水平为 1% 的显著性检验，且估计系数相近，分别为 0.058 和 0.067；第四，能源消耗量 ENE 在两模型中的 P 值均大于 0.1，未通过显著性检验，说明其对二氧化碳排放量的影响不显著。

对比俄罗斯的回归结果，我们可以发现：两模型的估计结果均显示人均 GDP 与二氧化碳排放量存在倒"U"型的曲线关系，而且能源消耗量 ENE 与二氧化碳排放量均为正相关关系，且估计系数相近，分别为 1.101 和 1.073。不同的是，在参数回归中，工业增加值占比 SIA 通过了显著性检验，城市化 CI 未通过，而 GAM 模型的结果显示工业增加值占比未通过显著性检验，城市化通过了显著性检验。

对比南非的参数回归和 GAM 模型回归结果，可以发现：首先，在两个模型中，能源消耗量 ENE 与二氧化碳排放量均为正相关关系，且估计系数分别为 0.925 和 0.929，两者极为相近；其次，工业增加值占比 SIA 和城市化 CI 两变量在参数回归模型中均未通过检验，而在 GAM 模型中两者均通过了 5% 的显著性检验。

对比印度的两模型结果，可以发现：两个模型的估计结果均认为，能源消耗量 ENE 与二氧化碳排放量均为正相关关系，且估计系数分别为 1.130 和 1.323；参数回归模型的结果认为人均 GDP 与二氧化碳排放量存在"U"型关系，而 GAM 模型显示人均 GDP 与二氧化碳排放量的趋势为"U"型拐点之前的趋势。

（2）"金砖国家"在地域、人口、生产要素等方面均存在差异，各个变量的影响关系也因此有所差异。

第一，不同国家的人均 GDP 对二氧化碳排放量的影响是不同的，中国和印度的非参数部分的曲线为"U"型，而巴西和俄罗斯的非参数部分的曲线为倒"U"型。对比各个国家人均 GDP 和二氧化碳排放量的关系，可以发现，随着人均 GDP 的增加，南非的二氧化碳排放量增速最大，说明南非的经济增长对二氧化碳排放量的压力最大，而其余四国相对来说压力较小。观察图 3-1 至图 3-5，可以发现，当 8.5<ln PGDP<9.0 的时候，中国、巴西、俄罗斯均出现了随着人均 GDP 的增加，二氧化碳排放量减少的趋势，而印度由于经济不发达，到 2017 年为止，ln PGDP 甚至未达到 7.5。

第二，"金砖国家"中有四个国家的能源消耗量 ENE 与二氧化碳排放量的关系均为正相关。通过表 3-14 我们可以清楚看出，除了巴西，其余各国能源消耗量 ENE 与二氧化碳排放量均呈正相关关系，其中，印度的弹性系数最大，为 1.323。巴西的能源消耗量对二氧化碳排放量的影响不显著，这与其能源消费结构的关系密不可分。

虽然巴西和中国一样，是能源的生产大国和消费大国，然而，巴西的能源消耗量对二氧化碳排放量产生的影响却远远不及中国，其能源结构要明显优于其他"金砖国家"，这一点值得借鉴。巴西的农业发达，对绿色能源的研发也早于其他国家。作为世界上最大的蔗糖生产国和大豆产量仅次于美国的生产大国，从 20 世纪 70 年代开始，巴西就尝试从甘蔗、大豆、油棕榈等当地的主要作物中提炼燃料，成为各国学习的绿色能源开发的榜样。除此之外，巴西也是世界上唯一一个在全国范围内不供应纯汽油的国家。巴西消费的燃料中有 46% 是乙醇等可再生能源，高于全球 13% 的平均水平。根据巴西官方公布的数字，早在 2004 年，巴西的水力发电在其能源生产结构中占比就高达 14.4%，其他"金砖国家"的水力发电占比在 10 年后的 2014 年仍未超越巴西 2004 年的占比。特别是在可替代能源方面，巴西更是超越其他"金砖国家"，并且处于世界领先水平。2004 年，巴西的可再生能源的占比为 43.9%，不可再生能源占比为 56.1%，而世界平均比例是 13.6% 和 96.4%，远超过世界的平均水平。

众所周知，煤、石油和天然气属于化石燃料，而二氧化碳排放量的增加离不开化石燃料的燃烧。BP 公司 2015 年发布的《Statistical Review of World Energy》显示，2014 年，巴西的水力发电占比高达 28.2%，高居世界第四，远高于其余"金砖国家"。"金砖国家"2014 年的一次能源消费结构占比见表 3-16。在各能源种类中，原煤的二氧化碳排放系数最大，其次是原油。通过计算各国原煤、原油和天然气在一次能源结构中的总占比可以知道，南非的占比最高，达 96.5%，其次是印度，占比为 91.9%，中国和俄罗斯的这一比例分别为 89.1% 和 88.2%，巴西的占比最小，为 65.4%。其中，排放系数最大的原煤在南非的能源消费结构中占比高达 70.6%，中国的原煤占比也高达 66.0%。

表 3-16　　　2014 年"金砖国家"一次能源消费结构占比表　　　单位：%

国家	原煤	原油	天然气	核能	水力发电	可再生能源
中国	66.0	17.5	5.6	1.0	8.1	1.8
巴西	5.2	48.1	12.1	1.2	28.2	5.2
俄罗斯	12.5	21.7	54.0	6.0	5.8	—
南非	70.6	23.0	2.9	2.8	0.2	0.5
印度	56.5	28.3	7.1	1.2	4.6	2.2

数据来源：BP 公司 2015 年发布的《Statistical Review of World Energy》。

第三，不同国家出口额 EX 对二氧化碳排放量的影响有所不同。对比 GAM 模型中各国出口额的弹性系数，可以发现，各个国家出口额 EX 和二氧化碳排放量的关系有所不同。中国的两个变量为倒"U"型关系，巴西的两变量的变化趋势为"N"型曲线，南非则呈倒"N"型趋势，而对于俄罗斯和印度来说，出口额 EX 对二氧化碳排放量的影响并不显著。

第四，不同国家工业增加值占比 SIA 对二氧化碳排放量的影响不同，而巴西和印度的这一影响是不显著的。通过表 3-15 我们可以清楚看出，除了巴西和印度，其余三国的工业增加值占比 SIA 的估计系数均为正数，其中，中国的估计系数最大，为 0.01，其次为俄罗斯。中华人民共和国成立以后，大力发展工业，工业以较高的增长速度不断发展，在工业化程度不断增高的同时，对二氧化碳排放量有显著的促进作用；俄罗斯经济主要依赖重工业，重工业中主要是军工企业，然后是汽车、造船、机械等装备制造业，俄罗斯重工业比较发达，为全球八大工业国之一；而巴西主要靠服务业，其国家服务业占 GDP 比重一半以上，然后是农业，重工业也不发达。

第五，不同国家城市化 CI 和二氧化碳排放量的关系不同，中国和印度的这一影响关系是不显著的。由半参数广义可加模型可知，巴西、俄罗斯和南非的城市化 CI 估计系数均为正数，说明在城市化进程中，会促进二氧化碳的排放，给环境带来一定的压力，而巴西的城市化对二氧化碳排放影响最大。中国和印度的城市化进程目前对二氧化碳的排放并无显著影响。

参考文献

［1］巴曙松，吴大义. 能源消费、二氧化碳排放与经济增长——基于二氧化碳减排成本视角的实证分析［J］. 经济与管理研究，2010（6）：5-11.

［2］曹广喜. "金砖四国"的碳排放、能源消费和经济增长［J］. 亚太经济，2011（6）：18-23.

［3］蔡超，王艳明，许启发. 库兹涅茨曲线在中国的适用性研究——基于分位数回归的方法［N］. 江西财经大学学报，2013（3）：54-62.

［4］戴新颖. 我国煤炭碳排放影响因素分析及减排措施研究［D］. 博士学位论文，中国矿业大学，2015.

［5］邓晓兰，鄢哲明，武永义. 碳排放与经济发展服从倒 U 型曲线关系吗——对环境库兹涅茨曲线假说的重新解读［J］. 财贸经济，2014（2）：19-29.

［6］PAO H T，TSAI C M.Emission，energy consumption and conomic growth in BRIC countries［J］. Energy Policy，2010：7850-7860.

［7］PAO H T，TSAI C M.Modeling and forecasting the emissions，energy consumption，and economic growth in Braizil［J］. Energy，2011：2450-2458.

［8］NICHOLAS A，JAMES E P. Emissions，energy usage，and output in central America［J］. Energy Policy，2009：3282-3286.

［9］THÉOPHILE A，FRANÇOIS L，PHU N V.Econmic development and emissions：A nonparametric panel approach［J］. Journal of Public Economics，2006：1347-1363.

［10］CROISSANT Y，GIOVANNI M.Panel data econometrcs in r：the plm package［J］. Journal of Statistical Software，2008.

第四章　基于分类器算法的水质评估方法研究

4.1　思想与原理

一、水质综合评价研究现状

我国在 1973 年便开始对水资源质量的评价工作进行研究。研究的过程主要经历了四个阶段：初期试验阶段、全面搜集阶段、广泛发展阶段以及水环境质量评价阶段。最初的研究仅仅是对某个城市或者小片地区的水质进行评价，随着研究的内容逐渐加深，我国展开了对长江流域、黄河流域、松花江流域等水资源的专题质量评价工作。目前，对水资源质量的评价已经成为地球生态环境综合评价中不可或缺的内容。

从 20 世纪 90 年代开始，专家为了更准确地对水质进行评价研究，尝试使用多种数学方法和模型对水资源的质量进行评价和预测，这便更加推动了对水质评价方法研究的发展。凌敏华、左其亭（2006）将模糊综合评价的方法引入到水质评价的问题中，将模糊数学应用到塔里木河干流水质评价中。对塔里木河干流的水资源的质量进行模糊综合评价并做出分析，最终得出的结果是将模糊综合评价法应用到塔里木河干流水质评价当中，比较符合实际，效果较好。由于水资源的质量的污染程度以及分类都是比较客观的模糊概念，因此，在水质评价过程中，如果仅仅用一个数字界限对水质进行评价是有一定的误差的。而将模糊理论应用到水质评价中将比其他的评价方法更适合划分水质等级的模糊性，从而，对水质的评价和预测将会更加客观与准确。苏耀明、苏小四（2007）在文章中提到了综合指数法，由于多个指标中，每个指标的重要性不同，因此给各个指标赋予不同的权重，从而能够综合地判断水资源的质量，该方法被广泛地应用到地下水资源的质量评价中。而在该方法的使用过程中，确定权重是极其重要的一个组成部分，合适的权重设定能够更加有助于模型的准确性，因此文章作者建立综合指数模型，并着重增加了对权重因素的考虑。尹海龙、徐祖信（2008）应用单因子评价法和污染指数法对水质进行评价，单因子评价法的基本思想是：在参与水质评价的所有指标中，选择水质最差的某个指标所属类别，以此来表示所属水资源的水质类别；污染指数法的基本思想是：首先，形成单项污染指数，即将单项指标的实际值除以与其对应的水资源功能区的类别水质标准；其次，将所有参与水质评价的指标的单项污染指数进行算术平均、加权平均等运算，从而得到一个综合指数，并以此综合指数来评判水质的优劣。章新、贺石磊、张雍照、陈思、高军省（2010）认为对原始数据进行预处理的方法不同，以及点到区间的距离的计算方法不同，都会影响用灰色关联分析方法评价水质的结果，文章中对原始数据进行预处理主要采用的方法是极差变换、标准化等，而计算点到区间的距离的方式主要采用点到区间下端点或中点以及比较传统的点到区间距离的计算方式，并以此来计算关联度。作者通过实例对水质进行评价后得出结果，原始数据的预处理方法不同并不能对水质评价的结果造成很大的影响，而点到区间距离计算方式的不同却能很大程度地影响水质评价的结果，并根据对水质进行评价的目的，提出了用灰色关联分析的方法进行水质评价所需要注意的问题。郑一华（2006）使用支持向量机的方法对济南地下水水质进行评价，文章作者在对水质监测数据进行处理的过程中，采用了三种核函数的支持向量机。通过实践得出的结果显示：用支持向量机的方法对济南地下水水质进行预测的准确性比单因子评价法以及模糊综合评价法的准确性更高，也更适用。Kumar Vinod（2006）等人主要的目的是分析比阿斯河的污染情况，他们选取了25个水质参数，其中还包括了8种重金属元素，对比阿斯河的水质的污染成分进行分析，所采用的方法主要是主成分分析以及因子分析，并用人工神经网络模型对比阿斯河的水质进行评价，试验得出的结果证明了该模型的准确性以及适用性。Khan M S，Coulibaly P（2006）等人为了准确地评价水质，根据流域水质的特征建立了LS-SVM模型，选择粒子群算法对支持向量机模型的参数进行改进，从而提升了预测的精度。

述评：水质评价的方法有很多种，但每一种方法都不是完美的，都各有其优点和缺点。单因子评价方法的优点是计算相对简单，但是，由于该方法是对单个指标进行独立的评价，这将导致利用该方法得到的评价结果难以全面准确地反映水资源质量的整体状况，因此，准确性将大大降低。综合指数法的优点在于简单、容易掌握、计算简便、概念明确，决策者和公众能够更加清晰明了地通过评价结果读懂水质的相关信息。但是，该方法也存在着一些缺陷：并没有考虑到水质等级界限的模糊性，评价结果难以满足对水质进行评价的要求，也难以真实地反映出水质污染的程度。对于综合指数法的缺点——没有考虑到水质等级界限的模糊性，模糊综合评价法能够较好地进行弥补，该方法可以通过构造隶属函数，进而准确地反映出水质等级界限的不确定性，处理模糊综合评价的相关问题实质上就是处理模糊变换的问题。在对水质进行综合评价时使用模糊综合评价的方法需要考虑的因素比较多，而且用该方法进行水质评价的另一主要问题是如何准确地确定评价指标的权重。目前，对于水质评价中确定评价指标权重的方法也有很多，其中有专家法、指标法等比较传统的赋权方法，通常传统的赋权方法存在一些缺陷，比如说专家法比较容易受到主观因素的影响，而指标法相对于专家法则比较客观，但是该方法没有考虑到不同指标会在不同程度上影响水质。因此，有必要对这些传统的赋权方法进行改进和调整。灰色聚类法也是根据最大隶属度函数建立的，这一点与模糊综合评价法相同；但是两者在权重的计算上存在着一定的差异，模糊综合评价法是将各个污染物的超标情况通过加权运算的方法来计算权重，污染物超标得越多，权重也会越大，根据模糊综合评价法计算出来的权重都是相同的，而灰色聚类法并不认为各指标的权重是相同的，相反，各个指标权重应该是不同的。它是根据水质类别的不同而得出不同的指标权重，灰色聚类法显然是弥补了模糊综合评价法中的不足，但是用该方法计算权重的缺陷在于没有考虑各个污染物的超标情况也会影响水质评价。支持向量机的优点在于模式分类、识别等能力非常强，但是支持向量机也存在一些缺点：一方面，支持向量机的核函数有很多种，其中包括 GAUSS 核函数、线性核函数等核函数，而对这些核函数的特点和适用范围的研究还不是非常成熟；另一方面，尽管支持向量机的模型需要设定的参数较少，但这些参数的选取方法并不成熟，都还只是停留在经验、试算上，因此在建立支持向量机模型时，只能凭借着建模者的经验。

二、BP 人工神经网络在水质评价中的研究现状

近年来，计算机技术的发展逐渐走向成熟，在模糊数学、综合指数、灰色关联分析以及人工智能等各种研究领域中引进计算机技术，从而对水资源的质量进行的研究评价也层出不穷。因此，在近几年，学术界不断涌现出将 BP 人工神经网络用于对水资源的质量评价的方法研究中。张升东、徐征和、杜敏、张神铭（2013）通过建立 BP 人工神经网络模型对卧虎山水库 2010 年 8 月到 2011 年 12 月的水质进行评价，评价的结果显示 BP 人工神经网络模型适用于对卧虎山水库的水质进行评价，准确性较高，适用性较好。陈怡（2011）重点介绍了人工神经网络的基本理论知识，选择成都市中心城区"三河"的水资源作为研究对象，对其建立 BP 人工神经网络模型，同时建立单因子模型对研究对象进行评价，并对比两种方法的评价效果，评价结果显示，BP 人工神经网络模型对水质进行评价得出结果的准确性明显高于单因子评价模型。崔东文（2012）对 BP 人工神经网络模型的理论知识进行简短的介绍后，对文山州的水资源的承载能力建立 BP 人工神经网络评价模型，评价结果显示，将 BP 人工神经网络模型用于文山州水资源的承载能力评价准确性较高，并且结果简洁明了，未来进行水资源承载能力评价可以

使用该模型以提高评价的准确性。刘增进、张敏、王振雨、李晓瑜（2008）为了研究郑州市水资源的可持续利用情况，分别从经济、生态环境以及水资源三个方面建立 BP 人工神经网络模型进行评价研究，并进行敏感性分析，从而得到对郑州市水资源的可持续利用能力产生影响的主要因素，并据此提出相关政策建议。刘树锋、陈俊合（2007）通过准确了解 BP 人工神经网络基本理论以及水资源承载力的相关知识，建立了基于 BP 人工神经网络的模型来反映惠州市地下水资源承载能力，从而得出惠州市水资源承载能力与其影响因子之间的定量关系，并且预测了未来几年惠州市水资源的承载能力。Marina Campolo（1999）等为了预测河流枯水期的流量，建立 BP 人工神经网络模型，并通过该模型的预测得出结论：用 BP 人工神经网络模型对河流水质进行评价更加有利于对河流水质的管理。Xiao Xiao，Xu Jian（2016）等人选择汉江重点河段 2012 年春、夏、秋三个季节的水质样本以及 HJ1A 卫星 CCD 多光谱数据作为研究对象，为了研究区域总氮浓度，建立 BP 人工神经网络反演模型，并且依照模型反演的结果对汉江重点河段的水资源的质量进行评价分析。通过评价结果可以发现：将 BP 人工神经网络模型运用到汉江重点河段的水质评价中的准确度高，适用性强，能够比较真实地反映研究对象在季节不同、河段不同的情况下总氮浓度的差异。对水质进行评价的结果表明水质会随季节不同、区域不同产生较大的差别。Milosevic Djuradj、Cerba Dubravka（2016）等人选取多瑙河流域水资源作为研究对象，并建立 BF 人工神经网络模型，用该模型对多瑙河流域的水资源恶化情况进行评价，评价结果显示：运用 BP 人工神经网络模型可以比较准确地评价出水资源的恶化情况，并可将其应用到未来的水质预测中。

述评：在对水资源进行水质评价时引入 BP 人工神经网络模型具有很多优点：首先，BP 人工神经网络模型与其他传统的水质评价模型不同，该模型中需要设定的所有参数都是经过学习得到的，因此模型输出的结果比较客观，并且精确度较高。其次，对于任何水资源的评价，只需要用 BP 人工神经网络模型对水质评价的标准样本进行学习，通过学习得到最佳权值和阈值，并利用该权值对评价对象样本进行计算，从而得出最终的水质评价结果。最后，因为有时研究对象存在着监测环境总是不断变化，信息不确定性等问题，而 BP 人工神经网络通过其自学习和自组织功能，使该模型能够克服监测环境不稳定、信息不确定的缺陷，因此 BP 人工神经网络模型具有非常广泛的适用性。然而 BP 人工神经网络模型也存在着一些缺点：首先，由于 BP 人工神经网络的算法属于非线性梯度优化问题，因此该模型难以避免地存在着局部极小值的问题。其次，该模型在学习算法过程中收敛速度慢，容易导致局部振荡。最后，由于模型的建立需要确定隐含层的层数以及隐含层的节点数，而这方面的确定目前并没有理论可以依据，通常都是根据经验选取，或者不断变换尝试，这将会影响模型学习过程时间的长短，并对评价的结构造成一些影响。

三、BP 人工神经网络改进算法研究现状

为了弥补 BP 人工神经网络的三个缺陷，通常在实际应用时对该模型进行一些改进，或者引入其他算法，将两种算法结合起来使用，以期望达到更好的效果。如李晶、张征（2009）等人针对 BP 人工神经网络所存在的几个缺陷，利用 L-M 算法对该模型的网络训练过程进行了改进，并且作者为了解决模型样本过少的问题，便在地下水资源质量标准中采用插值法来生成更多的样本。陈兴、程吉林（2007）等人着重研究了 BP 人工神经网络模型的数据归一化问题，以及初始权值、阈值的确定方法问题以及如何能够比较准确有效地确定隐含层节点数目问题，同时还优化了模型中的参数，将该模型引用到实际的问题中，从而得到更加准确、客观的评价结果。刘娟、蒋兆华（2009）等人对 BP 人工神经网络模型中的激励函数进行了改进，对地下水水质进行了研究评价，通过不断调整模型隐含层节点数以及训练次数对结果可靠性的影响，对某市地下水水质进行了比较准确的评价。蒋佰权、王万森（2007）等通过改变 BP 人工神经网络模型的步长以及在其中加入动量项的方式进行改进，并将该模型应用到对国内某流域河段进行水质评价，最终得出结论：用该模型评价水质简单方便，应用广泛。张文范、张伟（2008）将 BP 人工神经网络模型进行改进，并将其应用在吉林市地下水水质评价中，并建立综合指数评价模型，将两种方法进行对比可以发现：经过改进的 BP 人工神经网络用于评价地下水水质相比于综合指数法更加简单、适用，并且能够得到比较准确的结论，能够被广泛地应用。Hemmateenead（2003）等人为了研究 Ca^{2+} 不同会阻断药分子中的活性，作者在文章中运用主成分分析法提取了所有分析的不同参数，然后用 BP 人工神经网络对 Ca^{2+} 的活性进行预测，并采用遗传算法对其进行改进，从而提高了预测精度。在我国，BP 人工神经网络模型已经逐渐应用到对黄河、长江、辽河等各大流域水质进行评价，是非常有发展前景的水质评价模型。

述评：对于 BP 人工神经网络的改进算法有很多，例如可以用遗传算法、粒子群算法或者 Levenberg-Marquardt 算法对模型进行改进，每一种改进算法也都有各自的优点，而在平时进行水质评价时，由于评价对象不同，遇到的问题也不尽相同，因此，应当尽量选用适当的改进算法对 BP 人工神经网络模型进行改进，从而使之更加适合评价对象的特征情况，以提高模型对水质评价的准确性。

4.2　模型与步骤

4.2.1　BP 人工神经网络的理论介绍

BP 人工神经网络是在 1986 年由 Rumelhart 和 McCella 等人提出的。BP 人工神经网络是多层前馈神经网络，该网络最为突出的特点是信号向前传递，误差向相反方向传播。BP 人工神经网络模型通常情况下由三个层次组成：输入层、隐含层以及输出层。各个层次的神经元之间通过权重连接起来，但是相同层次内的神经元之间没有任何关系。建立 BP 人工神经网络模型主要分成两步：第一步对网络模型进行学习，该过程为网络模型的训练过程；第二步是利用已经学习好的网络模型解决其他相类似的问题，这个过程为网络模型的测试过程。BP 人工神经网络模型的最特别的地方就在于误差的反向传播，它把网络输出层的误差归结为各个连接权值的"误差"，通过把输出层的误差向相反的方向逐层传递到输入层，然后再重新调整权重，重新进行训练和测试，一直到模型的误差达到最小为止。BP 人工神经网络属于一种有监督的学习网络，可以应用在对事物进行评价、预测等方面。目前在水质评价领域、股票市场预测领域以及指纹识别领域的应用非常广泛。

一、BP 人工神经网络的结构

BP 人工神经网络由三个层次组成：输入层、隐含层和输出层。在这三个层次中，输入层和输出层都只有一层，而隐含层可以有一层也可以有多层。输入层与隐含层之间以及隐含层与输出层之间都是由大量神经元节点连接而成的。由于同层的神经元节点之间没有任何耦合，因此，每一层的神经元只对前一层神经元的输入产生敏感；每一层神经元的输出只会对下一层神经元的输出产生影响。BP 人工神经网络模型的拓扑结构如图 4-1 所示。在向前传递时，样本从输入层经隐含层逐层处理直至输出层。此时若输出层的误差没有达到所设定的最小误差，则进行误差反向传播，重新调整模型的权值和阈值，从而使 BP 人工神经网络模型的输出误差尽量达到最小。

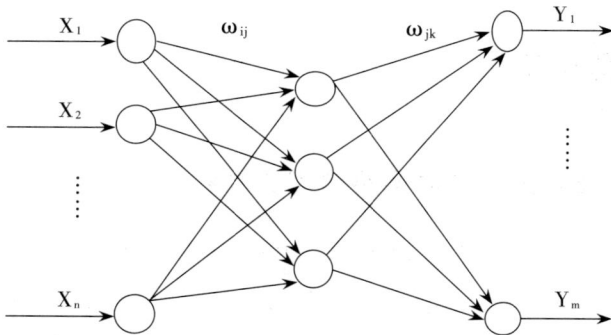

图 4-1　BP 人工神经网络模型的拓扑结构图

在图 4-1 中，X_1，X_2，…，X_n 是 BP 人工神经网络模型的输入值，Y_1，Y_2，…，Y_m 是 BP 人工神经网络模型的输出值，ω_{ij} 和 ω_{jk} 为连接 BP 人工神经网络模型输入层与隐含层以及隐含层与输出层的权值。BP 人工神经网络模型可以被看成是一个非线性函数，将输入值看成自变量，将输出值看成因变量。当输入层的节点数为 n，输出层的节点数为 m 时，BP 人工神经网络模型就可以看成从 n 个自变量到 m 个因变量的函数映射关系。

二、BP 人工神经网络的特点

BP 人工神经网络属于前馈式神经网络，是人工神经网络众多模型中应用最普遍但又相对复杂的模型。BP 人工神经网络模型为多层感知机结构，既包含输入层和输出层，同时还含有一个或多个隐含层，因此，BP 人工神经网络模型又被称为多层感知机模型。下面将简单讨论研究 BP 人工神经网络的特点。

（一）包含一个或多个隐含层

在结构上来看，BP 人工神经网络模型包括一个输入层、一个输出层以及一个或若干个隐含层. 隐含层在输入层和输出层之间。隐含层是BP 人工神经网络模型中非常重要的一部分，可以实现非线性样本的线性转化。线性样本指的是，对于 n 维特征空间的两类样本，如果可以找到一个超平面将两类样本分开，那么这样的样本就是线性样本，如果不能找到一个超平面将两类样本分开，那么这样的样本就是非线性样本。线性样本的分类问题并不难解决，难以解决的是非线性样本的分类问题，要解决这个问题就只能将非线性样本转化为线性样本后再进行分类。BP 人工神经网络模型解决从非线性样本到线性样本的转化的方法，是尝试将多个感知机模型按层次结构连接起来，形成隐含层，通过隐含层的节点来实现从非线性样本到线性样本的转化。

（二）反向传播

BP 人工神经网络与其他模型截然不同的一个特点是误差的反向传播。连接输入层节点和输出层节点的网络权值的确定就是根据输出层的误差。如果在一个最简单的网络模型中，没有隐含层，此时输出层有一个确定的期望值，因此可以直接根据预测误差对网络权值进行调整。然而，这种方法不能应用到 3P 人工神经网络模型中。因为就算可以通过感知机的方法来调整隐含层与输出层之间的网络权值，但是却不能调整输入层与隐含层之间的网络权值，这是由于隐含层的期望输出是无法确定的，因此也就难以计算出误差。所以 BP 人工神经网络模型需要结合一种新的方法从而实现权值的调整，这也就是反向传播。

尽管 BP 人工神经网络模型不能直接计算隐含层节点的误差，但是可以通过输出层节点的误差反向地估计隐含层节点的误差，也就是将输出层节点的误差反向传播到隐含层节点，并根据误差调整权值，直到最后输出层的预测误差达到期望值为止。

因此，可以将 BP 人工神经网络模型的工作过程总结成两个部分，即信号向前传递，误差反向传播。信号向前传递的过程是指，样本信息从输入层开始，由输入层传递至隐含层，并在隐含层对信息进行计算处理，经处理后的信息再由隐含层逐层传递至输出层，并最终得到预测结果。正向传播过程中所有网络权值是不变的。而误差反向传播阶段会调整所有的网络权值。这种正向传播和反向传播过程会重复进行，直到输出层的输出达到期望输出为止。

（三）采用 Sigmoid 激活函数

BP 人工神经网络模型采用（0，1）型 Sigmoid 函数作为激活函数，于是节点的输出值都集中在 0~1 这个区间内。如果输出变量是数值型的变量，则输出层输出的结果是经过标准化处理后的预测值，因此通过还原即可；如果输出变量是分类型变量，那么输出层输出的结果就是类别为 1 的概率值。

BP 人工神经网络模型采用 Sigmoid 函数更加特殊的一点就是：在模型刚开始进行训练时，此时的网络权值在 0 附近，导致节点加法器结果也在 0 附近，此时 Sigmoid 函数的斜率近似为一个常数，输入输出之间呈现近似线性关系，此时模型相对简单。随着模型进一步训练，网络权值开始进行调整，节点加法器结果不再是 0，而是逐渐远离 0，此时的输入输出之间开始呈现非线性关系，模型变得比较复杂，同时由于输入的变化造成对输出的影响不再那么强烈。在模型训练的最后阶段，节点加法器结果远离 0，这个时候输入的变化基本不会对输出产生影响，输出基本稳定在某个值，人工神经网络模型的预测误差也逐渐趋于稳定，不再随网络权值的变化而改变，模型训练结束。可见，Sigmoid 函数很好地体现了网络权值调整过程中，模型从近似线性到非线性逐渐转变的过程。

另外 Sigmoid 函数不仅有非线性、单调的特点，还具有无限次可微的特点，这使 BP 人工神经网络模型可以通过梯度下降法来调整网络权值。

三、BP 人工神经网络算法的工作过程

BP 人工神经网络的工作过程可以分为如下几个阶段：

步骤 1：网络初始化。根据系统输入输出序列（X，Y）确定网络输入层节点数 n、隐含层节点数 l、输出层节点数 m，初始化输入层和隐含层节点之间的权值 ω_{ij} 以及隐含层和输出层节点之间的权值 ω_{jk}，同时初始化隐含层的阈值 a，输出层的阈值 b，并确定学习速率以及神经元激励函数。

步骤 2：隐含层输出计算。根据输入变量 X，输入层和隐含层间连接权值 ω_{ij} 以及隐含层的阈直 a，计算隐含层输出 H_j，计算方法如公式（4.1）所示。

$$H_j = f\left(\sum_{i=1}^{n} \omega_{ij} X_i - a_j\right) \ (j=1, 2, \cdots, l) \tag{4.1}$$

在上面的式子中，l 代表隐含层的节点数；f 为隐含层的激励函数，该函数有不同的表达方式，本章选择的激励函数如公式（4.2）所示。

$$f(x) = \frac{1}{1 + e^{-x}} \tag{4.2}$$

步骤 3：输出层输出计算。根据隐含层输出 H_j，隐含层与输出层之间的连接权值 ω_{jk} 和输出层的阈值 b，计算 BP 人工神经网络模型的输出 O_k，计算方法如公式（4.3）所示。

$$O_k = \sum_{j=1}^{l} H_j \omega_{jk} - b_k \ (k=1, 2, \cdots, m) \tag{4.3}$$

步骤 4：误差计算。根据网络模型预测输出 O_k 和期望输出 Y_k，计算网络模型预测误差 e_k。

$$e_k = Y_k - O_k \ (k=1, 2, \cdots, m) \tag{4.4}$$

步骤 5：权值更新。根据网络模型输出误差 e_k 更新网络连接权值 ω_{ij}、ω_{jk}，计算方法如公式（4.5）和公式（4.6）所示。

$$\omega_{ij} = \omega_{ij} + \eta H_j (1 - H_j) x_i \sum_{k=1}^{m} \omega_{jk} e_k \ (i=1, 2, \cdots, n; j=1, 2, \cdots, l) \tag{4.5}$$

$$\omega_{jk} = \omega_{jk} + \eta H_j e_k \ (j=1, 2, \cdots, l; k=1, 2, \cdots, m) \tag{4.6}$$

式中：η 代表学习速率。

步骤 6：阈值更新。根据网络模型输出误差 e_k 更新网络模型节点阈

值 a_j 和 b_k。更新方法如公式（4.7）和公式（4.8）所示。

$$a_j = a_j + \eta H_j(1 - H_j)\sum_{k=1}^{m}\omega_{jk}e_k \quad (j=1,\ 2,\ \cdots,\ l) \tag{4.7}$$

$$b_k = b_k + e_k \quad (k=1,\ 2,\ \cdots,\ m) \tag{4.8}$$

步骤 7：判断模型运算是否结束，若没有结束，返回步骤 2。

BP 人工神经网络模型的算法流程图如图 4-2 所示。

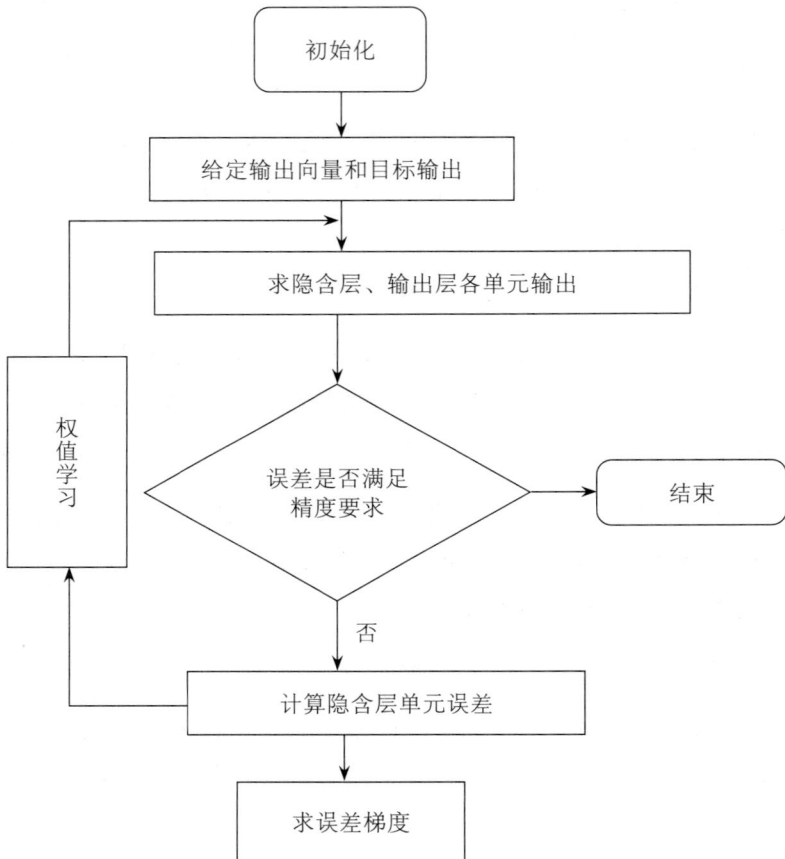

图 4-2 BP 人工神经网络模型的算法流程图

四、BP 人工神经网络模型的不足及其在水质评价应用中存在的问题

目前，在众多综合评价的方法中，BP 人工神经网络模型是使用最为普遍的方法之一，尽管 BP 人工神经网络模型有很多优点，但是同时该模型也存在一些缺陷，有待进一步改进，这些缺点主要集中在下面的

三个方面。

（1）BP 人工神经网络模型的收敛速度比较慢，导致该问题的原因主要有以下两点：首先，由于 BP 人工神经网络模型的算法采用的是梯度下降法，那么在需要被优化的目标函数很复杂时，会出现"锯齿波现象"，导致 BP 人工神经网络模型效率低，收敛速度慢；其次，由于被优化的目标函数很烦琐，它会在神经元输出值接近 0 或 1 时出现一些平坦区，而在平坦区口，权值误差变化很小，导致训练过程停滞不前，这些原因都会造成 BP 人工神经网络收敛速度慢。

（2）容易陷入局部极小值，造成这一问题的原因是 BP 人工神经网络模型的原理。它的原理是局部寻优，但要解决的是求解复杂非线性函数的全局极值，因此，模型非常容易陷入局部极小值，造成模型训练失败。

（3）无法确定隐含层节点的数目。现在还没有较好的方法确定隐层节点的个数，通常情况都是依据研究者的经验或者不断试验来确定。因此，这会直接对 BP 人工神经网络模型的精度造成很大的影响。

将 BP 人工神经网络模型运用到对水资源质量进行综合评价中，也存在着两个需要解决的问题：

（1）工作效率的问题。在进行水质综合评价研究时，如果研究对象的样本数据比较少，那么用 BP 人工神经网络模型不会存在收敛速度慢的问题，因此不会对评价造成影响。但是，在对水质进行综合评价的实际应用时，往往是指标参数多而且研究的时间跨度大，导致数据量很多。这时输入层的节点与输出层的输出值是复杂的非线性关系，这便会产生 BP 人工神经网络模型收敛速度很慢的问题，造成工作效率很低。

（2）评价的精度问题。进行水质综合评价时，希望能够建立一个模型，有比较高的工作效率，同时也有比较高的预测精度，有助于未来用同样的模型对水质进行预测。这时，一个拥有高预测精度的模型就非常重要。影响模型精度的因素主要有两个：第一个因素是人工神经网络模型的结构是否合理，这便体现在 BP 人工神经网络模型拓扑结构的设定上，设定几个隐含层以及隐含层内应该有几个节点都是直接的影响因素。第二个因素是如何获得样本数据。样本数据及特征数据的提取，决定了训练后的网络是否能反映水质指标与输出结果之间蕴含的复杂关系，从而影响网络的识别精度。

4.2.2 遗传算法优化 BP 人工神经网络模型

一、遗传算法介绍

遗传算法（Genetic Algorithms），也叫做 GA 算法，最开始由 J.H.Holland 在 20 个世纪 60 年代提出。它是模拟自然遗传机制和生物进化理论的自适应优化搜索算法。遗传算法的基本思想是：把达尔文的进化论，即"优胜劣汰"的原理引入优化参数形成的编码串联群体中，按照选择的适应度函数并通过选择、交叉和变异对个体进行筛选，使适应度值好的个体被保留，适应度值差的被淘汰，那么新的群体便继承了上一代的信息，优于上一代。

二、遗传算法的基本要素

遗传算法的基本要素主要有三个：染色体编码、适应度函数以及遗传操作。

（一）遗传算法是对表示可行解的个体编码进行选择、交叉、变异等相关操作

编码指的是将可行解从其解空间转换到遗传算法所能处理的搜索空间的转换操作。编码能够影响遗传算法的性能和效率。因此，编码技术是遗传算法操作过程中最需要注意的问题。

目前，国内外相关专家学者提出了多种编码方法，在众多编码方法中，二进制编码、实数编码以及符号编码最为常见，也是应用最为普遍的三种编码方法，以下是对三种编码方法的介绍。

1.二进制编码

二进制编码方法使用二进制符号 0 和 1 所组成的二值符号集 {0，1}，个体基因型是一个二进制符号串，二进制编码是遗传算法中应用最多的编码方法。

二进制编码的优点是编码方法简单，容易理解，并且遗传算法中的交叉、变异等操作较容易实现。但二进制编码也有一些不足：存在连续变量离散化带来的映射误差以及符号串的长度对问题的求解精度和算法

运行效率有很大的影响等问题，尤其在求解高维优化问题时，由于二进制编码串太长，扩大了算法的搜索空间，因此降低了算法的搜索效率。

2. 实数编码

实数编码指的是个体的每个基因值用某个范围内的某一个实数进行表示，个体的编码长度等于其决策变量的个数。实数编码常用于解决精度要求高、搜索空间大的问题。但实数编码要求保证交叉、变异等操作的结果必须在基因值给定的区间内，而且交叉运算不能在基因的中间字节分隔处进行。

3. 符号编码

符号编码指的是个体染色体编码串中的基因值取自一个无数值含义，而只有代码含义的符号集，如{A，B，C，D，…}、{1，2，3，4，…}、{A1，B1，C1，D1，…}等。

（二）适应度函数

适应度函数是指根据进化目标编写的计算个体适应度值的函数，通过适应度函数计算每个个体的适应度值，提供给选择算子进行选择。

适应度是遗传算法中用来度量个体能达到或接近于最优解的优良程度。如果适应度高，那么个体遗传到后代的概率就比较大，相反，适应度低，那么个体遗传到后代的概率则比较小。根据最优化问题的类型，由目标函数 f（X）按一定的转换规则求出个体的适应度函数 F(X)。

对于求最大值的问题：

$$F(X) = \begin{cases} f(X) + C_{min}, & \text{if} \quad f(X) + C_{min} > 0 \\ 0, & \text{if} \quad f(X) + C_{min} \leq 0 \end{cases} \quad (4.9)$$

在公式（4.9）中，C_{min} 是一个适应度相对较小的数。

对于求最小值的问题，作下列转换：

$$F(X) = \begin{cases} C_{max} - f(X), & \text{if} \quad C_{max} - f(X) > 0 \\ 0, & \text{if} \quad C_{max} - f(X) \leq 0 \end{cases} \quad (4.10)$$

在公式（4.10）中，C_{max} 是一个适应度相对较大的数。

在遗传算法运行的不同阶段，会对个体的适应度进行放大或缩小，对个体的适应度所做出的调整称为适应度尺度变换。目前，研究领域经常用到的变换适应度的方法有三种：线性尺度变换、乘幂尺度变换、指数尺度变换。

（三）遗传操作

1.选择操作

选择操作指的是从原来的群体中以一定的比率选择一部分个体到新的群体中，个体被选中的概率与适应度值有很大的关系，因此，个体适应度值越好，被选择到新群体的概率就越大。

2.交叉操作

交叉操作是指从群体中选出两个个体，通过两个个体的染色体的交换组合，从而产生新的好的个体。交叉操作过程如图 4-3 所示。

A：1100：01011111 交叉　A：1100：01010000

B：1111：01010000 ⟶ B：1111：01011111

图 4-3　交叉操作图

3.变异操作

变异操作是指从群体中随意选择一个个体，选择个体染色体中的一点进行变异从而产生更加优秀的个体。变异操作过程如图 4-4 所示。

A：1100 0101 1111 ⟶ A：1100 0101 1101

图 4-4　变异操作图

三、遗传算法的特点

（一）遗传算法并不是对参数本身去操作，而是对参数的编码操作；

（二）遗传算法是从多个初始点同时开始操作，可以有效地防止搜索过程收敛于局部最优解，更容易求出全局最优解；

（三）遗传算法计算适应度不需要依靠其他附属信息，通常直接通过目标函数进行计算，从而对问题的依赖性较小；

（四）遗传算法使用概率的转换规则，而不是确定的规则；

（五）遗传算法在解空间内既不是毫无目的地穷举也不是完全随机测试，而是一种启发式搜索，其效率相对于其他方法更高；

（六）遗传算法比较适合优化规模比较大并且比较复杂的问题。

从上面遗传算法的特点可以看出，遗传算法的很多优点能够弥补BP 人工神经网络模型的不足。由于 BP 人工神经网络模型的连接权值包含了神经网络系统的全部知识，而普通的神经网络模型采用的是某种确定的变化规则，通过对神经网络输入矩阵和初始连接权值进行不断地训练和学习，并反复进行调整，最后获得比较合适的权值和阈值。对于BP人工神经网络，采用的是梯度下降法，它对模型的初始权值和阈值非常敏感，通常情况下模型的初始权值都是随机生成的，而初始权值不同会造成训练结果的不同。而且，在BP人工神经网络模型的训练过程中，学习因子、动量因子等参数的选择也缺乏非常好的理论指导，通常都是通过研究者的经验来确定的。如果参数取值不合适，则会造成网络模型振荡或不收敛的情况；在参数选择比较合适的情况下，BP人工神经网络模型即使可以收敛也非常容易陷入局部极小值，造成不能获得最优的连接权值和阈值，这会直接对模型的泛化能力造成很大影响。而采用遗传算法对神经网络模型的连接权值进行优化，则能够比较好地克服这些问题，获得比较令人满意的网络模型权值分布，并且利用遗传算法去优化BP人工神经网络模型的连接权值也更加容易实现。首先，它可以通过一些方法来确定网络模型权值与阈值的可能范围，在此范围内随机产生若干组初始权值和阈值，并对其进行编码，以个体的适应度值为依据，利用选择、交叉和变异等遗传算子对遗传群体作进化操作，产生新一代遗传群体。其次，将新一代的遗传群体作为父代，再一次进行选择、交叉和变异等遗传算子对父代作进化操作，从而产生新的子代。按照这个过程反复进行，直到满足目标函数的要求为止，因此便获得比较优秀的网络模型权值和阈值。这一过程便体现出了遗传算法的全局搜索能力。

4.3 应用与案例

上一节深入地研究了BP人工神经网络以及遗传算法的基本理论知识，本节在上一节的基础上，结合所选择的研究对象的水质特点建立BP人工神经网络模型，并根据该模型的缺点，利用遗传算法对其进行改进，建立GA-BP人工神经网络模型，并将两种模型进行对比，最后通过实例证明了GA-BP人工神经网络模型的准确性与实用性。

4.3.1　水质评价指标和评价标准的选取

一、水质评价指标的选取

对水质评价指标进行分类的方式很多，但是，到现在为止并没有制定出比较统一的水质评价指标的分类标准。如果按照水质评价的不同发展阶段，可以将水质参数划分为化学性参数和感官性参数；如果按照水质物理、化学及生物特征，又可以将水质参数分为物理、化学以及生物参数。

中华人民共和国环境保护行业标准《环境影响评价技术导则 地面水环境》中提到，地表水环境质量标准具体项目参照 GB3838 中提到的 24 种基本项目，可根据评价等级、水域类别和污染源状况进行适当删减。

根据选择水质评价指标的三个原则，目的性原则、适量原则以及数据可获取原则，通过观察水质监测数据中的污染成分，可以发现造成四大流域水质受到污染破坏的主要因素是有机物，因此选取溶解氧（DO）、高锰酸盐指数、氨氮（NH_3-N）这三个指标作为四大流域水质评价的参数。

二、评价标准

本章参数的评价标准将参照《地表水环境质量标准》（GB3838-2002）中所采用的评价标准。该标准分别将地面水资源的质量划分为六类，分别用Ⅰ、Ⅱ、Ⅲ、Ⅳ、Ⅴ、劣Ⅴ来表示，各类水资源的功能如下：

Ⅰ类水主要用于源头水以及国家自然保护区；

Ⅱ类水主要用于集中式生活饮用水、地表水源地一级保护区、珍稀水生生物栖息地、鱼虾类产场、仔稚幼鱼的索饵场等；

Ⅲ类水主要用于集中式生活饮用水地表水源地二级保护区、鱼虾类越冬场、洄游通道、水产养殖区等渔业水域及游泳区；

Ⅳ类水主要用于一般工业用水区及人体非直接接触的娱乐用水区；

Ⅴ类水主要适用于农业用水区及一般景观要求水域；

劣Ⅴ类水为重度污染水。

在上面选取的三个水质评价指标参数中，每一个指标参数的浓度值都对应着相应的水质等级。各级指标中，溶解氧（DO）、高锰酸盐指数、氨氮（NH_3-N）三个污染指标的标准限值见表 4-1。

表 4-1   三个水质污染物的各级浓度标准值表

参数 等级	溶解氧	高锰酸盐	氨氮
1	≥7.5	≤2	≤0.15
2	≥6	≤4	≤0.5
3	≥5	≤6	≤1
4	≥3	≤10	≤1.5
5	≥2	≤15	≤2
6	<2	>15	>2

4.3.2   数据来源及数据预处理

本章选取松花江流域、黄河流域、长江流域、珠江流域四大流域作为研究对象。长江流域是长江干流和支流流经的广大区域，是世界第三大流域，流域总面积 180 万平方千米，全长 6 211.31 千米。黄河流域全长 5 464 千米，是中国第二长河流，也是世界第五长河流，流域面积达到 79.5 万平方千米。珠江流域北靠南岭，南临南海，西部为云贵高原，地势西北高，东南低。松花江流域东西长 920 千米，南北宽 1 070 千米，流域面积 55.68 万平方千米。

本章研究的水质评价对象为松花江流域、黄河流域、长江流域以及珠江流域 2017 年第 1 周到第 23 周的水质监测数据。

由于在统计年鉴上搜集到的松花江流域、黄河流域、长江流域、珠江流域四大流域都有多个点位，松花江流域有 21 个点位、黄河流域有 12 个点位、长江流域有 10 个点位、珠江流域有 24 个点位，因此为方便后面的分析，要对数据进行预处理，将四大流域中每个流域的各个指标求平均值，得到最终数据。

由于上面的数据只有三个指标的相应数值，并没有相应所属的水质等级，因此要采用遗传算法寻优的方式对原始数据水质等级进行拟合，首先，要对表 4-1 中的三个指标参数（溶解氧、高锰酸盐指数、氨氮）进行标准化处理，这三个指标参数分别用 x_1、x_2 以及 x_3 表示，处理方法可用公式（4.11）表示：

$$x = \frac{x - x_{min}}{x_{max} - x_{min}} \quad (4.11)$$

以表 4-1 中的三个指标参数作为自变量，以标准水质等级作为因变量，经遗传算法求得三个影响元素的权重参数，这三个权重参数为 0.46545398、0.06183413、6.61030612，因此水质的等级拟合方程如下：

$$y = 0.46545398*x_1 + 0.06183413*x_2 + 6.61030612*x_3 \quad (4.12)$$

通过上式拟合后可以得到水质等级数值一列，但是，在建立 BP 人工神经网络模型对四大流域水质进行评价前，应该先对数据进行归一化处理，本章将因变量值设定在 ［-1，1］ 之间，在水质评价标准中规定六个水质类别，在水环境评价方法中通常采用 1、2、3、4、5、6 来表示六类水质级别，考虑到神经元作用函数的值域为 ［-1，1］，故将目标输出为 ［-1，-0.8］ 设定为一级，目标输出为 ［-0.8，-0.4］ 设定为二级，目标输出为 ［-0.4，0］ 设定为三级，目标输出为 ［0，0.4］ 设定为四级，目标输出为 ［0.4，0.8］ 设定为五级，目标输出为 ［0.8，1］ 设定为六级。归一化方法可用公式（4.13）表示：

$$b = \frac{2(a - a_{min})}{a_{max} - a_{min}} \quad (4.13)$$

4.3.3　四大流域水质变化趋势分析

由于松花江流域、黄河流域、长江流域以及珠江流域的地理位置不同，水域的特点也有很大的差别，同时各个流域在不同的时间，水质也发生着非常大的变化，因此，为了了解四大流域的水质变化趋势以及流域之间水质等级的优劣，用折线图对松花江流域、黄河流域、长江流域以及珠江流域的水质进行详细的对比分析，结果如图 4-5 所示：

图 4-5 是松花江流域、黄河流域、长江流域以及珠江流域 2017 年第 1 周到第 23 周的水质等级变化趋势，从中可以看出松花江流域水质等级相对比较稳定，大多数集中在 3、4、5 级，其中第 7 周、13 周、14 周、

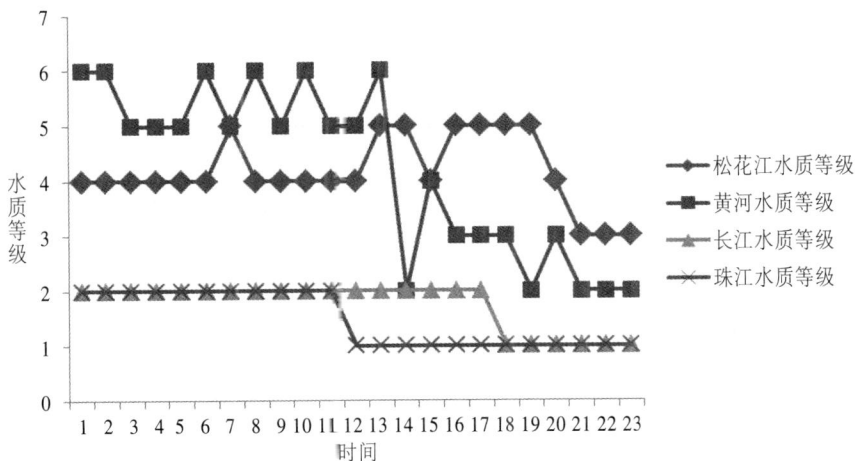

图 4-5　四大流域水质变化趋势分析图

16 周、17 周、18 周、19 周的水质相对较差，达到 5 级，通常用于农业用水区及一般景观要求水域，而第 21 周、22 周、23 周的水质相对较好，达到 3 级。余下的几周水质全部集中在 4 级，主要适用于一般工业用水区及人体非直接接触的娱乐用水区。黄河流域水质等级波动较大，从第 1 周到第 13 周主要集中在 5 级和 6 级，第 14 周水质变好，水质等级降到 2 级，之后几周便主要在 2 级、3 级之间波动。长江流域水质相对较好，全部集中在 1 级和 2 级，第 1 周到第 17 周水质等级都为 2 级，主要适用于集中式生活饮用水地表水源地一级保护区、珍稀水生生物栖息地、鱼虾类产场、仔稚幼鱼的索饵场等，之后的几周水质逐渐变好，水质等级变为 1 级，主要用于源头水、属于国家自然保护区。珠江流域水质等级也主要集中在 1 级和 2 级，第 1 周到第 11 周水质等级为 2 级，后面的 12 周水质等级为 1 级。

　　四大流域水质等级变化趋势互相对比来看，松花江流域和黄河流域的水质较差，松花江流域的水质等级变化相比于黄河流域较稳定，从第 14 周到第 23 周，两大流域的水质都是逐渐变好的，而且，黄河流域的水质比松花江流域的水质好。长江流域和珠江流域的水质都比较好，水质等级相差不大，但二者相比可以发现，第 12 周到第 17 周珠江流域的水质要好于长江流域。

从整体来看，四大流域的水质等级都是逐渐降低的，水质均是随着时间的推移逐渐向好的方向发展。

4.3.4 BP人工神经网络拓扑结构的确定

BP人工神经网络模型的结构的设定是否合适，将直接关系到模型的评价结果是否客观、精确性的高低以及该模型的适用性。因此确定一个合适的拓扑结构对于建立BP人工神经网络模型是非常重要的一部分。BP人工神经网络模型拓扑结构通常包括一个输入层和一个输出层，而隐含层的层数并不确定，同时还要确定输入层、输出层以及隐含层的节点数等。

一、网络层数的确定

在BP人工神经网络模型的拓扑结构中，输入层与输出层是确定的，因此确定模型拓扑结构的重点就在于确定隐含层的层数。选择合适的隐含层的层数将有利于增强神经网络模型的性能。通常情况下，如果建立两个隐含层会使BP人工神经网络模型更容易陷入局部极小值，导致网络收敛速度更慢。因此本章将BP人工神经网络模型的拓扑结构设定为三层，也就是拓扑结构由一个输入层、一个隐含层以及一个输出层来组成。

二、输入层、输出层节点数的确定

本章选取了三个水质评价指标，分别为溶解氧（DO）、高锰酸盐指数以及氨氮（NH_3-N），因此，将输入层节点数设定为3个；目标输出为流域水质的级别，故将输出层节点数设定为1个，输出的水质评价级别由1、2、3、4、5、6来表示，分别代表Ⅰ类、Ⅱ类、Ⅲ类、Ⅳ类、Ⅴ类以及劣Ⅴ类水资源。

三、隐含层节点数的确定

隐含层节点数是BP人工神经网络模型拓扑结构中最重要的一部分，隐含层节点数设定的是否合理将直接反映模型对复杂问题映射能力的强弱。如果将隐含层节点数设定得太多，会造成模型学习时间长，甚至难以收敛；而如果将隐含层节点数设定得太少，又会导致模型的容错能力差。

　　隐含层节点数难以确定是 BP 人工神经网络模型的一大缺陷，并且
一直都没有统一的解决办法，只能通过研究者的经验或者不断地试算来
确定，增加了很大的工作量。本章通过不断调整隐含层节点数来确定比
较合适的隐含层节点数，图 4-6 和图 4-7 是将隐含层节点数分别设置
成 4、5、6、7、8 时对应的误差及准确率。

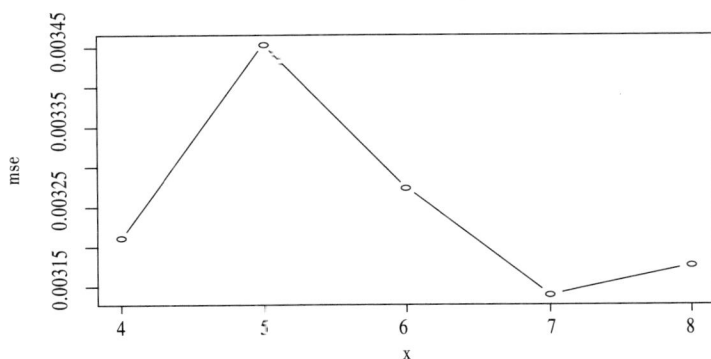

图 4-6　不同隐含层节点数对应误差图

　　图 4-6 的横轴对应的是隐含层节点数 4、5、6、7、8，纵轴对应的
是相应的误差。从中可以发现当隐含层节点数为 7 时所对应的误差
最小。

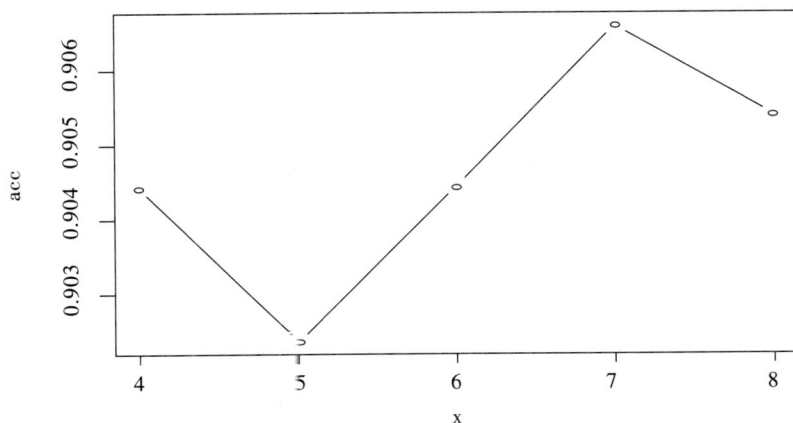

图 4-7　不同隐层节点数对应准确率图

　　图 4-7 的横轴对应的同样是隐含层节点数，纵轴是相对应的模型
准确率，通过图 4-7 可以发现当隐含层节点数为 7 时所对应的模型准

确率最高。

图 4-6 和图 4-7 都反映了相同的结果，即在隐含层节点数为 7 时，误差最小，准确率最高，因此将模型的隐含层节点数设定为 7，从而建立 3-7-1 结构的 BP 人工神经网络模型。

4.3.5 BP 人工神经网络模型的建立

泛化能力是指某个模型能否反映出隐藏在样本数据内部的规律。而要检验一个网络模型是否具有泛化能力，则需要通过对测试样本的误差大小进行评价，测试样本的误差大，说明模型的泛化能力弱，如果测试样本的误差小，则说明模型的泛化能力强。因此，本章将总体的 92 条样本数据划分为训练样本以及测试样本两个部分，用测试样本的误差大小来评价该模型的好坏。原始数据中包括松花江流域、黄河流域、长江流域以及珠江流域四大流域，选取每个流域中 2017 年第 1 周到第 23 周的总共 23 条数据，因此将每个流域的前 18 周数据作为训练样本，后 5 周数据作为测试样本，用 BP 人工神经网络进行建模，通常情况下 BP 人工神经网络模型每次训练时的权值、阈值都不同，这导致了即使是相同的隐含层层数和相同的隐含层节点数的网络模型，在每次运行时所循环的次数以及误差都不同，在此将对 BP 人工神经网络模型进行多次训练，取其中最好的一次结果作为训练结果，得出的结果见表 4-2。

表 4-2 是 BP 人工神经网络模型的评价结果，包括松花江流域、黄河流域、长江流域以及珠江流域 2017 年第 19 周到第 23 周的实际水质等级和预测水质等级，从表 4-2 中可以看出松花江流域的 5 条数据中有 2 条数据与实际数值有偏差，第 1 条数据实际等级为 5 级，而预测等级为 4 级，第 4 条数据实际等级为 3 级，而预测数据为 2 级，黄河流域、长江江流域以及珠江流域的 15 条数据全部预测正确，因此可以得出结论，用 BP 人工神经网络模型对 20 条数据进行预测，有 2 条数据预测错误，准确率达到 90%。

图 4-8 是松花江流域、黄河流域、长江流域以及珠江流域 2017 年第 19 周到第 23 周的实际水质等级与用 BP 人工神经网络预测的水质等级的对比图。横轴是四大流域水质等级预测的时间，数字 1 到 5 是松花

表 4-2　　　　　BP 人工神经网络模型评价结果表

流域	DO	CODMn	NH₃-N	实际数值	实际等级	预测数值	预测等级
松花江流域	8.65	6.6	1.44	0.491489	5	0.375928	4
	8.84	7.96	1.24	0.312156	4	0.3123	4
	8.45	8.02	0.84	-0.12808	3	-0.06152	3
	8.05	7.45	0.64	-0.36887	3	-0.40053	2
	8.16	6.48	0.65	-0.35993	3	-0.36133	3
黄河流域	7.57	3.64	0.61	-0.47142	2	-0.50811	2
	7.41	3.92	0.73	-0.35659	3	-0.38086	3
	6.89	3.7	0.53	-0.60272	2	-0.69955	2
	7.02	3.83	0.42	-0.70546	2	-0.77594	2
	7.23	3.79	0.41	-0.70091	2	-0.76156	2
长江流域	7.62	2.1	0.24	-0.8642	1	-0.83435	1
	7.72	2.06	0.21	-0.88826	1	-0.84312	1
	7.41	2.31	0.29	-0.82586	1	-0.82267	1
	7.32	2.27	0.27	-0.85341	1	-0.84101	1
	7.26	2.21	0.22	-0.90991	1	-0.86965	1
珠江流域	6.55	2.03	0.28	-0.90132	1	-0.88545	1
	6.59	2.19	0.18	-1	1	-0.91759	1
	6.75	2.63	0.18	-0.98414	1	-0.91151	1
	6.92	2.06	0.2	-0.95667	1	-0.89638	1
	6.71	2.11	0.2	-0.97143	1	-0.90635	1

江流域、6 到 10 是黄河流域、11 到 15 是长江流域、16 到 20 是珠江流域，纵轴是水质等级。通过图 4-8 可以看出松花江流域的第 19 周数据和第 22 周数据的实际值与预测值不相符，而其余数值全部吻合，因此准确率达到 90%。

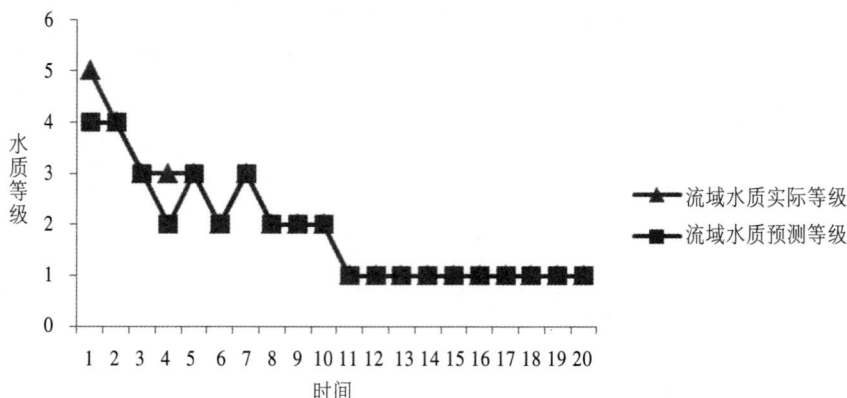

图 4-8 四大流域实际水质等级与 BP 模型预测水质等级对比图

4.3.6 遗传算法改进 BP 人工神经网络模型建立

上一节已经通过建立 BP 人工神经网络模型对四大流域的水质进行了评价，单从评价的准确性来看，结果比较令人满意。但在训练过程中发现一个问题，拓扑结构完全相同的网络模型，在很多情况下尽管模型的训练步数在逐渐增加，但是模型评价的误差却没有逐渐减小，而是始终保持某一个误差值，造成模型最后也难以收敛；另一个问题是，如果模型收敛速度快，则模型评价的准确度比较低，也就是泛化能力比较差。造成以上两个问题的原因在于 BP 人工神经网络模型的一大缺陷——容易陷入局部极小值。而在实际应用中，用 BP 人工神经网络模型进行水质评价时，水质参数以及训练样本都会有所增加。因此，要建立一个好的模型便必须进行大量的试验。为克服以上问题，本小节将利用遗传算法对 BP 人工神经网络模型进行改进，建立 GA-BP 人工神经网络模型，从而增加模型评价的精度，进而增强整个网络模型的性能。

本章用遗传算法对 BP 人工神经网络模型进行改进，最终得到如下结果，见表 4-3。

表 4-3 是经遗传算法优化后的 GA-BP 人工神经网络模型的评价结果，同样包括松花江流域、黄河流域、长江流域以及珠江流域 2017 年第 19 周到第 23 周的实际水质等级和预测水质等级。

表 4-3 　　　　GA-BP 人工神经网络模型评价结果表

流域	DO	CODMn	NH₃-N	实际数值	实际等级	预测数值	预测等级
松花江流域	8.65	6.6	1.44	0.491489	5	0.380612	4
	8.84	7.96	1.24	0.312156	4	0.304488	4
	8.45	8.02	0.84	−0.12808	3	−0.07831	3
	8.05	7.45	0.64	−0.36887	3	−0.39271	3
	8.16	6.48	0.65	−0.35993	3	−0.35237	3
黄河流域	7.57	3.64	0.61	−0.47142	2	−0.48978	2
	7.41	3.92	0.73	−0.35659	3	−0.35419	3
	6.89	3.7	0.53	−0.60272	2	−0.68519	2
	7.02	3.83	0.42	−0.70546	2	−0.76652	2
	7.23	3.79	0.41	−0.70091	2	−0.75403	2
长江流域	7.62	2.1	0.24	−0.8642	1	−0.84104	1
	7.72	2.06	0.21	−0.88826	1	−0.85086	1
	7.41	2.31	0.29	−0.82586	1	−0.82643	1
	7.32	2.27	0.27	−0.85341	1	−0.84463	1
	7.26	2.21	0.22	−0.90991	1	−0.87349	1
珠江流域	6.55	2.03	0.28	−0.90132	1	−0.88524	1
	6.59	2.19	0.18	−1	1	−0.91771	1
	6.75	2.63	0.18	−0.98414	1	−0.91086	1
	6.92	2.06	0.2	−0.95667	1	−0.89865	1
	6.71	2.11	0.2	−0.97143	1	−0.9073	1

从表 4-3 中可以看出，经过遗传算法优化后的 GA-BP 人工神经网络模型的预测精度有明显的提高，松花江流域的 5 条数据只预测错误 1 条，而黄河流域、长江流域以及珠江流域的数据同样全部预测正确，也就是四大流域的 20 条数据中有 1 条数据预测错误，预测精度从 90% 提高到 95%。

图 4-9 是松花江流域、黄河流域、长江流域以及珠江流域 2017 年第 19 周到第 23 周的实际水质等级与用 GA-BP 人工神经网络模型预测的水质等级的对比图。横轴是四大流域水质等级预测的时间，数字 1 到 5 是松花江流域、6 到 10 是黄河流域、11 到 15 是长江流域、16 到 20 是珠江流域，纵轴是水质等级。通过图 4-9 可以看出只有松花江流域的第 19 周数据的实际值与预测值不相符，而其余数值全部吻合，准确率达到 95%。因此，可以知道 GA-BP 人工神经网络模型的预测精度比 BP 人工神经网络模型的预测精度更高，适用性更强。

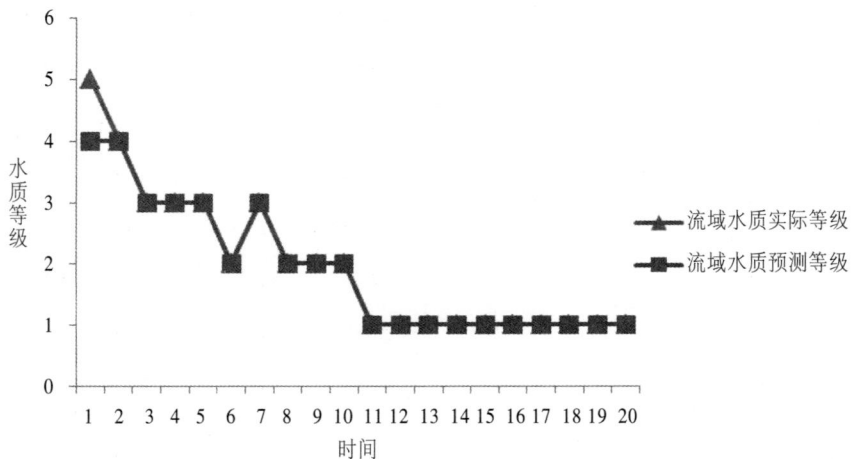

图 4-9　四大流域实际水质等级与 GA-BP 模型预测水质等级对比图

参考文献

［1］巴曙松，吴大义. 能源消费、二氧化碳排放与经济增长——基于二氧化碳减排成本视角的实证分析［J］. 经济与管理研究，2010（6）：5-11.

［2］曹广喜. "金砖四国"的碳排放、能源消费和经济增长［J］. 亚太经济，2011（6）：18-23.

［3］蔡超，王艳明，许启发. 库兹涅茨曲线在中国的适用性研究——基于分位数回归的方法［N］. 江西财经大学学报，2013（3）：

54-62.

　　[4] 戴新颖. 我国煤炭碳排放影响因素分析及减排措施研究 [D]. 徐州: 中国矿业大学, 2015.

　　[5] 邓晓兰, 鄢哲明, 武永义. 碳排放与经济发展服从倒 U 型曲线关系吗——对环境库兹涅茨曲线假说的重新解读 [J]. 财贸经济, 2014 (2): 19-29.

　　[6] PAO H T, TSAI C M.Emission, energy consumption and conomic growth in BRIC countries [J]. Energy Policy, 2010: 7850-7860.

　　[7] PAO H T, TSAI C M.Modeling and forecasting the emissions, energy consumption, and economic growth in Braizil [J]. Energy, 2011: 2450-2458.

　　[8] NICHOLAS A, JAMES E P. emissions, energy usage, and output in Central America [J]. Energy Policy, 2009: 3282-3286.

　　[9] THÉOPHILE A, FRANÇOIS L, PHU N V.Econmic development and emissions: a nonparametric panel approach [J]. Journal of Public Economics, 2006: 1347-1363.

　　[10] YVES C, GIOVANNI M.Panel data econometrcs in R: the plm package [J]. Journal of Statistical Software, 2008.

第五章　基于时序分析的环境质量
预测分析

5.1　思想与原理

一、经济增长和环境污染间的关系

这方面的文章主要是为了检验环境库兹涅茨假说（EKC）是否是有效的。其中，国内基于对 EKC 假说实证分析的文章主要从两方面入手：一方面是在模型中加入认为对模型有意义的变量而进行研究；另一方面是加入对研究变量间因果关系的思考，而得出减轻污染物排放的政策性意见。其中，高宏霞（2012）利用综合环境污染指数（CPI）与经济增长的关系对我国东部、中部、西部三个区域进行实证分析，接着引入产业结构、技术进步、外商投资等因素对传统的 EKC 曲线补充说明再实证解释，找到形成环境库兹涅茨曲线的影响因素，得出环境污染是外部因素的相互作用得到的结果，不是随着经济的增长而减轻的，要减轻其影响的程度应该从经济以及社会的各个方面入手。尹建华等（2013）把二氧化碳排放量作为环境污染的排放指标，以我国省际层面上的面板数据为入手点，在研究中加入了对国际贸易因素的考虑，通过分析经济与环境污染物排放的 EKC 假说关系，得出仅西部地区的二氧化碳排放量与经济间不存在 EKC 假说关系，国际贸易对我东部、中部、西部三个区域的影响也不同。范丹（2014）利用不同省、市、区的面板数据，通过协整方法将空间相关性、能源强度引入人均碳排放量的 EKC 曲线中，最终得出 EKC 曲线所假定的倒"U"型关系，并证明了能源使用强度和空间因素会影响人均碳排放，以及我国碳排放目前所处状况。

国外研究的文献有：Kuosmanen 等（2009）研究了减少温室气体排放等环境政策对经济的影响。他通过对策略的效率进行数据包络分析，得出在温室气体减排的过程中，要求低经济成本的社会，将会随时间变化减少温室气体的排放；而当社会愿意为更高的成本付费时，则选择在早中期密集型的减排策略是更适合的。Apergis 和 Payne（2009）通过对美国二氧化碳排放量、经济增长和能源消耗数据的分析，研究它们之间的因果关系，发现其波动的长短期不同，因果关系也是不同的。从长期讲，当环境库兹涅茨假说成立并表现为倒"U"型时，能源消耗对环境恶化有正向作用，能源消耗和引起环境恶化中的碳排放呈现出双向因果关系；从短期来讲，能源消耗与碳排放、经济增长与碳排放表现为单向因果关系。能源消耗与实际产出间是双向因果关系。Edgardo Sica（2014）通过对意大利的二氧化碳、硫氧化物以及氮氧化物的省际面板数据和截面数据分析，通过研究表明，国家层面上二氧化碳排放量和氮氧化物呈现 EKC 假说关系，然而硫氧化物并没有这种关系，同时结论表明这种结果受地理因素的影响较大，也就是说国家层面上符合的 EKC 假说是由省份因素所影响的。

二、经济增长和能源消费间关系的研究

对于研究经济和能源消费之间的关系，主要分为两个方面：

一方面是分析在经济增长的同时，怎样才能更合理地利用能源。其中，曾胜和黄登仕（2009）通过使用 C-D 生产函数和数据包络分析法，对能源消耗和经济的时间序列数据进行分析，经过对它们之间内在比例关系的研究，使模糊的判断变为客观的规律，最终由得到的比例关系对能源使用的效率进行评价，并根据经济未来发展变化的相关理论来判断能源使用效率的未来趋势。陈首丽、马立平（2010）对我国经济和能源消费之间长、短期关系进行研究，从协整检验的长期关系分析到对误差修正模型的短期波动进行实证检验，后来又加入了产出、资本、劳动、技术进步和能源等因素，通过使用 Johansen 似然估计法并结合 C–D 生成函数，对经济效应进行探讨，并最终确定发展经济和消费能源之间的关系。JaeHyun Park 等（2014）通过使用韩国能源、经济以及碳排放的季度数据，经对数据进行季节调整后，应用回归分析和马尔科夫机制转换模型对指标间的关系进行分析，最终得出韩国的经济和能源显著相关，并通过分析对不同行业碳的排放提供政策参考。

另一方面即为分析发展经济与消费能源二者间的因果关系。这些文献对于消费能源与发展经济间关系的研究更多地集中于对它们之间因果关系的分析，通过对比可以知道，虽然这方面研究的文章比较多，但是对于采用不同的作用对象，大家得到能源与经济之间具体产生原因的方向问题并不一致，最终结论也不一致。其中，Belloumi（2009）用 Johansen 协整检验检查突尼斯的人均国内生产总值与人均能源消费情况间的因果关系。先用 VECM 得到人均国内生产总值与人均能源消费间的协整关系检验格兰杰因果关系。最终格兰杰因果关系表明，短期内 GDP 和能源消费的因果关系为单向，而其长期的因果关系为双向。总之，经济增长会受到能源因素的限制。Hassan Mohammadi（2014）对 14 个石油出口国的面板数据进行分析，得出能源消耗与产出之间无论是长期还是短期都存在着双向因果关系，且长期的因果关系所表现出的关系更加稳定。孙巍（2014）首先对能源的时间序列数据进行 Divisia 指数化处理，得到能源的总消费量，然后通过协整检验和误差修正模型对长、短期的均衡关系进行描述，最后对各个变量进行格兰杰因果关系检验和 Toda-Yamamota 因果关系检验，在实证分析的基础上得出，消费能源和发展经济的因果关系是双向的。

三、经济增长、能源消费和二氧化碳排放间的关系

由上面的分析可以知道，通过对环境污染与经济增长的环境库兹涅茨实证分析，显然二者间是紧密相关的；根据研究分析能源与经济间的

因果关系，虽然对不同的选取对象得到的方向并不能事前确定，但是二者之间无论是长期还是短期都会存在一定的关系，可持续发展经济的观点是有依据可循的；同时，能源消费会对环境污染产生影响更是毋庸置疑的。研究三者之间的关系，为构建环境友好型、能源节约型的和谐社会，找出更适合我国的可持续发展道路变得更有必要。

近十几年来，研究环境污染、能源消费和经济增长三者间的关系问题逐渐成为学术界的热点问题之一。其中，陈诗一（2009）使用了我国38个工业行业的投入产出数据，首先，通过对全要素生产率公式的使用，得出各个要素的产出弹性系数，接着运用超对数生产函数模型，对分行业绿色增长核算值及资本、劳动、能源消费和二氧化碳排放等要素的贡献进行估计。最终得出结论，虽然我国工业总体实现了向集约型增长方式的转变，但是仍然有些行业表现为高耗能、多排放的增长方式，要实现我国工业的可持续发展，必须要提倡节约能源，减少排放的政策。孙作人（2012）基于非参数的分析方法研究我国工业的行业碳排放驱动因素，先将二氧化碳排放分解到 5 个驱动指标上，接着对二氧化碳排放强度和全要素生产率分别进行分解，再根据分解的模型构建出逐层分解的框架。最终得出结论，能源强度对二氧化碳排放的贡献大于能源结构的贡献，并且能源利用技术效率的改善情况并不明显，该文章从行业角度出发，得出能源强度、经济以及二氧化碳排放之间的密切关系。

目前，随着温室效应对全球危害的加重，近年来，对其主要成分二氧化碳的研究受到广大研究者的青睐，对于碳排放影响因素的文章有两方面：一方面研究变量对碳排放的影响，王锋和冯根福（2012）基于投入产出模型，计算出了全国碳排放强度对中间投入系数、能源利用效率和行业发展的弹性。从全国 29 个行业的角度进行分析，得出为了实现碳排放强度目标全国各个行业应该进行的行业规划，即要控制其中的 8 个行业的发展，并鼓励剩下 21 个行业的进步；量化了能源利用效率对碳排放强度的作用；找到与行业间相关联的经济及能源使用对碳排放强度的影响。娄峰（2014）通过建立 DCGE 模型分析碳税、能源利用效率、碳税利用方式对二氧化碳排放及其边际变化率等方面的影响，最终得出当政府维持中性财政收入，并且居民所得税税率降低时，碳税对经济和碳排放有双重红利效应。刘伟等（2014）通过社会核算矩阵和估算的煤炭补贴率和补贴规模，用一般均衡模型对能源和经济结构分别从总体、各个行业需求、优化能源结构等角度分析碳的减排机制，最终得出煤炭补贴规模和补贴率对单位 GDP 产生二氧化碳的作用。另一方面是通过对二氧化碳排放的分析，最终预测其走势。其中，田成诗等（2014）利用省份数据，通过 STIRPAT 模型分析了碳排放和收入、技术水平、人口规模的弹性关系，用马尔科夫链研究收入和碳排放状态转移机制并预测其未来状态，最终得出不同收入层次与二氧化碳排放的关系，确定我国没进入少收入-多排放的恶性循环。Yiming Wang 等（2014）根据我国的省际面板数据，使用 log t 检验方法从我国宏观层面和省际层面对我国二氧化碳排放进行估计，最终得出我国二氧化碳排放从全国层面看是发散的，但是从省际层面看却是稳定收敛的，并且揭示了人均国内生产总值、能源消费结构及强度等对碳排放有决定性作用。

5.2 模型与步骤

5.2.1 指标选取与数据来源

一、指标选取

本章选取样本的时间序列范围是 1985—2017 年，基础数据主要来自于《中国能源统计年鉴》和《中国统计年鉴》，其中所涉及的指标如下：

（1）二氧化碳排放总量（CO_2）。本章在分析中使用的数据是根据 IPCC 法得到的估算值，该指标作为本章实证研究中环境污染的代理指标，二者表现为正相关关系，即二氧化碳排放总量增加，则环境污染加重，反之则减轻。在该数据的选择方面，虽然美国能源信息署（EIA）和美国能源部二氧化碳信息分析中心（CDIAC）都有我国二氧化碳排放量的估计数据，但是各国对于相同燃料使用时的发热量和利用效率并不相同，因此他们得到的数据并不会很符合各国的实际情况，并且目前我国官方统计机构并未给出关于二氧化碳排放总量的统计数据，而通过对能源消费数据的使用来估计测算二氧化碳排放量的方法得到众多学者的认可。所以，本研究也选择了通过用历年能源消费的数据来对二氧化碳的排放量数值进行估计的方法。在估计时，本章所参考的主要能源消费数据均来源于《中国能源统计年鉴》中的中国能源平衡表，并结合了联合国政府间气候变化专门委员会（IPCC）提供的第一种方法来对二氧化碳排放量进行估计，方法见如下方程：

$$CO_2 = \sum_i^n CO_{2,i} = \sum_i^n E_i \times NCV_i \times CEF_i \tag{5.1}$$

式中：CO_2 表示对二氧化碳排放量的估计值，其单位是百万公吨；i 表示各类终端能源，这里选择了原煤、天然气、煤油、焦炭、燃料油、汽油、柴油和原油 8 种能源；n 表示能源的种类；E 表示各种能源的终端消费量数据的实际值；NCV 为《中国统计年鉴 2012 年》中提供的平均低位发热量（KJ/kg）；CEF 为 IPCC 提供的碳排放系数（kg/TJ）。本章在对二氧化碳排放量进行估计时具体使用的各种类型燃料对应的指标数值见表 5-1。

表 5-1　　　　　　IPCC 中各种燃料的指标值

指标	燃料类型							
	煤炭	天然气	焦炭	燃料油	汽油	煤油	柴油	原油
NCV(KJ/kg)	20 903	38 931	28 435	41 816	43 070	43 070	42 652	41 816
CEF(kg/TJ)	95 333	56 100	107 000	77 400	70 000	71 500	74 100	73 300

（2）人均国内生产总值（gdp）。经典 EKC 假说认为，收入水平与环境污染物排放之间会呈现出来倒"U"型的关系，即一个国家的发展在经济增长的初始时期，收入增长的同时会在一定程度上加大环境受破坏的力度，但是环境的退化还存在一个转折点，当增加的收入超过环境退化的那个转折点时，环境污染物的排放水平又会随着收入的增长而慢慢下降。本章根据理论性假设情况将人均 GDP 纳入模型中。

（3）能源消费总量（ENERGY）。一般情况下，越来越多的能源被消费的同时会拉动经济的增长，而经济增长时也需要更多的能源消费来为其提供必要的支持，与此同时，能源消费的增长会增加环境的负担，资源越发短缺、环境污染日趋严重，反之，这三者之间有相反的作用方向。由此可以预见，消费能源、增长经济和排放二氧化碳三者间的关系密切，所以本章将其纳入到实证模型当中。

（4）二氧化碳排放强度。二氧化碳排放强度（wCO_2）即为单位GDP对应排放的二氧化碳量，其值为第 t 年排放的二氧化碳总量与第 t 年 GDP 的比值，表示为：

$$wCO_{2_t} = \frac{CO_{2_t}}{GDP_t} \tag{5.2}$$

当二氧化碳排放的治理现状并未取得较大改善时，二氧化碳排放强度越大，其对经济增长的负面作用也就越大。因此，二氧化碳排放强度与经济的增长有负相关关系。同时其所对应的值也是反映当前二氧化碳排放治理现状是否得到改善的指标。即该值逐年增长，则说明二氧化碳排放的治理现状较差，反之则较好。

（5）能源消费强度。能源消费强度（wENERGY）即为与单位 GDP 产出相对应的能源消费量，其所对应的值可以反映能源的使用效率，当所对应的值逐年变小时，则证明使用能源的效率有所提高，反之则说明使用能源的效率降低。其值为第 t 年的能源消费总量与第 t 年 GDP 的比值，表示为：

$$wENERGY_t = \frac{ENERGY_t}{GDP_t} \tag{5.3}$$

当经济状况没有发生较大变化，节能减排等方面的技术尚未取得较明显的成效时，可以预见，能源消费强度越大，相应地，二氧化碳排放量增长也越快。两者之间的相关关系为同方向。

二、数据来源

本章涉及的变量有二氧化碳排放总量（CO_2，单位：百万公吨）、二氧化碳排放强度（wCO_2，单位：公吨每百元）、人均 GDP（gdp，单位：元）、能源消费总量（ENERGY，单位：万吨标准煤）和能源消费强度（wENERGY，单位：吨标准煤每万元）五项指标，涉及数据均为1985—2017 年 33 年间时间序列数据。其中，本书利用联合国政府间气候变化专门委员会（IPCC）提供的方法、碳排放系数并结合《中国能源统计年鉴》中我国能源平衡表里表示使用的各种能源历年来的值，以及《中国统计年鉴 2017 年》中提供的平均低位发热量进行估计，最终得出二氧化碳排放总量数据：消费的能源总量数据标准值、国内生产总值和人均国内生产总值的历年数据均来源于《中国统计年鉴》。为研究我国环境治理现状的发展趋势，所选择作为对比指标的环境污染强度和能源消费强度的数据是根据历年来 GDP 数据、消费的能源总量数据和估算出的排放的二氧化碳数据计算得到的。

5.2.2　协整模型与预测模型

为了研究排放的二氧化碳、经济发展和能源消费之间的关系，本书选择从两个部分来进行分析。其中，一部分是通过使用协整检验和误差修正模型两个模型分别从长期和短期两个方面入手，用总量指标和强度指标来研究经济和能源消费对我国二氧化碳排放的影响，将总量指标和强度指标进行对比分析，从宏观方面了解总量和能源使用强度以及碳排放改善的同时，来验证我国经济和二氧化碳排放之间是否存在 EKC 假说关系，在实证的基础上判断相关结论。另一部分是根据布谷鸟优化前、后的灰色预测模型和 ARIMA 预测模型对未来的碳排放趋势进行判断，并将上述模型进行对比分析，通过对比分析找出最优模型来对二氧化碳排放量未来走势进行判断，最终结合实际情况对我国实施低碳环保型可持续发展战略提供建议。

一、协整模型

为了了解二氧化碳排放、能源消费和经济之间的长、短期关系以及其强度之间的对比关系分析，应当首先对模型所涉及变量的时间序列数据进行 ADF 检验，只有证明长期变量间存在稳定的关系才能进行协整检验，当确定了长期变量间的协整关系后，才能用误差修正模型来研究短期变量间的调整行为。

（一）ADF 检验

由于所使用的数据是时间序列数据，而研究中很多变量是非平稳的，此时会在很大程度上约束经典回归分析，但是某个线性组合的变量间却可能是平稳的。此时在进行协整检验前，要先检验各个变量的平稳性，这里选择增广的迪基-富勒（ADF）检验，模型如下：

$$Y_t = \rho Y_{t-1} + \sum_{i=1}^{p} \beta_i \Delta Y_{t-i} + \mu_t \tag{5.4}$$

$$Y_t = \alpha + \rho Y_{t-1} + \sum_{i=1}^{p} \beta_i \Delta Y_{t-i} + \mu_t \tag{5.5}$$

$$Y_t = \alpha + \rho Y_{t-1} + \gamma t + \sum_{i=1}^{p} \beta_i \Delta Y_{t-i} + \mu_t \tag{5.6}$$

式中：α 为常数项；t 为时间趋势项；Y_{t-i} 为 Y_t 的 i 阶滞后项；p 为滞后阶数。

检验的假设为：原假设 H_0：$\rho=0$，存在单位根；备择假设 H_1：$\rho<0$，不存在单位根。

用临界值和计算出的 t 统计量值进行对比，来判断变量的平稳性。检验时先从公式（5.6）开始，然后是公式（5.5）、公式（5.4）。直到原假设被拒绝时，停止检验。否则，就要到检验完模型公式（5.4）为止。原假设被拒绝表示序列 Y_t 是平稳的，反之不是。

（二）协整检验

简单 EKC 曲线模型是经常被使用的，但是并没有考虑能源消费对环境的影响。故在此我们在简单 EKC 曲线模型中加入变量能源消费。本章采用多变量扩展的恩格尔-格兰杰检验。首先用普通最小二乘法（OLS）估计其长期的均衡关系。模型如下：

$$Y_t = \alpha + \beta_0 X_{1t} + \beta_1 X_{2t} + ... + \beta_2 X_{it} + \mu_t \tag{5.7}$$

式中：t 表示时间；Y_t 表示因变量；α 为常量；β_0、β_1、β_2 为变量的估计系数；X_i（$i=1$, 2, …, n）为自变量；μ_t 为随机误差项。为避免异方差，故对所有数值型变量进行对数化处理。

其中，随机误差项是对长期均衡发生偏离的差进行估计的值。所以，如果存在平稳的残差序列，则上述方程是协整的。即当用 ADF 检验是否存在平稳的残差值时，如果选择了既不含截距又不含时间趋势项，仍然拒绝原假设，则表示上述得到的方程为变量间的关系方程，且满足长期稳定的协整关系。

（三）误差修正模型

如果变量间可以证明出存在协整关系，则说明有稳定而长期的关系在维系各变量。而通常分析的变量本身并不是平稳的，要得到协整关系，就需要用到误差修正机制来调节其短期行为，防止与长期关系的差距继续扩大，正是这种短期过程中的不断修正才使得其在长期得以维持。要了解变量间短时间内的变化关系并排除非平稳变量所引起的伪回归影响，就要通过误差修正模型（ECM）来进行分析。

假设存在一般自回归分布模型：

$$Y_t = \beta_0 + \beta_1 X_t + \beta_2 X_{t-1} + \beta_3 Y_{t-1} + \mu_t \tag{5.8}$$

其中：$\mu_t \sim i.i.d.(0, \sigma^2)$；$|\beta_3| < 1$，否则 Y_t 将发散，系统将不收敛。将方程 5.8 两边共同减掉 Y_{-1}，通过变换可以得到：

$$\Delta Y_t = \beta_1 \Delta X_t - \lambda(Y_{t-1} - \alpha_0 - \alpha_1 X_{t-1}) + \mu_t \tag{5.9}$$

其中：$\lambda = 1 - \beta_3$；$\alpha_0 = \beta_0 / (1 - \beta_3)$；$\alpha_1 = (\beta_1 + \beta_2) / (1 - \beta_3)$。此时，变量 Y 的短期改变取决于变量 X 的短期改变和与上一期的偏离，Y 值为修正了的前期非均衡的状态。方程 5.9 被称为误差修正模型（ECM）。综上可以看出，$0 < \lambda < 1$，若 $t-1$ 期的实际值大于长期均衡 $\alpha_0 + \alpha_1 X_{t-1}$，则 ΔY_t 将减小并向长期均衡值 $\alpha_0 + \alpha_1 X_{t-1}$ 趋近；反之，则 ΔY_t 将增加并向长期均衡值 $\alpha_0 + \alpha_1 X_{t-1}$ 趋近。显然，两种情况都反映了非均衡误差反向修正模型的作用，而参数 λ 的大小决定其趋近的快慢程度。

常用来估计误差修正模型的方法是 Engle-Granger 两步法，基本步骤如下：第 1 步，根据上面的介绍，求出模型的最小二乘估计，得到协整回归方程，估计出长期均衡关系的参数以及得到相应残差序列；第 2 步，将第 1 步得到的残差带进误差修正模型中，并用普通最小二乘法估计出相应的参数。

ECM 模型会充分利用变量值与其差分值建模，使之结合来提供信息。从短期来看，是长期的影响与短期的变动共同决定着被解释变量的变化，短期内振幅的大小会受到系统偏离所处的均衡状态的影响。从长期来看，是协整关系的作用将该状态变为均衡。

二、预测模型

（一）灰色预测模型

灰色预测可以通过累加等方法对原始数据序列进行处理，会克服概率论与数理统计本身存在的一些缺陷。灰色预测模型是介乎白系列与黑序列之间的数据分析系统，是对含有已知信息和未知信息所组成系统进行估计的方法，它构成了灰色系统的重要部分。本章采用了灰色预测里最常用的模型 GM（1，1）来进行定量分析，预测的可信度大小主要是通过预测值与真实值间的差值来进行测算。

首先累加原始时间序列：

$$X^{(0)} = [X^{(0)}(1), X^{(0)}(2), ..., X^{(0)}(n)] \tag{5.10}$$

为了使原始数列的随机性被弱化，使其更具有规律性，故在建立灰色预测模型前，要先对原始数列进行数据处理。这里选择对上述选定变量进行一次累加处理，生成新序列：

$$X^{(1)} = [X^{(1)}(1), X^{(1)}(2), ..., X^{(1)}(n)] \tag{5.11}$$

其中：$X^{(1)}(k) = \sum_{i=1}^{k} X^{(0)}(i) = X^{(1)}(k-1) + X^{(0)}(k)$

其次，建立白化方程并求解系数向量，对于序列 $X^{(1)}$，建立白化方程：

$$\frac{dX^{(1)}}{dt} + aX^{(1)} = b \tag{5.12}$$

公式（5.12）为一阶一个变量的 GM（1，1）模型的微分方程。设系数向量为 $\hat{\alpha} = [a, b]^T$，利用最小二乘法来求解系数向量 $\hat{\alpha}$，有：$\hat{\alpha} = (B^T B)^{-1} B^T Y_n$。

其中：

$$B = \begin{bmatrix} -\frac{1}{2}(X^{(1)}(1) + X^{(1)}(2)) & 1 \\ -\frac{1}{2}(X^{(1)}(2) + X^{(1)}(3)) & 1 \\ \vdots & \vdots \\ -\frac{1}{2}(X^{(1)}(n-1) + X^{(1)}(n)) & 1 \end{bmatrix}$$

$$Y_n = \begin{pmatrix} X^{(0)}(2) \\ X^{(0)}(3) \\ \vdots \\ X^{(0)}(n) \end{pmatrix}$$

接着，建立 GM（1，1）模型，计算并取得估计值。将 $\hat{\alpha}$ 代入上述白化方程，得到式子：

$$\hat{X}^{(1)}(k+1) = [X^{(0)}(1) - \frac{b}{a}] e^{-ak} + \frac{b}{a} \tag{5.13}$$

其中：k 在本章中取偶数。再将 GM（1，1）模型所得数据 $\hat{X}^{(1)}(k+1)$ 经过累减，还原原始数列的预测值 $\hat{X}^{(0)}(k)$：

$$\hat{X}^{(0)}(k+1) = \hat{X}^{(1)}(k-1) - \hat{X}^{(1)}(k) \tag{5.14}$$

最后，对 GM（1，1）模型进行精度检验。模型的精度是根据算出的估计值与原数据值进行计算得出的。要了解预测模型可行与否，就要根据其精度进行衡量。对于模型精度的检验，这里分别采用残差检验和后验差检验两种方法，来看其是否满足要求。

（1）残差检验：

由上述时间序列可得：

绝对残差序列：

$$\Delta^{(0)}(i) = \left| X^{(0)}(i) - \hat{X}^{(0)}(i) \right| \tag{5.15}$$

相对残差序列：

$$\varphi_i = \frac{\Delta^{(0)}(i)}{X^{(0)}(i)} \tag{5.16}$$

平均相对残差：

$$\bar{\phi} = \frac{1}{n} \sum_{i=1}^{n} \varphi_i \tag{5.17}$$

残差检验即检验相对残差序列 φ_i、平均相对残差 $\bar{\phi}$ 与 α 的关系。残差合格模型是指当相对残差序列 $\varphi_i < \alpha$ 且平均相对残差 $\bar{\phi} < \alpha$ 都成立时确定的模型。

（2）后验差检验，是为了对残差分布的统计特性进行检验。

原始数列标准差：

$$S_1 = \sqrt{\frac{\sum [X^{(0)}(i) - \bar{X}^{(0)}]^2}{n-1}} \tag{5.18}$$

绝对误差数列的标准差：

$$S_2 = \sqrt{\frac{\sum [\Delta^{(0)}(i) - \bar{\Delta}^{(0)}]^2}{n-1}} \tag{5.19}$$

方差比 C 和小误差概率 p 分别为：

$$C = \frac{S_2}{S_1} \tag{5.20}$$

$$p = P\left(\left| \Delta^{(0)}(i) - \bar{\Delta}^{(0)} \right| < 0.6745 S_1 \right) \tag{5.21}$$

在外推性较好的预测里，C 最小取 0.35，但一般要小于 0.65；对于 p 的取值，最大取 0.95，但不小于 0.7。根据 C 与 p 的数值大小，预测模型 GM（1，1）的精度可被分为如表 5-2 所示的四个等级，后验差检验是对预测模型精度评价使用得较为广泛的方法。

表 5-2 GM（1，1）预测精度表

预测值	预测精度等级			
	优	合格	勉强合格	不合格
C	< 0.35	< 0.5	< 0.65	≥ 0.65
p	> 0.95	> 0.8	> 0.7	≤ 0.7

（二）布谷鸟优化模型

2009 年，Yang 和 Deb 根据布谷鸟的寄生繁衍策略阐述了 CS 算法。它包括以下基本假定：（1）布谷鸟一次只能产蛋一枚，而且孵化的鸟巢是通过随机方式选取的；（2）在随机选择的一部分鸟巢中，最好的鸟巢将会被保留到下一代；（3）可利用的鸟巢数是固定的，一个外来鸟蛋会被鸟巢主人发现的概率为 p。根据以上假设条件，基本 CS 算法的核心更新方式有两个：第一个方式是为了得到布谷鸟寻找鸟巢的路径和更新的位置，公式如下：

$$x_i^{t+1} = x_i^t + (\delta \oplus L(\lambda))_i \quad (i=1, 2, \cdots, n) \tag{5.22}$$

式中：x_i^t 为第 i 个寄生鸟巢在第 t 代的鸟巢所在位置；δ 为游走步长控制参数；$\oplus$ 为点乘；$L(\lambda)$ 为布谷鸟随机步长搜索路径，其服从于 Levy 分布，即 Levy~u = $t^{-\lambda}$（$1 \leq \lambda \leq 3$）。首先，由 Levy 游走方式进行搜索，根据公式（5.22）可得出鸟巢位置，然后，让得到的上一代鸟巢位置值与新鸟巢的相比并择优选择。

第二种方式是鸟巢主人能否发现外来鸟蛋而导致的更新方式。假定 r 为服从（0，1）均匀分布的随机数。在更新位置后，将 r 与外来鸟蛋被鸟巢主人发现的概率 p 进行比较，若 r > p，则有必要进行随机变换，反之则不进行改变。

（三）自回归求积移动平均（ARIMA）模型

常见的时间序列预测模型还有 ARMA 模型和 ARIMA 模型。而只有序列为平稳的才能用 ARMA 模型进行预测，由于二氧化碳排放量的时间序列是非平稳的，所以要用自回归求积移动平均模型。它结合了自回归模型（AR）、移动平均模型（MA）以及序列的差分处理，模型方程如下：

$$\nabla^d y_t = \varphi_1 y_{t-1} + \varphi_2 y_{-2} + ... + c_a y_{t-p} + \mu_t - \theta_1 \mu_{t-1} - \theta_2 \mu_{t-2} - ... - \theta_q \mu_{t-q} \tag{5.23}$$

式中：$\nabla^d y_t$ 为 y_t 的 d 阶差分；$\varphi_1, \varphi_2, ..., \varphi_t$ 为自回归参数；$\{\mu_t\}$ 为均值为 0，方差为 σ^2 的白噪声序列；$\theta_1, \theta_2, ..., \theta_q$ 为移动平均参数。

由于 ARIMA 模型中主要考虑了非平稳时间序列的差分数、模型的自回归项以及移动平均项，所以在运用 ARIMA 模型进行预测时，通常运用的方法如下：

第 1 步，时间序列数据的平稳处理。通过画图和检验，这里选择 ADF 检验来确定所要观察变量时间序列是否平稳。如果数据为非平稳的，则用差分等方法处理使其变为平稳的；反之则不用进行任何处理。

第 2 步，对模型进行识别和确定阶数。通过观察自相关图、偏自相关图来大概确定移动平均模型阶数和自回归模型阶数的范围。再通过 AIC 和 SC 准则来确定所要选择模型的移动平均阶数以及自回归阶数，最后再经计算得出各个阶数所对应的系数。

第 3 步，检验并预测。通过白噪声方法检验得到的残差序列，来确定模型是否有较好的拟合性。若检验合格即不存在自相关的残差，就可用建好的模型预测变量值；反之，则要对模型进行修改，直至通过检验，再进行预测。预测时有两种方法：一种是"Dynamic"方法，它是根据多步向前预测法对区间进行估计的；另一种是"Static"方法，它是只滚动向前一步进行预测的方法。最终确定，预测标准更好的方法为最优方法。

5.3 应用与案例

5.3.1 变量的描述性分析

根据得到的原始时间序列数据，从对原始数据的分析结果可以看出，随着时间的推移，我国经济是在一直增长的，与此同时能源的消耗量也是在持续增加的，且 GDP 的增长速度要比能源消费的增长速度快；二氧化碳排放强度和能源消费强度则呈现出下降趋势，并且二氧化碳排放强度比其所对应的能源消费强度下降得更快。

而相对于其他基础变量来讲，二氧化碳排放总量的时间序列数据的波动性相对较大。根据 1984—2016 年间估算得到的二氧化碳排放总量数据，大致可以分为两个阶段。第一阶段为 1985—2005 年，在该阶段二氧化碳排放量的增长速度比较缓慢且波动相对较大，此阶段二氧化碳排放量的平均变化率为 3.19%。其中 1986—1990 年间的二氧化碳排放量是有较大波动的，1990—2002 年间二氧化碳的排放总量相对比较稳定，偶有波动但波动幅度不大；在 2002—2006 年又略有回落。第二阶段为 2006—2016 年，此阶段排放二氧化碳的总量估计值表现为高速上升状态，仅仅 10 年时间，变化率为 2006 年之前变化率的 3.52 倍，这与 2006 年后我国高速增长的经济以及更多能源的使用是密切相关的。总体来讲，虽然从 1984 年以来二氧化碳排放总量存在波动，但是其时间序列的数值随着时间变化一直呈现出上升的趋势是很显著的。经过计算可知，1984—2016 年间，二氧化碳排放总量和能源消费总量的变化率分别为 261% 和 500%。由表 5-3 对原始时间序列数据进行统计描述可知，33 年间国内生产总值历年数据的波动幅度最大，其次是能源消费，二氧化碳排放量的波动幅度比人均国内生产总值的变化还要小。

5.3.2 协整检验分析

一、时间序列的 ADF 检验

要了解时间序列数据是否为平稳的，则要对数据进行单位根检验。

表 5-3   原始数据统计分析

变量	描述性统计			
	最小值	最大值	均值	标准差
wCO_2	0.0	0.3	0.7	0.8
wENERGY	0.7	13.3	4.2	3.9
gdp	463.0	39 544.0	9 285.4	10 735.5
CO_2	1 100.2	4 046.0	2 132.5	834.8
GDP	4 545.6	532 872.1	120 144.0	144 537.2
ENERGY	59 447.0	361 732.0	158 873.0	91 003.9

本章选用了 ADF 法。同时为了避免异方差现象的存在，这里先对所选择变量的时间序列数据做对数化处理，之后要根据图来掌握各个变量的时间变化趋势。其中以能源消费总量和二氧化碳排放强度为例，其结果如图 5-1 和图 5-2 所示。两张图分别显示了 1984—2016 年间能源消费总量和二氧化碳排放强度时间序列值取对数后的变化。很容易看出，虽然在此期间能源消费总量数据呈现出上升趋势，二氧化碳排放强度一直处于下降趋势，与此同时未列出图的二氧化碳排放总量虽然存在波动，但是这三者在从 1984 年起的 33 年中都一直保持着明显的趋势性变化。

能源消费总量

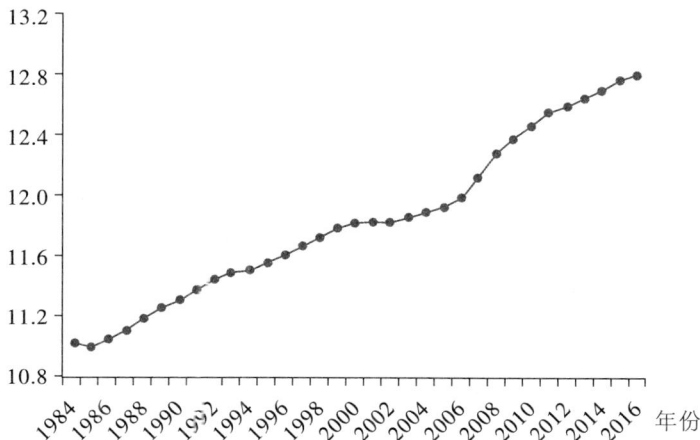

图 5-1   1984—2016 年 lnENERGY 的变化曲线

二氧化碳排放强度

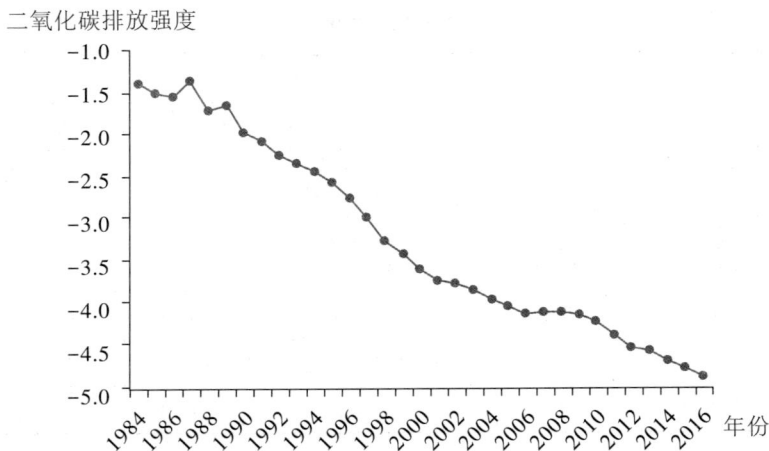

图 5-2　1984—2016 年 lnwCO$_2$ 的变化曲线

二、协整检验

从分析的对象来看，协整检验可被分为两种：一种是在回归系数的基础上进行协整检验；另一种是在回归残差项的基础上做协整检验。由于本章样本只有 33 年，年份总数不是很多，这里选择了后者。为了避免模型的"伪回归"，就要求各变量的时间序列是同阶平稳的，或者其相互间作用后具有协整关系。所以应该先对模型所涉及变量的时间序列数据进行 ADF 检验。ADF 检验中选取最优滞后期的原则为：在残差是不相关的标准下，其所对应的 SIC 准则值是最小的，则认定最优滞后期长度为此时确定的滞后期。本研究的 ADF 检验结果见表 5-4。结果表明，无论是把二氧化碳总排放量还是把二氧化碳排放强度作为被解释变量所建立的模型，在显著性水平为 10% 时，两个方程都是可以做协整检验的。

在对所研究变量做完 ADF 检验，了解了各个变量平稳的阶数后，可以初步断定它们之间可能存在协整关系。但是想要知道描述变量间是否存在协整关系以及它们间的关系是什么，则要做协整回归来处理变量，这里选择用 OLS 法作回归方程。在此基础上再分别对其残差序列进行 ADF 检验。因为残差序列是对长期均衡关系的偏离值进行的估计，所以当其在方程中不包含截距项和时间趋势项时依旧平稳，则说明方程存在长期的协整关系。回归过程中我们采用 White 稳健标准差来得到系数的 t 统计值，通过用该值与临界值进行比较，来判断协整回归所得到常

表 5-4 变量平稳性 ADF 检验结果

变量	ADF 检验		
	阶数	ADF 检验值	10% 显著性水平
lngdp	1	−3.568	−3.218
$\ln^2 gdp$	0	−3.792	−3.243
$\ln^3 gdp$	1	−3.566	−3.225
$\ln CO_2$	1	−8.837	−3.215
$lwCO_2$	1	−6.397	−3.215
lnENERGY	1	−2.953	−2.621
lwENERGY	1	−2.649	−2.621

数和系数项的显著性并确定回归方程。表 5-5 为分别以 $\ln CO_2$ 和 $lwCO_2$ 为被解释变量，解释变量中分别将加入和未加入对能源消费的考虑相对比，各个系数和其方程对立的系数项在 5% 的显著性水平下都显著时，求得时间序列 OLS 回归得到的结果。

表 5-5 时间序列 OLS 回归结果

变量		回归系数及形态						
		lngdp	$\ln^2 gdp$	$\ln^3 gdp$	lnENERGY	lwENERGY	C	调整后 R^2
$\ln CO_2$	方程 1	2.186	−0.289	0.012	0.976	—	−8.920	0.971
	方程 2	6.043	−0.752	0.032	—	—	−9.044	0.938
$lwCO_2$	方程 1	2.061	−0.272	0.011	—	1.012	−8.907	0.997
	方程 2	4.555	−0.709	0.030	—	—	−9.641	0.994

由表 5-5 可以得到的模型公式分别如下：

$$\ln CO_2 = 2.186 lngdp - 0.239\ln^2 gdp + 0.012\ln^3 gdp + 0.976 lnENERGY - 8.92 \quad (5.24)$$

$$\ln CO_2 = 6.043 lngdp - 0.752\ln^2 gdp + 0.032\ln^3 gdp - 9.044 \quad (5.25)$$

$$lwCO_2 = 2.061 lngdp - 0.272\ln^2 gdp + 0.011\ln^3 gdp + 1.012 lwENERGY - 8.907$$

$$(5.26)$$

$$lwCO_2 = 4.555 lngdp - 0.709\ln^2 gdp + 0.03\ln^3 gdp - 9.641 \quad (5.27)$$

各系数的经济和政策方面的含义：从表 5-5 得到的协整方程的指标来看，四个方程的调整后 R 值都比较高，都在 0.93 以上，说明实际值与方程得到的拟合值差距不大。同时，变量的符号与经济理论也是相吻合的。首先，无论是以二氧化碳排放的总量还是其强度为因变量，能源消费的系数始终为正，也就是说能源对二氧化碳排放量的作用是正向的，且能源消费强度对二氧化碳排放的作用更大。而就目前我国能源消费结构来看，2017 年我国化石燃料占总燃料的比重接近 90%，煤炭的使用量占所有一次能源消费总量的比重接近 70%，虽然在 2017 年，我国经济占世界第二，但是能源消费量远超过美国、日本等经济排名世界前几名的国家，这说明为减轻对环境的负面影响，我国在消费能源方面上可以提高的空间是巨大的。

其次，在以对数化处理后的二氧化碳排放总量作为因变量时，显然它与经济增长的关系仅在考虑能源因素时呈正"N"型，但是根据图 5-3 中的两条线可知，两个方程都是存在拐点的。虽然在考虑能源时，二氧化碳的排放总量随着人均国内生产总值的增长先逐渐恶化后在 1992 年开始得到一定改善，但是当到 2006 年左右这一拐点位置时，二氧化碳排放量以及二氧化碳排放强度又会随着经济的发展而逐渐变得越来越糟。并且在除去了对能源消费的考虑时，所涉及的图形有较大改变，说明这种正"N"型的曲线特征不是很稳健，能源消费因素对于二氧化碳排放总量的影响虽然没有经济的影响大，但是也是显著的，同时通过对方程的分析也能得到验证。根据上述分析并结合所对应的正"N"型图形，可以断定这两个方程只有在考虑能源消费因素时才符合环境库兹涅茨曲线假说。

然后，在以对数化处理后的二氧化碳排放强度作为因变量时，从图 5-4 中可以看出，二氧化碳排放强度会随着经济总量的增长而下降，这与现实较为相符，即随着经济的发展，优化的产业结构朝着更利于经济发展的方向进行配置，与此同时人们对于环境的要求会更高，节能环保型产品更加受到偏爱，它们间近似负相关的关系正是这种趋势的体现。此外，在二氧化碳排放强度的 EKC 曲线中，无论是否考虑能源消费强度的影响都不存在拐点，说明曲线特征很稳健，并且能源消费对二氧化碳排放强度的

二氧化碳排放
总量的对数值

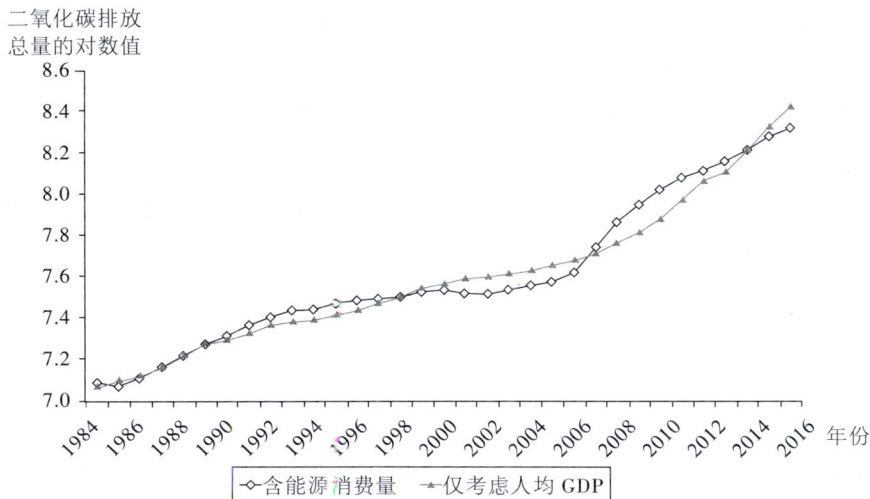

图 5-3　以二氧化碳排放总量的对数值为因变量的 EKC 图

影响并不是特别明显，同时，通过对方程式中系数的分析也能得到验证。不仅如此，通过对图 5-4 的观察可知，随着经济的增长，环境污染强度是呈现下降趋势的，这也在一定程度上说明了近些年来，我国在调整产业结构、优化能源配置和节能环保方面做出了大量努力，并取得成效。

二氧化碳排放
强度的对数值

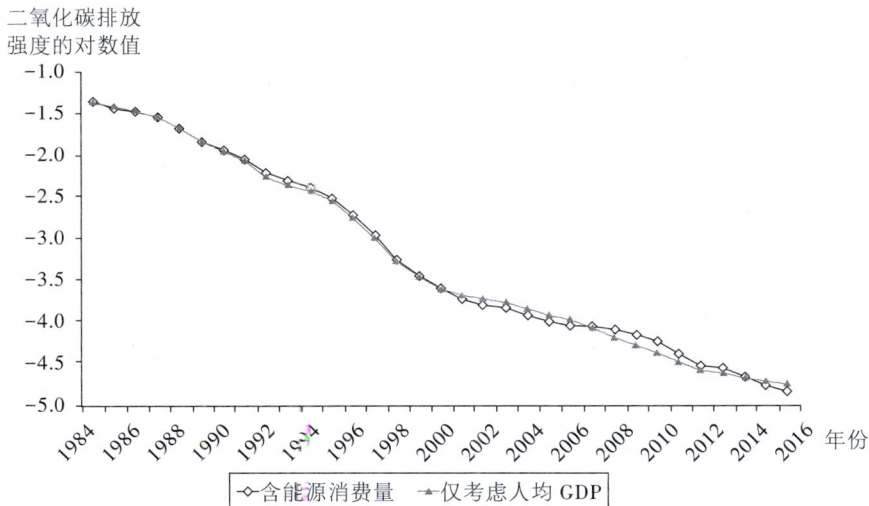

图 5-4　以二氧化碳排放强度的对数值为因变量的 EKC 图

接下来要对得到的残差序列值进行分析。从协整理论的思想来看，残差序列是由因变量不能被自变量解释的那部分所构成的。因此，检验一组变量之间的关系是否存在协整关系就等价于检验回归方程的残差序列是否为平稳序列。所以，如果这些离差估计值是非平稳的，则表明被解释变量会受到除了解释变量外的不规则变化的影响，随着时间的变化其偏离程度也会越来越大，即便可能存在拟合优度等指标较好的情况，但是所得到的回归关系并不能够真实地反映被解释变量与解释变量之间的关系；而当其平稳时，就说明上述方程是协整的。即当得出协整方程后，还要用 ADF 计算得到回归方程残差序列的平稳性，只有证明其为平稳的，才能认定方程中变量间长期稳定的关系是存在的。本章中所研究的方程式模型对应的残差平稳性检验结果见表 5-6。

表 5-6   残差的 ADF 检验

方程	ADF 检验	
	ADF检验统计量值	5%显著性水平
方程（5.24）	-5.979	-1.952
方程（5.25）	-2.183	-1.952
方程（5.26）	-5.965	-1.952
方程（5.27）	-2.277	-1.952

由表 5-6 可知：在显著性水平为 5% 时，在条件为残差序列既不含截距项又不含时间趋势项的情况下，四个方程都拒绝了原假设，也就是说方程得到的残差序列是平稳序列，即从长期情况来看，四个方程计算得到的结果都表明变量之间存在并满足稳定的协整关系。但是，由于所研究的有些变量在不进行差分前并不都是平稳的，而它们的组合才表现为平稳的。这种长期稳定的关系被认为是由短期动态过程调整，使变量中的长期分量相互均衡，进而防止了长期关系的偏差扩大才得到的结果。也就是说从短期情况来看，模型可能会不平衡。为了提高模型的精度，这里把方程（5.24）和方程（5.25）两个协整回归中的误差项都看作是均衡误差，通过建立 ECM 模型，把短期的二氧化碳排放行为与长期行为变化联系起来。本章选择 E-G 两步法对 ECM 模型进行估计。估计结果见表 5-7。

表 5-7　　　　　　　　　　ECM 模型估计结果

变量	差分序列方程			
	D（lnCO_2）		D（lwCO_2）	
	系数	P值	系数	P值
C	-0.034	0.247	-0.033	0.261
D（lngdp）	6.875	0.076	6.615	0.086
D（$\ln^2$gdp）	-0.810	0.079	-0.780	0.091
D（$\ln^3$gdp）	0.032	0.082	0.030	0.095
D（lnENERGY）	0.940	0.013	—	—
D（lwENERGY）	—	—	1.004	0.008
$\hat{\mu}_{t-1}$	-1.100	0.000	-1.090	0.000

通过对上述结果的分析可知，在方程所反映的误差修正模型中，在显著性水平为 10% 的条件下，它们的常数项及各个自变量相应的系数项都是显著的，所对应的差分项也都能反映出来自短期波动的影响。而且两个模型的调整后 R^2 分别为 0.6 和 0.67，说明数据所含的信息中分别有 60% 和 67% 能被模型所解释，建立的模型对于数据的利用还是比较好的；两个方程对应的 DW 值均为 2.02，都比较接近 2，可以认为两个方程都不存在自相关，这也同样验证了模型的拟合效果是比较好的。根据表 5-7 可以得到短期波动模型分别如下：

$$\Delta lnCO_2 = 6.875\Delta lngdp - 0.81\Delta \ln^2 gdp + 0.032\Delta \ln^3 gdp + 0.94\Delta lnENERGY -$$
$$1.1\hat{\mu}_{t-1} + \varepsilon_t \qquad (5.28)$$

$$\Delta lwCO_2 = 6.615\Delta lngdp - 0.78\Delta \ln^2 gdp + 0.03\Delta \ln^3 gdp + 1.004\Delta lwENERGY -$$
$$1.09\hat{\mu}_{t-1} + \varepsilon_t \qquad (5.29)$$

由得到的上述方程可知：短期二氧化碳排放取对数值时的影响可以分为两大部分：一部分来源于与能源和人均 GDP 相关的影响，即人均国内生产总值取对数后其值的变动，人均国内生产总值对数值平方项的变动，人均国内生产总值取对数后三次方项的变动以及对数化后的能源消费变动。并且通过方程可以知道，同等百分比的人均国内生产总值变化要比同等百分比的能源消费变动对二氧化碳排放量的影响更大，这一结论对于短期数据波动的分析也同样成立。另一部分的影响来源于其与长期均衡的偏离。其中，误差修正项的系数大小反映了模型对长期均衡偏离程度的调整力度。对于系数 $\hat{\mu}_{t-1}$ 的估计值来说，当短期二氧化碳排放量的对数值变化与长期均衡偏离时，模型将会分别以 -1.1 的调整力度将其调整至均衡状态；在二氧化碳排放强度取对数后增加值的波动与长期均衡偏离时，模型将会以 -1.09 的调整力度将其由非均衡状态调整至均衡状态。

5.3.3 预测模型实证分析

一、灰色预测分析

为了根据已知的时间序列数据进行预测，通过上述建立被解释变量为二氧化碳排放量和二氧化碳排放强度的关系模型，本书选取我国二氧化碳排放量和二氧化碳排放强度在 1984—2016 年间的时间序列数据为检验数据建立 GM（1，1）模型，2017—2021 年为预测数据，并用 MATLAB 软件进行估计预测。经计算求解白化微分方程，得到两个方程的 a 值分别为 -0.0406 和 0.1292，b 值分别为 989.5569 和 0.3156，则计算出的预测模型分别为：

$$\hat{X}^{(1)}(k+1) = 25\,495.252e^{0.0406k} - 24\,373.3226 \tag{5.30}$$

$$\hat{X}^{(2)}(k+1) = -2.196e^{-0.1292k} + 2.443 \tag{5.31}$$

应用灰色预测模型，得到 2013—2017 年间二氧化碳排放量和二氧化碳排放强度的预测结果见表 5-8。其中对于以二氧化碳排放量为被解释变量而建立的模型，由后验差检验计算得到 c 值为 0.1819，小于 0.35，p 值为 1，大于 0.95，预测精度等级为优。根据残差检验结果的平均相对残差 $\bar{\varphi}$ 值为 0.1，说明预测结果较好，最后一个 φ_i 值为 0.0815，小于 0.1，预测模型较好。但是从所有涉及的预测指标值来看，还有可以改进的余地。对于以二氧化碳排放强度为被解释变量而建立起的预测模型，根据后验差检验得到的结果中：c 值为 0.1534，小于 0.35；p 值为 1，大于 0.95，预测精度等级同样为优。残差检验的结果中，$\bar{\phi}$ 值和预测值的平均相对残差都为 0.1775，都大于 0.1，虽然差距不大，但是存在着可以进一步完善的空间。从对各个指标的分析可知，对于二氧化碳排放量和二氧化碳排放强度的灰色预测方程都存在着有些指标数值能够证明模型拟合较好，但个别指标并没有达到最优的情况，说明模型还有改进的空间。由灰色预测结果可知，未来我国二氧化碳排放总量会在 2017 年有所下降，此后几年又会持续增长，总体趋势与协整模型得到的结果相近；而二氧化碳排放强度指标则会呈现出继续下降态势，这与协整模型结果得到的方向是相同的，只是下降的速度较之前更加缓慢。

表 5-8　　　　　　　　　灰色 GM（1，1）模型预测结果

变量	年份				
	2013	2014	2015	2016	2017
CO_2预测值	3 870	4 030	4 197	4 371	4 552
wCO_2预测值	0.0043	0.0037	0.0033	0.0029	0.0025

二、布谷鸟优化后的灰色预测分析

对二氧化碳排放量和二氧化碳排放强度建立的灰色预测模型分别进行布谷鸟优化，这里最大迭代次数选择为 1 500 次，得到 bestsol 值分别为 0.4782 和 0.5063，fval 分别为 9.4886 和 17.7384。当把得到的 bestsol 值分别代入到 GM（1，1）模型中时，根据布谷鸟优化后的灰色预测模型得到两个方程的 a 值分别为 -0.0421 和 0.1284，b 值分别为 989.5569 和 0.3156。即预测模型经过布谷鸟优化后分别为：

$$\hat{X}^{(1)}(k+1) = 24\,626.844e^{0.*-21k} - 23\,504.9145 \tag{5.32}$$

$$\hat{X}^{(2)}(k+1) = -2.2111e^{-0.128k} + 2.4579 \tag{5.33}$$

此时，用经过布谷鸟优化后的灰色预测模型，得到对 2017—2021 年二氧化碳排放量和二氧化碳排放强度的预测结果，见表 5-9。其中，根据后验差检验计算得到的结果，两个方程对应的 c 值分别为 0.221 和 0.1529，二者均小于 0.35，两个方程的 p 值均为 1，大于 0.95，预测精度等级为优。预测值的最后一个相对残差分别为 0.0338 和 0.0341，都小于 0.1，与之前二氧化碳排放量预测值的最后一个值的相对残差相

比，精度有所提高。根据残差检验的结果，二氧化碳排放量的平均相对残差 $\bar{\phi}$ 值为 0.0953，较优化之前的 0.1 有一定改进，二氧化碳排放强度的平均相对残差 $\bar{\phi}$ 值为 0.1774，较优化前的 0.1775 同样有进步。总之，布谷鸟优化后的模型精度有所提高。从通过布谷鸟优化后的灰色预测模型得到的预测值中可以看出，二氧化碳排放强度在接下来的 5 年中依旧呈现出下降趋势，并且随着年份的增加逐渐平稳，但是对应的下降速度有所减慢；而二氧化碳的排放总量在接下来的几年中上升趋势依旧明显，虽然偶有波动，但是随着时间的推移，其对应排放总量增长的速度变化并不是很大。经布谷鸟优化的灰色预测模型得到的结果显示，二氧化碳排放量在 2018 年会较 2017 年略有增加，接着又会按照较之前稍微放缓的速度继续增长；相比之下，二氧化碳排放强度的情况会好很多，在 2000 年之前其数值呈现迅速下跌状态，在 2001 年以后其数值距离零较近，受到瓶颈效应的影响其下跌速度明显放缓。但是根据对未来 5 年预测的数值可以看到，虽然其下跌速度基本保持不变，但是数值方面更加向零靠近。结合这两部分未来发展的分析可以看出，未来 5 年，我国经济依旧会快速发展，二氧化碳排放总量依旧会上升，但是根据二氧化碳排放强度未来更加趋于零的趋势可知，未来 5 年环境保护工作的成效将会更加显著，节能减排不仅仅是我们的口号，更是对我国近些年在此方面行为的肯定。

表 5-9　　布谷鸟优化后的灰色 GM（1，1）模型预测结果

变量	年份				
	2017	2018	2019	2020	2021
CO_2 预测值	4 078	4 253	4 436	4 627	4 826
wCO_2 预测值	0.0044	0.0039	0.0034	0.0030	0.0026

三、ARIMA 预测模型分析

很多文章在用 ARIMA 模型进行预测时，为减小原始数据的波动性而对其取对数。而对于本章中的基础数据，虽然经过对数化后取值会减小其波动性，但是通过对前文时间序列数据的平稳性分析可知，二氧化

碳排放量以及二氧化碳排放强度在取对数化后要进行一阶差分才能平稳，这会导致大量的信息丢失，故本章在 ARIMA 预测模型中，选取的是原始二氧化碳排放量和二氧化碳排放强度数据。其中通过对二氧化碳排放总量的时间序列图进行分析可知，其上升趋势明显，是显著非平稳的。同时本书先考察其自相关和偏自相关图，如图 5-5 所示。从图 5-5 中的自相关系数可以看出，它衰减到零的速度比较缓慢，所以序列为非平稳的，而 ADF 检验也同样验证了原序列的不平稳性。接着要对二氧化碳排放量数据进行差分，经验证，其时间序列数据的一阶差分是平稳的，所以在建立二氧化碳排放量的 ARIMA（p，d，q）模型中，首先可以把 d 的取值确定为 1。而对于二氧化碳排放强度数据，其本身就为平稳的，故将其预测模型确定为 ARMA（p，q）模型。

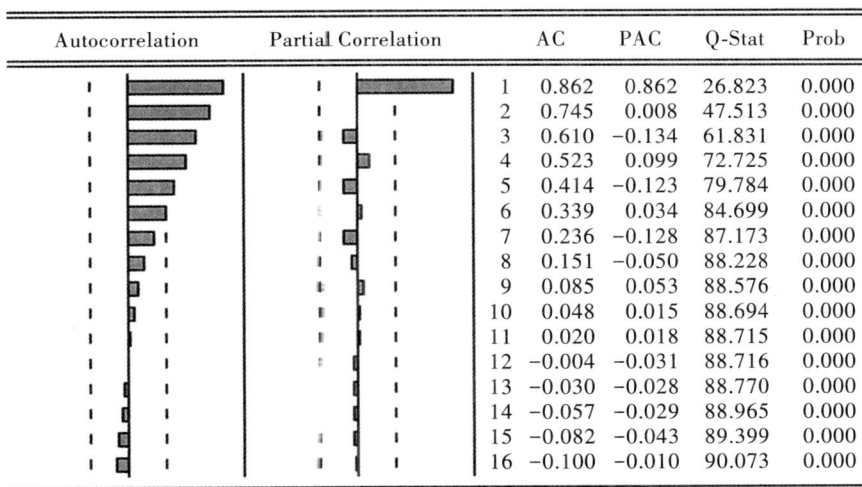

Autocorrelation	Partial Correlation		AC	PAC	Q-Stat	Prob
		1	0.862	0.862	26.823	0.000
		2	0.745	0.008	47.513	0.000
		3	0.610	-0.134	61.831	0.000
		4	0.523	0.099	72.725	0.000
		5	0.414	-0.123	79.784	0.000
		6	0.339	0.034	84.699	0.000
		7	0.236	-0.128	87.173	0.000
		8	0.151	-0.050	88.228	0.000
		9	0.085	0.053	88.576	0.000
		10	0.048	0.015	88.694	0.000
		11	0.020	0.018	88.715	0.000
		12	-0.004	-0.031	88.716	0.000
		13	-0.030	-0.028	88.770	0.000
		14	-0.057	-0.029	88.965	0.000
		15	-0.082	-0.043	89.399	0.000
		16	-0.100	-0.010	90.073	0.000

图 5-5　自相关及偏自相关图

由理论分析知道，ARIMA 模型是通过序列的差分处理、自回归模型以及移动平均模型得到的。在找到差分后能让序列平稳的阶数后，就可以对时间序列数据进行 ARMA 模型分析。从得到的一阶差分序列的偏自相关图可知，偏自相关系数显然是截尾的，滞后期在 k = 2 开始很快趋于 0，所以 p 的最佳取值为 2；通过观察一阶差分后的自相关图可知，自相关系数在滞后 6 阶的时候落在 2 倍标准差的边缘处，而对于模型选择的确定有待于进一步的验证。通过模型之间的比较可以看出当模型为 ARMA（2，2）时，相对应的调整后 R^2 最大，同时相应的 AIC 值和 SC 值的绝对值最小，DW 统计量的值为 2.041（在 2 附近），即模型对应的残差不存在一阶自相关，所以此时的模型被确定为最优 ARIMA 预测模型。估计的模型参数结果见表 5-10。从表 5-10 中可以看到，除了 AR（2）外，其他各个自变量以及常数项所对应的系数项在 5% 的显著性水平下都是显著的，都可以被确定为预测模型的系数。

表 5-10 CO_2 排放量的 ARMA 模型参数估计

Variable	Coefficient	Std.Error	t-Statistic	Prob
C	108.078	33.28402	2.69536	0.0124
AR（1）	−0.963735	0.174302	−4.81830	0.0001
AR（2）	−0.299489	0.124877	−0.87647	0.3891
MA（1）	−1.238267	0.044261	43.04439	0.0000
MA（2）	1.158361	0.037853	24.50513	0.0000
R-squared	0.725396	Akaike info criterion		12.07084
Adjusted R-squared	0.681459	Schwarz criterion		12.30438
Prob（F-statistic）	0.000001	Durbin-Waston stat		2.04088

通过检验二氧化碳排放强度时间序列数据的平稳性，可知其本身就是平稳的，由自相关及偏自相关图可知，偏自相关图中显示其是截尾的，并且在其取 1 后很快趋于 0，所以 q 的最佳取值先确定为 1；从自相关图中自相关系数证明它是拖尾的，在其滞后 6 阶左右其自相关系数落在置信区间的边缘，但是对于具体的模型选择还有待于进一步验证。通过对各个不同模型对应指标的标准间的对比可以得到 ARMA（p，q）模型中相应的调整后 R^2、AIC 值和 SC 值比较见表 5-11。显然 6 个模型调整后 R^2 都较大，都在 0.95 以上，当把模型确定为 ARMA（1，1）时调整后 R^2 为 0.9560，说明模型能解释很大一部分数据中所包含的信息，虽然比其他模型的值略小，但是通过比较知道 ARMA（1，1）对应的 AIC 值和 SC 值的绝对值是相对更小的，DW 统计量为 2.0349，和 2 差距不大，此时 ARMA（1，1）模型的残差不存在一阶自相关，并且系

数的估计较为合理，与其他模型比较其优势较明显。所以此时的预测模型是最好的，因此 ARMA（1，1）被确定为最优预测模型。

表 5-11　　　　　　ARMA（p，q）中不同取值间的比较

	不同取值对应指标					
p	1	2	3	4	5	6
q	1	1	1	1	1	1
AIC	−5.387	−5.37	−7.044	−8.928	−9.046	−9.675
SC	−5.249	−5.189	−6.810	−8.645	−8.713	−9.291
调整后 R^2	0.956	0.951	0.990	0.998	0.999	0.998

根据上述分析，得到对二氧化碳排放量以及二氧化碳排放强度的 ARIMA 的最优预测模型，模型分别如下：

$$(1-B)(CO_2)_t = 89.712 - 0.84(1-B)(CO_2)_{t-1} + 1.905\mu_{t-1} + 0.928\mu_{t-2} + \varepsilon_t \quad (5.34)$$

$$(wCO_2)_t = 0.914(CO_2)_{t-1} - 0.524\mu_{t-1} + \varepsilon_t \quad (5.35)$$

由模型有二氧化碳排放量的一阶差分项中，其前一期值每变动一个单位，将会使其当前值反方向变化 0.84 倍，前两期值每变动一个百分比，将会同方向影响当前的一阶差分值 1.905 个百分比；而二氧化碳排放强度主要受其前一期同方向 0.914 倍力度的影响。虽然两个预测模型较好，但还是有必要对这两个预测模型的残差项序列值进行白噪声检验。从对其自相关及偏自相关图做的进一步分析可以看出，两个预测模型得到残差的自相关及偏自相关系数都在置信区间范围内，这说明模型拟合得很好，可以认为残差项里已经不能再提取出有用的信息了。其中以得到的最优二氧化碳排放量一阶差分后的 ARMA 预测模型为例，拟合效果如图 5-6 所示。图 5-6 中实际值与预测值比较吻合，残差项数值围绕 0 上下波动，除了开始几年的数值超出置信区间的范围较大，但是并不存在奇异值，1992 年之后，其值在大于零的置信区间内逐渐趋于平稳，接着在实际值上下小幅波动。拟合效果图也同样说明了本方法确定的 ARIMA 模型的拟合效果较好。同理可知，二氧化碳排放强度的拟合效果。

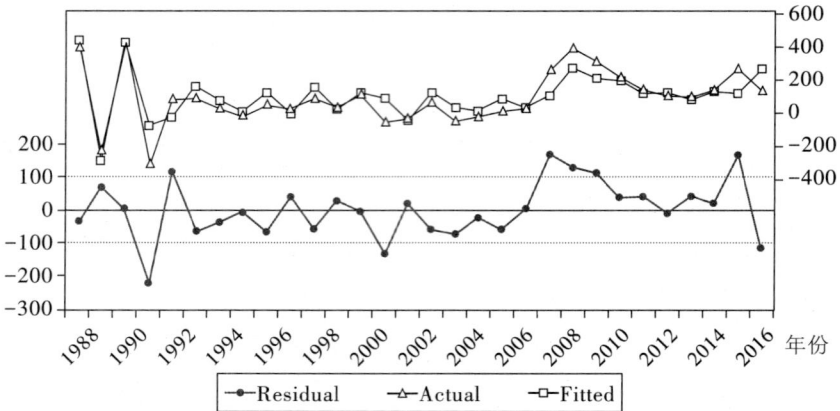

图 5-6　ARMA（2，2）拟合效果图

对于模型的预测，这里选择 Static 方法，它是只滚动地进行向前一步的预测，即每预测一次，用实际值代替预测值，加入到估计区间，再向前一步预测。预测结果中主要看 Theil 不相等系数与其分解和方差的大小。可以看出，二氧化碳排放量的 ARIMA 预测模型中 Theil 不相等系数约为 0.3539，表明模型的预测能力一般，而对它的分解表明偏误比例较小；方差为 0.2069，比例比较小，说明实际序列的波动较小，模拟序列的波动也比较小；协方差比例为 0.793，表明模型的预测结果较为理想。二氧化碳排放强度的 ARMA 预测模型中 Theil 不相等系数约为 0.0638，表明模型的预测能力很好，方差为 0.0382，比例非常小，说明实际序列的波动较小，模拟序列的波动也比较小，并且实际序列的波动能较好地通过模型进行模拟；此外，协方差比例为 0.9315，虽然比上个预测模型的值大，但是整体来讲模型的预测结果是很理想的。根据 ARIMA 模型得到的结果见表 5-12。

表 5-12　　　　　　　　　ARIMA 模型预测结果

变量	年份				
	2017	2018	2019	2020	2021
CO_2 预测值	4 251.8	4 314.7	4 386.4	4 498.9	4 592.1
wCO_2 预测值	0.0092	0.0106	0.0119	0.0132	0.0145

四、预测结果比较

为了得到更优的预测模型，来判断二氧化碳排放量的未来走势，从而为我国发展环境友好型社会提供合理意见，本章通过对预测模型得到结果的相对误差（MAPE）值进行比较，以得到更优的预测结果，结果见表 5-13。从表 5-13 可以看出，无论是以二氧化碳排放量还是以排放强度作为因变量得到的方程，其对应 MAPE 值都是按照灰色预测结果、布谷鸟优化后的预测结果和 ARIMA 预测结果依次减小的。也就是说，一方面，在本研究中 ARIMA 模型与其他模型相比，其对应的相对误差值更小，即精度更高，体现了其在小样本预测中的优势。其次是布谷鸟优化后的灰色预测，相对于其他两个模型而言，本研究得到的灰色预测模型的相对误差值较大，预测结果相对较差；另一方面，两个方程中布谷鸟优化后预测模型的 MAPE 值较优化前的更小，证明其比本身的灰色预测模型精度有所提高，也就是说布谷鸟模型有利于提高预测模型的精度。虽然布谷鸟优化后的模型没有 ARIMA 模型在使用方面那么成熟，但是 ARIMA 模型在对参数的选择方面受人为因素的影响较大，而布谷鸟模型根据数据能更加客观地找到预测结果，也就是说布谷鸟模型的实用性更强，并且布谷鸟模型在预测结果优化方面的确起到了提高精度的作用，而在模型预测方面精度的提高非常重要。

表 5-13   相对误差结果对比

MAPE值	模型		
	灰色	布谷鸟优化	ARIMA
CO_2	0.1000	0.0953	0.0107
wCO_2	0.1775	0.1774	0.1714

根据上文的分析，本章选择对有较优预测结果的 ARIMA 模型和能根据程序更加客观进行预测的经布谷鸟优化后的灰色预测模型，通过对未来 5 年走势进行对比研究，得到对应的预测结果见表 5-14。通过对模型预测结果的分析可以知道：一方面，不管是 ARIMA 模型还是经 CS 方法优化的灰色预测模型都表明我国未来二氧化碳排放总量在未来 5 年

里会呈现出基本匀速的上升态势；另一方面，对于二氧化碳排放强度指标的预测，两个模型对于未来的发展趋势预测呈现出相反的方向，其中经 CS 优化的灰色预测模型反映未来二氧化碳排放强度会继续下降，而 ARIMA 模型的预测结果表明未来二氧化碳排放强度有反弹的上升趋势。由于经前 33 年数据的验证，可以认为 ARIMA 模型有更好的预测精度，故本研究认为二氧化碳排放强度在未来的上升趋势是存在的，然而通过对二氧化碳排放量的预测得知，其未来持续增长的态势明显，故可知未来我国经济下行压力相对较大。

表 5-14　　　　　　　　　　模型预测结果比较

变量		年份				
		2017	2018	2019	2020	2021
CO_2	ARIMA	4 252	4 315	4 386	4 499	4 592
	CS	4 078	4 253	4 436	4 627	4 826
wCO_2	ARIMA	0.0092	0.0106	0.0119	0.0132	0.0145
	CS	0.0044	0.0039	0.0034	0.0030	0.0026

从分析结果来看，当考虑能源因素时，我国二氧化碳排放总量与经济增长之间存在 EKC 假说的关系，并且呈正"N"型，但是二氧化碳排放强度与经济增长之间不存在这种关系，而是接近负向线性的关系，说明目前我国环境污染强度与经济增长间是协调发展的，低碳减排工作的质量还是值得肯定的；根据对二氧化碳排放未来值的趋势分析可以知道，未来 5 年我国二氧化碳排放总量依旧会呈现出上升的态势，而且与其对应的排放强度由以往下降的趋势转为上升。从本研究的实证结果可以知道，未来我国经济的增长还是会伴随着较高的碳排放量，并且同等的经济增长伴随的碳排放有转强趋势，以较高的环境污染为代价带动经济增长的发展方式将会占上风，经济增长与温室气体排放之间的关系将会不利于我国建立环境友好型社会。

参考文献

[1] 雷明, 赵欣娜, 张明玺. 基于环境负产出的能效动态 Malmquist 模型研究 [J]. 数量经济技术经济研究. 2012 (4): 33-48.

[2] 李韧. 中国经济增长中的综合能耗贡献分析——基于 1978—2007 年时间序列数据 [J]. 数量经济技术经济研究. 2010 (3): 16-27.

[3] 娄峰. 碳税征收对我国宏观经济及碳减排影响的模拟研究 [J]. 数量经济技术经济研究. 2014 (10): 84-109.

[4] 卢宁, 李国平. 基于 EKC 框架的社会资本水平对环境质量的影响研究 [J]. 统计研究. 2009 (5): 68-76.

[5] 马宏伟, 刘思峰. 袁潮清, 等. 基于生产函数的中国能源消费与经济增长的多变量协整关系分析 [J]. 资源科学. 2012 (12): 2374-2381.

[6] APERGIS I V, PAYNE J E.CO2 emissions, energy usage, and output in Central America [J]. Energy Policy, 2009 (37): 3282-3296.

[7] ASAFU A J. The relationship between electricity consumption, electricity price and economic growth: time series evidence from asian developing countries [J]. Energy Economics, 2000 (22): 615-625.

[8] BELLOUMI M. Energy consumption and GDP in Tunisia: co - integration and causality analysis [J]. Energy Policy, 2009 (37): 2745-2753.

[9] COONDOO D, DINDA S. The carbon dioxide emission and income: a temporal analysis of cross-country distributional patterns [J]. Ecol Econ, 2008 (65): 375-385.

[10] EDGARDO S.Economic dualism and air quality in Italy: testing the environmental kuznets curve hypothesis [J]. International Journal of Environmental Studies, 2014 (4): 463-480.

第六章　基于机器学习的空气质量预测方法研究

6.1　思想与原理

针对空气质量的预测问题，国内外众多的学者开展了科学广泛且长期的研究。在众多的空气质量预测模型中，较为流行的趋势是对其组成成分 PM2.5 或 PM10 浓度等进行预测，而对于空气质量指数进行预测的文献不是很多。

6.1.1　PM2.5 和 PM10 预测研究现状

在对 PM2.5 或者 PM10 浓度进行预测的领域中，Perez 等对圣地亚哥、智利的每小时 PM2.5 浓度进行预测，以风速和湿度作为影响因素构建神经网络模型，预测的误差区间在 30% 到 60%；Grivas 等对希腊和雅典的 PM10 浓度进行预测，同样也利用神经网络模型，不过选取的变量有所不同，他以风速、温度、相对湿度以及前期的 PM10 浓度等作为影响因素，该模型预测期的平均误差在 25% 到 30%；秦珊珊利用 ARIMA 模型和人工智能算法优化的神经网络模型对 PM2.5 和 PM10 浓度进行预测并对未来的 PM2.5 和 PM10 浓度的波动范围给出了较为合理的区间预测。这些方法从空气质量指数构成因素 PM2.5、PM10 等来衡量空气质量，并且得到了不错的效果。但是空气质量的构成因素大体上分为六大类，仅考虑这两方面并不能完全反映空气质量状况。因此，还有一些学者从总体的角度，即空气质量指数方面来衡量空气质量状况。

6.1.2　AQI 指数预测研究现状

虽然对空气质量指数进行预测研究的国内、外文献较少，但是也取得了一些不错的成果。这些预测研究所建立的模型主要有传统的统计模型和机器学习模型。国内研究者利用的传统预测模型有：胡永欣等利用逐步回归法建立模型进行预测，选取 PM2.5、PM10、CO、NO、SO₂ 以及最高气温、最低气温、天气、风向、风力十个指标，再根据季度分为采暖期和非采暖期两个部分分别进行回归建模；刘峰等的半参数回归模型预测，先用主成分分析法对空气质量指数的六大要素（PM2.5、PM10、SO₂、NO、O₃、CO）进行降维简化模型，然后利用半参数回归模型对武汉市的空气质量指数有关数据进行拟合分析；还有侯雅文等使用时间序列 ARMA 模型拟合空气质量指数时序数据，通过残差建立控制图，再对控制图的变化进行监控和预测。与这些传统模型相比，机器学习模型也越来越受到国内研究者的青睐，各种改进的人工智能算法层出不穷，像闫妍等基于 BP 人工神经网络模型对西安市环境空气质量的预测，主要利用神经网络的强大的非线性映射能力与自学习和自适应能力对数据间关系进行挖掘从而得出预测结果；李四海等基于小波神经网络的空气污染指数预测，该模型对原始的兰州市空气污染指数序列进行多尺度分解，以各尺度上的小波系数序列和重要气象因子作为输入项进行 BP 人工神经网络模型预测；张延利等的基于人工智能的动态马尔科夫预测模型，该模型先利用 BP 人工神经网络对北京市的空气质量指数进行拟合，得到拟合值序列和预测值，然后与马尔科夫链结合进行动态预测，提高了模型的预测精度。国外的研究者如 ANIKENDER KUMAR and P.GOYAL 等对德里的空气质量指数进行预测，利用主成分分析法对气象变量进行降维处理，然后利用生成的主成分和前一期的 AQI 指数进行神经网络建模（PCA-neural network）。

这些研究工作基本上是从两个方面来进行 AQI 值预测的：一方面是从自身的时间序列角度，像侯雅文等的 ARMA 模型，这种方法搜寻数据少且简单易行，能够在一定程度上获得不错的结果，但由于选取的单维数据进行单列的时间数据分析，信息有限导致其结果的精确度难以达到很高的标准；还有一类就是综合利用各种气象信息等影响因素进行多维度建模分析，比如胡永新、闫妍、刘峰等各选取不同的天气因素对 AQI 进行预测，他们得到的结果的精度都比较高，但由于影响 AQI 的因素多种多样，选取多少个指标、选取什么样的指标没有一个很好的定论，基本上靠人为的主观判断、选择或者一步步筛选指标，这种做法数据处理工作量大而且对相关经验知识储备要求较高。而且在多指标模型中，传统的半参数方法，如刘峰等的模型虽然提高了模型拟合的适应能力和稳健性，但难以进行外推运算，估计的收敛速度慢，光滑参数选取一般比较复杂。传统的机器学习人工智能算法，如闫妍等和李四海等的神经网络算法，虽然有很强大的非线性拟合能力和学习能力，但模型容易陷入局部最优解中，而且收敛速度一般较慢，需要加入优化算法来提高收敛速度和得到全局最优解。在李四海等的模型中加入了小波分析模型，将原有的 AQI 时间列分成不同的波段，然后与选择的气象因子进行神经网络建模，虽然能够更好地拟合序列，但它依然没有摆脱神经网络模型的缺点。针对神经网络模型易陷入局部最优解和收敛速度慢的缺点进行改进的算法模型，如张延利等的基于人工智能的动态马尔科夫预测模型，他们在神经网络模型预测的基础上建立动态马尔科夫链，在很大程度上改进了神经网络模型易陷入局部最优解的缺点，取得了不错的结果，但他们也没有加快神经网络模型的收敛速度，反而扩大了模型，使得模型更为复杂，计算工作量更大。

针对上述情况，本章采用改进的粒子群优化的支持向量机模型。

首先利用相空间重构将单维数据重构成多维的时序矩阵，能够在一定程度上扩大信息量；其次支持向量机模型实质上是一个凸二次优化问题，使得其解是全局最优解，能够有效地克服神经网络模型易陷入局部最优解的缺点；引入改进的粒子群算法能够优化支持向量机的参数，能够加快模型收敛到最优解的速度。虽然相对于加入气象因子的模型来说，精度可能没有那么高，但基于我们选取的数据来说它避免了气象因子选取的问题，克服了一般神经网络模型的缺点，能够达到不错的预测效果。

6.2 模型与案例

机器学习是一门多学科、多领域交叉的新兴学科，不仅涉及概率论、统计学、逼近论等基础学科，还涉及算法复杂度理论、程序语言实现等复杂学科。机器学习是一种学习过程，就像人类学习积累知识的过程一样，通过计算机实现人类对大自然中生物行为的研究，总结出来的归纳能力的学习过程。通过将这种学习过程应用到数据分析中，从而来获得大数据中某些未知的规律，即重新组织已有的算法结构，使之不断优化，改善自身的性能从而再对未知数据进行预测获取更加优质的结果，这也是现代人工智能计算技术的重要研究领域之一。机器学习有十分广泛的应用，如在数据挖掘、自然语言处理、生物特征识别、医学诊断、故障诊断、证券分析与机器人应用等领域都有较好的应用。

机器学习常见的算法有：C4.5 算法、Kmeans 算法、朴素贝叶斯算法、K 最近邻分类算法（KNN）、EM 最大期望算法、PageRank 算法、Apriori 算法、支持向量机算法（SVM）和 CART 分类与回归树算法等。每个算法在各自的领域都有很好的应用，本章主要选取的是统计学习中的支持向量机算法。支持向量机的基本原理是将低维空间里线性不可分的点，通过某种关系映射到高维空间内，使它们在高维空间中变得线性可分。它在解决一些样本较少或者单维数据预测问题时有其他算法难以比拟的优点，它能够将数据映射到高维空间中，利用核函数来表述数据间的复杂非线性关系，具有传统的时间序列预测方法难以具备的优势；

而且能够较好地克服一般神经网络模型容易陷入局部最优解的问题；它的决策函数只由数量较少的支持向量决定，支持向量的数目决定了支持向量机的计算复杂程度，使得计算复杂程度与样本的维数无关，可以有效地避免"维数灾难"；适用范围比较广泛，具有较好的鲁棒性，可以很好地适用于分类预测和回归预测问题中。

机器学习的一般算法模型包括三个部分，分别是：数据产生器、样本训练器和模型学习器，具体过程如图 6-1 所示。

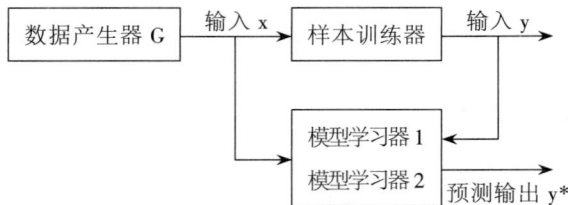

图 6-1　机器学习的一般模型图

6.2.1　统计学习与支持向量机理论

一、统计学习理论

统计学习理论是由 Vapnik 等建立起的一门系统的机器学习理论，它是一门主要研究在有限样本情况下的统计与预测等问题的机器学习规律的学科。该理论有着相对完善的理论框架，为有限样本情况下的模型识别和函数拟合等机器学习问题提供了理论支撑，改善了神经网络模型等学习方法在理论上的不足，同时也在模型识别、函数拟合等方法上发展了一种新的分类与回归方法——支持向量机。

统计学习理论的主要理论构成是以下四个方面：

（1）经验风险最小化准则下统计学习一致性的条件；

（2）在这些条件下关于统计学习方法推广性的界的结论；

（3）在这些界的基础上建立小样本归纳推理准则；

（4）实现新的准则的实际方法（算法）。

统计学习一致性是指当训练样本量足够大，趋于无限时，可以认为经验风险的最优值近似等于实际风险的最优值。在（1）~（4）四个方面中推广性的界的结论是最具指导意义的理论，与该结论有关联的一个核心概念是 VC 维。

（一）VC 维

在统计学习理论中，为了研究学习算法的推广性和收敛到最优解的速度，人们给出了一系列的指标来评价函数集的学习性能。截至目前，在这些指标中 VC 维（Vapnik-Chervonenkis Dimension）是对学习性能最好的描述指标。VC 维的基本定义如下：对于一个存在 h 个样本的函数集，如果这些样本能够被函数集中的函数按照尽可能多的形式分割开来，也即 2^h 种形式，就称该函数集的 VC 维为 h。简单地说，函数集的 VC 维就是函数集中它能够打散的最大样本数目 h。理论上说，当函数集中的样本数量任意，也存在函数能将所有样本打散，函数集的 VC 维在此时就是无穷大的。VC 维能够反映出一个函数集的学习能力，VC 维越小，则学习机器越简单，反之，则学习机器越复杂。然而令人遗憾的是，目前对于任意函数集 VC 维的计算还没有一个相对通用的理论。人们只能根据已有的经验知道一些特殊函数集的 VC 维。例如，在多维实数线性空间中，它的 VC 维比它自身的维度多 1，即如果是 N 维实数线性空间，那么它的 VC 维是 N+1；而在一些如神经网络算法等稍微复杂的学习机器中，其 VC 维的计算很是困难，因为它不仅与函数集的结构有关，还在很大程度上受学习算法本身的影响。对于任意一个学习函数集，怎样很好地计算其 VC 维仍是当前统计学习理论中有待研究的一个问题。

（二）经验风险最小化原则

在统计学习理论中，无论是分类问题，还是回归问题，都需要寻找出一个决策函数 f (x, w)，而在构建一个可行的学习算法来寻找它之前，要有一个评价标准来判定决策函数 f (x, w) 的"好坏"，由于在实际情况中，我们只能根据样本得到一些信息，事先并不知道总体的概率分布 F (x, w)，所以不能利用期望风险的大小来评价 f (x, w)。只能够利用样本训练集计算出 f (x, w) 在这些已知的样本点中的优异与偏差来逼近期望风险。所以定义经验风险如下：

$$R_{emp}(w) = \frac{1}{1} \left(\sum_{i=1}^{1} L(y_i, f(x_i, w)) \right) \tag{6.1}$$

式中：$L(y, f(x,a)) = (y - f(x,a))^2$ 表示回归的损失函数。因为这里的 $R_{emp}(w)$ 是用已经知道的样本数据（经验数据）定义的，因此，被称为经验风险。利用参数 w 求出经验风险 $R_{emp}(w)$ 的最小值来近似替代期望风险的最小值，这就是经验风险最小化原则。在机器学习方法中，虽然这种利用逼近值作替代的方法比较常见，但是这种经验风险最小化原则并没有完整的理论论证。像在神经网络学习算法中采用经验风险最小化原则容易出现"过拟和（过学习）"问题，也就是说虽然训练样本的拟合度很高，误差非常小，但是真正用于测试集或者预测集中的效果可能一般并没有训练样本那么高的精确度，这会导致方法的推广能力减弱。

在统计学习理论体系中，推广性的界具有很好的指导性，用它来衡量经验风险 $R_{emp}(w)$ 与实际风险 $R(w)$ 之间的关系。对于在函数集中的所有函数来说，经验风险与实际风险之间以大于等于 $1 - \eta$ 的概率满足如下关系：

$$R(w) \leq R_{emp}(w) + \sqrt{\frac{h(\ln(2l/h) + 1) - \ln(\eta/4)}{l}} \tag{6.2}$$

式中：l 是函数集的样本个数；h 是函数集的 VC 维。从该式可以看出：学习机器的实际风险大体上是由两部分构成：一部分是由已知样本确定的经验风险；另一部分是受函数集的 VC 维 h 和训练样本个数 l 影响的置信范围，因此可以将式子简化为：

$$R(w) \leq R_{emp}(w) + \theta(l/h) \tag{6.3}$$

公式（6.3）表明，在函数集的训练样本集中，置信范围与函数集的 VC 维呈正比，置信范围随着 VC 维增高而变大。VC 维越高，置信范围就越大，同时学习算法也越复杂，使得实际风险与经验风险两者之间存在的差别也越来越大，从而引起机器学习算法"过学习"现象的出现。为了使结果更加优越，我们需要较小的实际风险，来提高方法的推广性，这就要尽可能地减少经验风险和置信范围。而在置信范围中样本数量已经固定，我们只有缩小 VC 维来减少置信范围，从而达到减小实际风险的目的。但是从另一方面来看，如果函数集的 VC 维越小，那么训练集拟合偏离样本原始数据就越远，导致经验风险越大，因此与上面减小实际风险构成一对矛盾体。针对这一问题，研究者们提出了两套方案：（1）让置信范围恒定（选择一个适当的构造机器），使经验风险达到最小化的策略，如神经网络模型，但是如何构造学习机器才能使得置信范围最合理，神经网络模型并没有明确的理论依据；（2）让经验风险固定，使置信范围最小化，如支持向量机模型，这样的方法有更好的推广能力，而且有比较完整的理论体系。

（三）结构风险最小化原则

当然为了更好地解决经验风险与置信范围之间的矛盾，一种新的策略结构风险最小化准则应运而生。该准则的内容是：首先构造一个函数集合序列，该序列由函数集的众多子集构成，分别计算这些子集各自的VC维，并按照其大小进行排列；其次在这些函数子集里面分别求出各自最小的经验风险；最后在众多子集间折中考虑置信范围和经验风险的大小，取得最小的实际风险值。如图6-2所示。

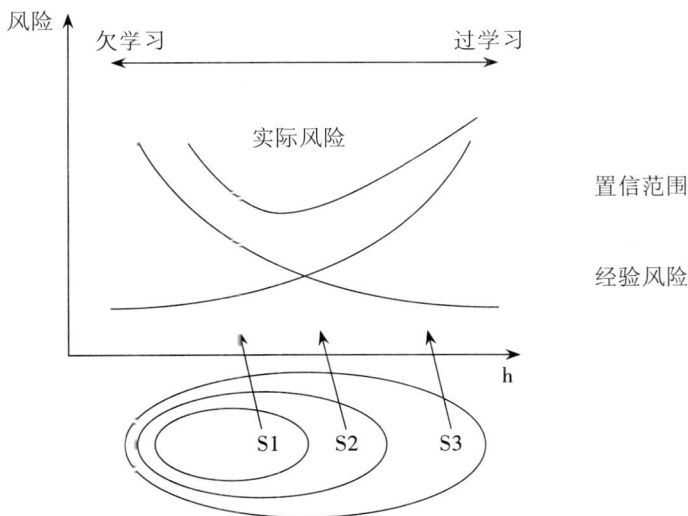

图 6-2　结构风险最小化示意图

在图6-2中，函数子集：S1⊂S2⊂S3。X轴为VC维，在VC维逐渐增大时经验风险逐渐变小，但实际风险先减小后增大，因此我们只需要找到一个合适的VC维与经验风险使得实际风险达到最小。基本上也是两种算法思路：其一在函数集序列中求出每个子集对应的最小经验风险，然后在这些子集中选出经验风险和置信范围二者之和达到最小的子集；其二优化函数集的算法结构，使得函数集序列中的每一个子集都能取到最小的经验风险，然后选择置信范围最小的子集，则这个函数子集使得经验风险最小化的函数就是总体最优函数。支持向量机算法就是对结构风险最小化准则很好的体现。

二、支持向量机理论

支持向量机（Support Vector Machine，简称 SVM）是由 Vapnik 带领的 AT&T Bell 实验室研究小组于 1995 年首次提出的一种全新的极具潜力的机器学习算法，初期的目的是解决分类和识别等问题，随着统计学习理论的不断完善和神经网络模型等新兴机器学习算法的一些缺点的凸显，如怎样确定网络结构问题、过学习问题和局部极小点问题等，使得支持向量机迅速发展壮大起来，并不断完善，在解决小样本、非线性、高维等分类识别问题中表现出其独有的优势，并且能够很好地推广应用到回归拟合与估计等问题中去。支持向量机从分类机拓展到回归机，并在很多领域获得相当理想的应用。如在模型识别、时间序列预测、函数回归与逼近、数据挖掘等领域都得到广泛的应用；在医学方面进行疾病诊断、疫情预测、药理分析等；在工程学方面做一些故障诊断与预测等；在金融经济学中的时间序列预测等学科发展与应用中均有良好的表现和推广能力，正在成为一种继神经网络研究之后新的机器学习研究热点。

（一）支持向量机的基本思想

支持向量机的主要思想是针对二分类问题，寻找一个超平面作为两类训练样本点的分割平面，以保证最小的分类错误率。在线性可分的情况下，存在一个或者多个超平面，使得训练样本点可以完全分割开来，SVM 的目的就是找到其中的最优超平面。所谓的最优超平面就是将两类样本点正确地分割开来，且使得分割间隔最大的超平面，如图 6-3 所示。当然，在大部分情况下，我们要划分的样本点在低维线性情况下是线性不可分的，对于这些线性不可分的情况，通过引入核函数将低维平面线性不可分的样本点映射到高维空间中，使其达到线性可分，如图 6-4 所示。SVM 具有严谨完善的理论基础，其基本思想是在有限样本的情况下，基于结构风险最小化原则获取理想的最优结果，优于基于经验风险最小化原则的一般神经网络算法；该算法是凸二次优化问题，能够确保找到的最优解具有全局最优属性，避免陷入局部最优解中；将实际问题通过非线性映射到高维空间中，在高维空间里面构造线性决策函数来实现原始空间中的非线性决策函数，巧妙地解决了维数问题，并且有较好的推广能力，而且算法复杂程度与样本的维数没有关系。总的来说，就是能够较好地解决小样本、非线性、高维数样本的实际问题。

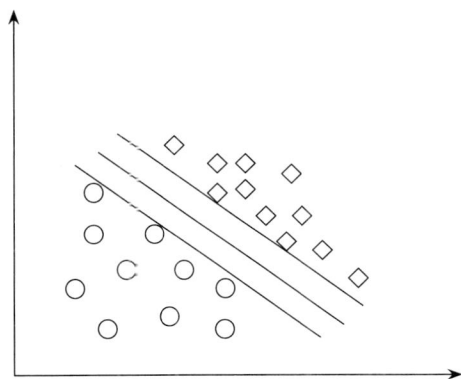

图 6-3　线性可分图

在图 6-3 中三条直线都是这些样本点的分割超平面，两个切面的中间等距离的直线就是这些样本点的最优超平面。

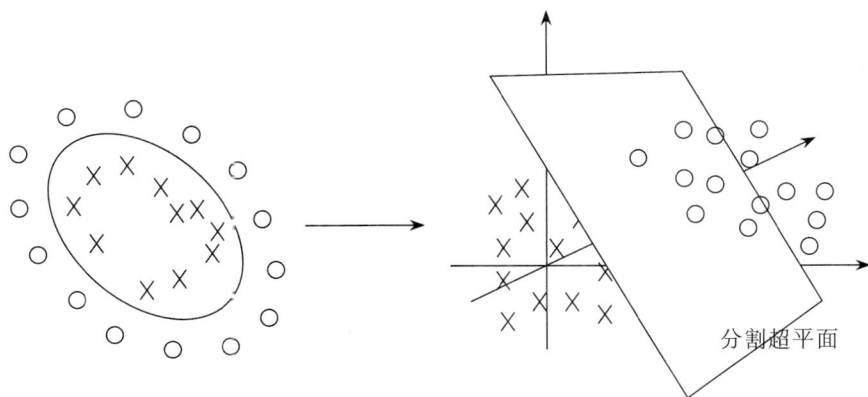

图 6-4　低维线性不可分图

从图 6-4 中可以看出，在二维平面中没有办法对两类样本点进行线性分割，但将这些样本点映射到三维空间中，我们可以很轻易地找出对两类样本点进行分割的超平面。

（二）支持向量机回归算法

随着支持向量机在分类问题中得到较好的应用，广大研究者将该方法逐步扩展到回归问题中，从而发展出支持向量回归机模型。引入损失函数将 SVM 应用于解决回归问题就称之为支持向量回归（Support Vector Regression）。支持向量回归的基本思想与分类机的思想类同，也是按照一定规则（一个非线性函数）将样本点数据集映射到高维线性空间中，基于结构风险最小化原则，在高维空间中构造回归估计函数，求解出全局最优解。具体算法如下：

给定训练数据 (x_1, y_1)，(x_2, y_2)，$\cdots$，(x_l, y_l)，$x_i \in R^n$，$y \in R$，其中：x_i 是一个向量，它作为输入向量；y_i 作为对应的输出值；l 为样本个数。输入向量通过一个非线性映射关系 ϕ 映射到高维空间 F 中，在这个高维空间中进行线性回归，即：

$$f(x) = w^T \cdot \phi(x) + b, w \in R^n \tag{6.4}$$

其中：w 为超平面的权值，它是一个向量；b 为偏置向量。

再引入结构风险函数：

$$R_{reg} = \frac{1}{2}\|w\|^2 + C \cdot R_{emp}^{\varepsilon}[f] \tag{6.5}$$

式中：$\|w\|^2$ 作为一个控制着函数 $f(x)$ 复杂度的项；C 为预先给定的常数，它的作用是调节经验风险和置信范围之间的关系，取两者之间的折中，它控制着对超出样本的惩罚程度，也称为惩罚参数；ε 是一个残差项，该定义来自于 Vapnik 提出的 ε-不敏感损失函数（ε-insensitive cost function）。

ε-不敏感损失函数表示为：

$$L(y, \hat{f}(x,w)) = \left|y - \hat{f}(x,w)\right|_{\varepsilon}$$
$$= \begin{cases} 0, & \left|y_i - \hat{f}(x_i,w)\right| < \varepsilon \\ \left|y_i - \hat{f}(x_i,w)\right| - \varepsilon, & else \end{cases} \tag{6.6}$$

式中：ε 称为不敏感系数。

设线性模型：$\hat{f}(x) = w \cdot x + b$，在拟合误差允许范围内，引入松弛因子 $\xi_i \geq 0$ 和 $\xi_i^* \geq 0$。对于已知的训练样本集 $(x_i, y_i), x \in R^d, i = 1, 2, \cdots, d$，

用松弛因子替换后的 ε-不敏感支持向量回归机可以表示为：

$$\min\left(\frac{1}{2} <w \cdot w> +C\sum_{i=1}^{n}(\xi_i + \overset{\leftrightarrow}{\xi})\right)$$

$$\begin{aligned}
st \quad & y_i - <w \cdot w> +b \leq \varepsilon + \xi_i \\
& <w \cdot w> -y_i + b \leq \varepsilon + \xi_i^* \\
& \xi_i \geq 0, i = 1, 2, \cdots, n \\
& \xi_i^* \geq 0, i = 1, 2, \cdots, n
\end{aligned}$$

(6.7)

式中：C 是给定的，用来控制模型的经验风险和置信范围之间的折中值，其值影响模型的复杂性和稳定性。C 过小，训练误差就会变大，预测效果就会变差；C 过大，则对原始数据的拟合效果很好，相应地，学习精度很高，但模型的泛化能力会变差，因此需要合理地选定 C 值。ε 用来控制回归拟合值与实际值误差范围宽度的大小，从而控制支持向量的个数和模型的泛化能力，支持向量的个数随着 ε 的增大而减小，相应地，模型的精度也随之降低。随着 ε 值的增加，可能导致模型趋于简单，学习精度达不到预期值，不能获取较好的预测效果，因此，ε 值不能太大。但 ε 值过小的话，会导致模型过于复杂，学习精度虽然提升上去了，模型的推广能力却下降了，因此也需要合理地选取 ε 值。

由上面的公式可知，支持向量回归实际上就是在一定约束条件下求解一个全局最优解的优化问题：

$$\min\left(\frac{1}{2} <w \cdot w> +C\sum_{i=1}^{n}(\xi_i + \xi_i^*)\right)$$

(6.8)

它的约束条件为：

$$\begin{aligned}
& y_i - <w \cdot w> +b \leq \varepsilon + \xi_i \\
& <w \cdot w> -y_i + b \leq \varepsilon + \xi_i^* \\
& \xi_i \geq 0, i = 1, 2, \cdots, n \\
& \xi_i^* \geq 0, i = 1, 2, \cdots, n
\end{aligned}$$

(6.9)

利用对偶原理简化模型，该优化问题能够转变成相应的拉格朗日函数：

$$\begin{aligned}
L = &\frac{1}{2} <w \cdot w> +C\sum_{i=1}^{n}(\xi_i + \xi^*) - \sum_{i=1}^{n}a_i(\xi_i + \varepsilon - y_i + w \cdot x_i + b) - \\
&\sum_{i=1}^{n}a_i^*(\xi_i^* + \varepsilon + y_i - w \cdot x - b) - \sum_{i=1}^{n}(\eta_i\xi_i - \eta_i^*\xi_i^*)
\end{aligned}$$

(6.10)

式中：$a_i, a_i^*, \eta_i, \eta_i^* > 0$，为拉格朗日乘子，并且满足下面等式和约束条件：

$$\begin{cases} \sum_{i=1}^{n} (a_i - a_i^*) = 0 \\ 0 \leqslant a_i, a_i^* \leqslant C, i = 1, 2, \cdots, n \end{cases} \tag{6.11}$$

非线性的回归问题的最优解可以通过求解结构风险最小化的公式（6.8）的对偶问题来获取：

$$Q(a, a^*) = \frac{1}{2} \sum_{i=1, j=1}^{n} (a_i - a_i^*)(a_j - a_j^*) < x_i \cdot x_j > - \sum_{i=1}^{n} y_i (a_i - a_i^*) + \varepsilon \sum_{i=1}^{n} (a_i + a_i^*)$$

$$st \sum (a_i - a_i^*) = 0 \tag{6.12}$$

$$0 \leqslant a_i, a_i^* \leqslant C, i = 1, 2, \cdots, n$$

将公式（6.12）改写为矩阵形式如下：

$$\min \left(\frac{1}{2} \left[a^T, (a^*)^T \right] \begin{bmatrix} Q & -Q \\ -Q & Q \end{bmatrix} \begin{bmatrix} a \\ a^* \end{bmatrix} + \left[\varepsilon e^T + y^T, \varepsilon e^T - y^T \right] \begin{bmatrix} a \\ a^* \end{bmatrix} \right)$$

$$st \begin{cases} \left[e^T, -e^T \right] \begin{bmatrix} a \\ a^* \end{bmatrix} = 0 \\ 0 \leqslant a, a^* \leqslant C \end{cases} \tag{6.13}$$

其中：$Q_{ij} = (x_i \cdot x_j), e = [1, 1, \cdots, 1]^T$，求解得到：

$$w = \sum_{i=1}^{m} (a_i - a_i^*) x_i \tag{6.14}$$

根据 KKT 条件，在最优解处，必然有以下式子成立：

$$\begin{cases} a_i(\varepsilon + \xi_i - y_i + w \cdot x + b) = 0 \\ a_i^*(\varepsilon + \xi_i^* + y_i - w \cdot x - b) = 0 \end{cases} \tag{6.15}$$

$$\begin{cases} (C - a_i)\xi_i = 0 \\ (C - a_i^*)\xi_i^* = 0 \end{cases} \tag{6.16}$$

由上式可知，那些位于不敏感区域内部的样本点，它们对应的 a_i 和 a_i^* 都等于 0。而在不敏感区域边界或者外面的样本，即与 $a_i \neq 0$ 和 $a_i^* \neq 0$ 相对应的样本点 x_i，都称为样本空间的支持向量。支持向量的集合记为 S，则有：

$$w = \sum_{i=1}^{m} (a_i - a_i^*) x_i = \sum_{i \in S} (a_i - a_i^*) x_i \tag{6.17}$$

代入 $\hat{f}(x) = w \cdot x + b$，得到回归函数：

$$f(x) = \sum_{S} (a_i - a_i^*) < x_i \cdot x > + b \tag{6.18}$$

对于非线性的回归问题，支持向量回归机的优势就在于引入了核函数替代非线性的映射关系 $\phi(x)$，将输入变量从低维空间映射到高维的 Hilbert 空间中，然后在该高维空间中进行回归函数的求解。支持向量机引入内积核函数对这种难以计算的非线性映射关系 $\phi(x)$ 进行巧妙的转换的做法，能够有效地提高计算效率。因为在利用核函数进行空间映射变换的过程中，不需要我们求解出确切的非线性变换形式，只需定义内积运算的形式，所以使得计算复杂度和高维特征空间的维数无关，克服了可能存在的"维数灾难"问题，大大降低了计算的复杂度。

假设非线性模型为：

$$\hat{f}(x) = w^T \cdot \phi(x) + b \tag{6.19}$$

则它的目标函数就变为如下优化函数：

$$\min \frac{1}{2} \sum_{i=1,j=1}^{n} (a_i - a_i^*)(a_j - a_j^*) < \phi(x_i) \cdot \phi(x_j) > + \sum_{i=1}^{n} a_i(\varepsilon - y_i) - \sum_{i=1}^{n} a_i^*(\varepsilon + y_i)$$
$$st \sum (a_i - a_i^*) = 0 \tag{6.20}$$
$$0 \leqslant a_i, a_i^* \leqslant C, i = 1, 2, \cdots, n$$

求解得到：

$$w = \sum_{i=1}^{m} (a_i - a_i^*) \phi(x_i) \tag{6.21}$$

在非线性回归问题中引入核函数，设核函数 $K(x, x')$ 代替如下变换：

$$K(x, x') = < \phi(x) \cdot \phi(x') > \tag{6.22}$$

根据核函数的定义，引入核函数 $K(x, x')$ 能实现样本点的低维非线性变换映射到高维特征空间内的线性变换，这样，支持向量机模型就能有效地处理非线性问题。将核函数替换后得到最后的非线性回归方程：

$$f(x) = \sum_{s} (a_i - a_i^*) K(x_i \cdot x) + b \tag{6.23}$$

综上所述，支持向量回归机就是转变维数空间，低维映射到高维求解回归函数的过程。其核心是利用核函数的内积运算代替复杂的映射关系，将低维的输入变量空间变换到高维空间，并在高维空间中进行求解的学习过程。在形式上与神经网络模型较为类似，输出的是经过变化得来的中间节点的线性组合，这些中间节点代表着 SVM 的支持向量。其过程如图 6-5 所示：

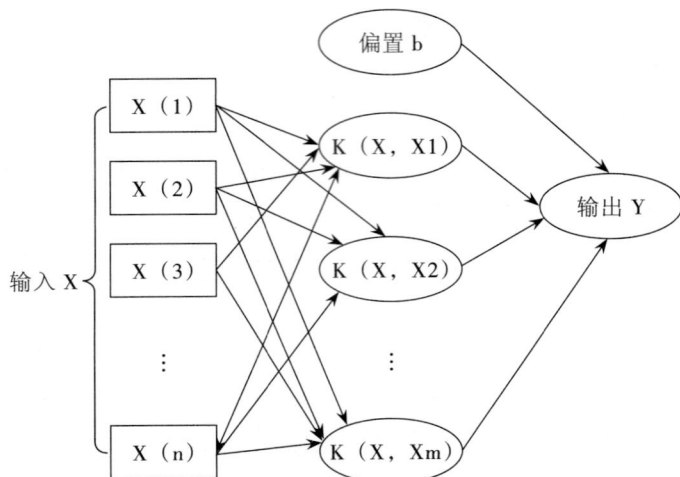

图 6-5　支持向量机的体系结构图

（三）核函数

从上面我们也可以看出，核函数是某个对应特征空间中的内积运算。一般说来满足 Mercer 定理的函数都可称为核函数。当然 Mercer 定理只是核函数的一个充分条件，即便有些函数不满足 Mercer 定理也可能是核函数。所谓 Mercer 定理就是指任何一个函数只要它是半正定的就可以作为一个核函数。

在支持向量机算法中，核函数的影响力很大，不同的核函数对应着不同的映射法则，也即不同的支持向量机算法，截至目前，最为常用的核函数主要有四种：

（1）线性核函数

$$K(x, x_i) = x^T x_i \tag{6.24}$$

（2）多项式核函数

$$K(x, x_i) = (x^T x_i + r)^p \tag{6.25}$$

（3）径向基核函数（高斯核函数）

$$K(x, x_i) = \exp\left(-\frac{\|x, x_i\|^2}{2\sigma^2}\right) \tag{6.26}$$

（4）多层感知机核函数（Sigmoid 函数也称为神经网络核函数）

$$K(x, x_i) = \tanh(\gamma x^T x_i + r), \gamma > 0, r < 0 \tag{6.27}$$

线性核函数得到简单的线性关系；多项式核函数得到的是一个关于支

持向量的 P 阶多项式；径向基核函数得到的是 Gauss 径向基核，它的中心对应的是支持向量，支持向量个数以及线性组合的权值都是由算法学习过程中自动生成的，这与传统的 RBF 方法有着明显的区别；多层感知机核函数不是一个正定核，不满足 Mercer 定理但它仍是一个很实用的核函数，类似于神经网络，它包含一个隐含的多层感知器，在支持向量机中通过学习过程自动确定隐节点的个数，对比神经网络人工确定隐节点个数的算法有很大的优势，解决了神经网络方法容易陷入局部最优解的问题。

前人的研究发现，识别率最高、性能最优的是径向基核函数，其次是多项式核函数，而最差的是多层感知机核函数。而且，我们也可以从几个核函数的公式中看出：线性核函数相当于径向基核函数的一个特例，因此一般不考虑线性核函数；对比于多项式核函数，径向基核函数的参数要少很多，使得计算相对简单。因此，本章选取的支持向量机的核函数为径向基核函数。

6.2.2　R 语言中的支持向量机与预测评价方法

一、R 语言中的支持向量机的应用

R 软件是一个跨越众多学科、工程统计的庞大系统，是目前世界上最流行的统计软件之一。R 软件在众多统计软件中有着很强大的优势，首先，它是完全免费（开源）的；其次，它是一个全面的统计研究平台，能够提供各种各样的数据分析技术，而且它是一个可进行交互式数据分析和探索的强大平台，能用一种简单而直接的方式编写的新的统计方法。

在 R 语言中，用来支持向量机建模和分析的包，主要是 e1071 包。核心函数式 svm（　）函数和 predict（　）函数。主要利用 svm 函数对训练集进行建模，predict 函数利用已建立的模型对测试集进行预测。

支持向量回归机的主要用法：

model<-svm（trainx，triany，type=NULL，kernel="radial"，cost=1，gamma=1，epsilon=0.1）

pred<-predict（model，tesx）

关于支持向量回归机的参数优化也主要是对惩罚参数 cost（R 语言中默认为 1），核宽度 gamma（R 语言中默认为 1/dim 即样本维数的倒数）以及 ε-不敏感损失系数（R 语言中默认为 0.1）。type 是指建立支持向量机的模型，通常可分为分类模型、回归模型或者异常检测模型，在回归模型中默认的是 eps-regression。kernel 参数是指模型选择的核函数，在回归机模型中默认的是径向基核函数（也称高斯核函数）。

二、预测评价方法

预测必然与实际结果存在一定误差，预测误差值的大小反映预测效果的好坏，预测误差越大，则模型预测的效果越不理想，预测误差越小，则说明模型的预测精准度越高、预测效果越理想。而预测效果评定方法和指标有很多，现在没有一个统一的标准，常见的主要有均方误差和平均绝对百分比误差。本章利用的模型预测效果评定的指标为均方误差、平均绝对百分比误差和相对精度。

均方误差：

$$\mathrm{MSE} = \frac{1}{n} \sum_{t=1}^{n} (y_t - \hat{y}_t)^2 \tag{6.28}$$

平均绝对百分比误差：

$$\mathrm{MAPE} = \frac{1}{n} \sum_{t=1}^{n} \left| \frac{y_t - \hat{y}_t}{y_t} \right| \times 100\% \tag{6.29}$$

相对精度：

$$\mathrm{ACC} = 1 - \frac{1}{n} \sum_{t=1}^{n} \left| \frac{y_t - \hat{y}_t}{y_t} \right| \tag{6.30}$$

式中：y_t、$\hat{y}_t$ 分别表示 t 时刻的实际值和预测值；n 为预测期的长度。

6.2.3 支持向量机的实际应用案例

一、数据的选取

本章的数据来源于中华人民共和国环境保护部的数据中心，选取空气质量循环较快的沿海城市作为研究对象，选用大连、上海、广州和深圳四个沿海城市，分别作为北方、中部和南方沿海地区的代表性城市，在地域上具有一定的全面性和代表性。本章数据的时间段为 2017 年 1 月 1 日到 2017 年 4 月 23 日。

二、时间序列相空间重构与嵌入维度选择

由于采用的是单维的时间序列，因此在进行支持向量机回归之前需要对时间序列进行相空间重构，将单维的时间序列变成时序矩阵，从而能够较好地获得时间序列数据之间的关联关系，使得时间序列在数据挖掘时可以获得更好的结果。也可以说是转换为适于支持向量回归机建模的数据模式，以便于我们进行时间序列的支持向量机回归建模。当然，嵌入维数是多少时合适并没有严格意义上的理论依据，我们这里选用支持向量机的预测结果的相对精度和均方误差来衡量合适的嵌入维度（主要按照相对精度来进行选择）。

我们了解到沿海城市的空气质量具有较快的循环能力，即在不考虑突发环境状况的情况下，空气质量变化的影响一般并不能持续很久，而且随着天数的增多，这种影响逐渐减弱，当达到某一个值时，再往前一些天对该天的空气质量的影响微乎其微，认为是不再产生影响。

设当天的空气质量指数为 X_t，对当天空气质量有一定影响的前 d 天的空气质量指数集合为 $\{X_{t-d}, X_{t-d+1}, \cdots, X_{t-1}\}$。利用 $\{X_{t-d}, X_{t-d+1}, \cdots, X_{t-1}\}$ 来预测 X_t，在支持向量回归机中，就是寻求某种映射关系，使得模型能够很好地拟合实际数据，并具有很好的适用性。

在嵌入维度的选择中我们选择了嵌入维度从 d=3 开始一直到 d=12。并用 R 语言编制的函数对沿海的四个典型城市进行检验，其嵌入维度和预测的效果见表 6-1 至表 6-4。

表 6-1　　　　　　　　**大连市嵌入维度的效果分析表**

大连市	均方误差 MSE	相对精度 ACC
d=3	249.0707	0.898127
d=4	326.6374	0.847793
d=5	216.6126	0.869116
d=6	190.5564	0.879147
d=7	193.9565	0.863747
d=8	198.1806	0.863350
d=9	189.8546	0.862263
d=10	177.1658	0.875709
d=11	155.0792	0.889205
d=12	141.1871	0.890254

从表 6-1 可知，在大连市的空气质量指数日监测数据中，在不同嵌入维度下，均方误差和相对精度随着嵌入维度的增加呈现波动性的变化。在嵌入维度 d=9 以后，虽然随着嵌入维度的增大预测效果逐渐变好（均方误差下降和相对精度上升），但是考虑到嵌入维度不能过大（滞后期过长造成的影响极其微弱），而且在 d=3 到 d=12，支持向量回归机的预测的均方误差（MSE）相差比较小，相对精度也较为稳定，都在 84% 以上。当嵌入维度为 3 时，支持向量回归机模型预测的相对精度最大，达到 89.81%。因此，在后面的参数优化模型里，针对大连市的数据分析我们选取的嵌入维度是 3。

表 6-2　　　　　　　　上海市嵌入维度的效果分析表

上海市	均方误差 MSE	相对精度 ACC
d=3	534.5252	0.854331
d=4	305.9254	0.877495
d=5	179.4746	0.895147
d=6	177.4040	0.926916
d=7	168.1328	0.919228
d=8	217.4980	0.894936
d=9	131.4997	0.900328
d=10	274.7445	0.863669
d=11	309.5314	0.852958
d=12	499.8131	0.821563

从表 6-2 可知，在上海市的空气质量指数日监测数据中，在不同嵌入维度下，支持向量回归机预测的均方误差（MSE）相差较大；相对精度也没有那么稳定，在 82% ~ 92% 波动。当嵌入维度为 6 时，支持向量回归机模型预测的相对精度最大，达到 92.69%，均方误差为

177.404。当嵌入维度为9时，相对精度为90.03%，均方误差达到最小，为131.4997，综合考虑，我们选取预测相对精度较高的嵌入维度。因此，在后面的参数优化模型里，针对上海市的数据分析我们选取的嵌入维度是6。

表6-3   广州市嵌入维度的效果分析表

广州市	均方误差 MSE	相对精度 ACC
d=3	497.7426	0.81463
d=4	651.0919	0.729817
d=5	959.7050	0.664970
d=6	952.1668	0.659880
d=7	915.1896	0.679096
d=8	900.2396	0.679918
d=9	954.4394	0.677840
d=10	989.3424	0.673303
d=11	1 064.0080	0.650039
d=12	1 158.3840	0.642152

从表6-3可知，在广州市的空气质量指数日监测数据中，在不同嵌入维度下，支持向量回归机预测的均方误差（MSE）相差较大，而且对比前两个沿海城市，它的均方误差较大；相对精度也没有那么稳定，而且值也相对较低，在64%～81%波动。我们发现，预测效果并不是很理想。这也与该市的空气质量指数的随机波动剧烈有很大关系，导致我们进行单侧时间序列预测的结果并不精确。当嵌入维度为3时，支持向量回归机模型预测均方误差最小，为497.7426，相对精度达到最大，为81.46%。因此，在后面的参数优化改进模型里，针对广州市的数据分析我们选取的嵌入维度是3。

表 6-4   **深圳市嵌入维度的效果分析表**

深圳市	均方误差 MSE	相对精度 ACC
d=3	62.89964	0.904122
d=4	58.13620	0.918975
d=5	66.26731	0.903516
d=6	76.41631	0.915702
d=7	84.69707	0.899639
d=8	140.13720	0.855484
d=9	163.57280	0.837201
d=10	165.25990	0.842224
d=11	164.84590	0.842035
d=12	181.44470	0.831115

从表 6-4 可知，在深圳市的空气质量指数日监测数据中，在不同嵌入维度下，支持向量回归机预测的均方误差（MSE）相差很小，而且对比前三个沿海城市，它的均方误差最小；相对精度也比较稳定，在 85%～92% 波动。当嵌入维度为 4 时，支持向量回归机模型预测的相对精度最大，达到 91.89%，此时的均方误差也最小，仅有 58.1362。因此，在后面的参数优化改进模型里，针对深圳市的数据分析我们选取的嵌入维度是 4。

综上所述，四个沿海城市最后嵌入维度的选择结果见表 6-5。

表 6-5   **四个沿海城市嵌入维度选择表**

城市	嵌入维度 d	均方误差 MSE	相对精度 ACC
大连市	3	249.0707	0.898127
上海市	6	177.4040	0.926916
广州市	3	497.7426	0.814630
深圳市	4	58.1362	0.918975

6.3 AQI 指数预测模型与案例

对原始数列进行空间重构以后，由于各个城市的嵌入维度不同导致最后的时序矩阵的维数并不相同，因此为了便于说明，我们都选择最后 10 期的数据作为测试集，前面所有的集合作为训练集。

在嵌入维度和测试集选定后，我们可以对模型进行参数优化选择，对于径向基核函数的支持向量回归机算法，要选择的参数有三个：惩罚参数、核宽度和损失函数。这三个参数对于模型的预测有很大程度的影响，因此在支持向量回归机中必须选取合适的参数才能得到最优的结果。

6.3.1 支持向量回归机中的参数介绍

一、惩罚参数

惩罚参数（在 R 语言中为 cost 参数）的作用是在样本子集中调节学习算法中经验风险和置信范围的比例，使得模型能够获得更好的精确性和推广能力。在确定的样本子集空间里，惩罚参数值增大，模型的复杂程度增大，回归拟合的程度增高，相应地，推广能力会降低，存在至少一个临界值使得模型的复杂度尚好，而且能得到很好的推广能力。然而到目前为止，还没有一个统一的方法来确定惩罚参数的最佳取值。

二、损失函数参数

损失函数参数（在 R 语言中为 epsilon 参数）控制着回归函数对样本数据点的逼近误差管道宽度的大小，从而达到控制样本集支持向量的个数和模型泛化能力的目的。它的值增大，支持向量随之减少，导致模型复杂度减低和学习精度降低。其值过小的话，回归精度会变得较高，但是会导致模型过于复杂化，得不到很好的推广能力。综合考虑回归拟合精度和泛化能力，它的取值范围一般在 0.0001 ~ 0.1。

三、核宽度参数

核宽度参数（在 R 语言中为 gamma 参数）反映支持向量之间的相关程度。核宽度很小时，支持向量之间的相关性较弱，导致学习相对复杂，推广能力弱。但当它太大时，支持向量之间联系过强，支持向量回归模型难以达到理想的精度。

6.3.2　交叉验证算法与实例验证

在支持向量回归机的参数选取中，相对简单的模型中通常不考虑损失参数，即只考虑惩罚参数 C 和核宽度参数 g，这类方法中常用的有试凑法、交叉验证法等。考虑的两个参数（惩罚参数 C 和核宽度参数 g）一般情况下均在 2^{-10} 到 2^{10} 之间选取。这里的交叉验证法就是网格搜索，即让两参数在 $[2^{-10}, 2^{-8}, \cdots, 2^8, 2^{10}]$ 范围内进行交叉验证，对参数对（C，g）进行粗略的选取。这种方法简单易行，而且相对结果的预测效果也较好。在不要求很高精度情况下，这种方法是一种很好的方法。基本的 R 语言程序如下：

```
mse<-matrix（0，11，11）；acc<-matrix（0，11，11）
c1<-rep（0，11）；g1<-rep（0，11）
bestmse<-0；bestacc=0
bestc=0；bestg=0
c<-c（2^（-10），2^（-8），2^（-6），2^（-4），2^（-2），2^（0），2^（2），
2^（4），2^（6），2^（8），2^（10））
for（i in 1：length（c））{
  for（j in 1：length（c））{
    svm.model<-svm（trainx，trainy，cost=c[i]，gamma=c[j]）
    svm.pred<-predict（svm.model，testx）
    mse[i，j] <-（sum（（svm.pred-testy）^2））/n
    acc[i，j] <-1-sum（（abs（svm.pred-testy））/testy）/n
    if（acc[i，j] >bestacc）{
      bestacc<-acc[i，j]
      bestc<-c[i]
      bestg<-c[j]
    }
  }
}
```

经过简单的网格搜索可知，各个沿海城市的最优参数对（C，g）。具体见表 6-6。

表 6-6 不同城市的最优参数对表

城市	最优参数对（C，g）	MSE	Acc
大连市	（16，0 015625）	223.6441	0.8998
上海市	（4，0.0625）	157.5822	0.9211
广州市	（1 024，0.0039）	305.8006	0.8789
深圳市	（256，0.0039）	34.5231	0.9366

对比表 6-5 我们可以看到，交叉验证法得到的各个城市的结果不管是均方误差还是相对精度都有一定程度上的优化。相对精度都在 87% 以上，说明该模型的拟合效果不错。在不对精度要求过高的情况下，这个结果完全可以被接受。因此采用简单的网格搜索交叉验证的方法，在一定程度上有比较好的适用性。

6.3.3 粒子群算法与实例验证

对于选用径向基核函数的支持向量机算法，常规的优化算法中要考虑的参数有三个：惩罚参数、核宽度和损失函数。这三个参数对于模型的预测有很大程度的影响，而在上面的交叉验证方法中我们为了方法的简便并没有考虑损失函数参数，虽然结果的精度有一定的提高，但是还存在一定的不足。为了改变这一不足，寻找更合理、更高效的参数优化方法对模型的参数进行优化，使得模型拟合效果和预测效果更佳成为进行时间序列预测的一个重要的研究方向。在这一方向上，众多学者做了许许多多的尝试，智能优化算法的开展给传统预测方法的缺陷提供了一类切实可行的解决方法。

一、智能优化算法

智能优化算法，又称为现代启发式算法，这些算法多是源于人类对生物活动和行为特性的研究和模拟，进而引入严谨的数学理论进行论证开发出来的。它们一般有着严密的理论依据，且具有很强的性能，这些优势主要体现在：全局优化性能、适用性强、结合其他算法的并行处理等方面。比较常用的智能优化算法有：蚁群算法、模拟退火算法、禁忌搜索算法、遗传算法、粒子群算法和布谷鸟算法等。这些算法都有一些相同的特点：在开始时，给出一组任意的初始解，并从该初始解出发按照某种机制，以一定的概率在求解空间中探寻最优解，并且能把探索空间扩展到整个问题空间中，从而具有全局最优化性能。本章选取的是粒子群优化算法。

二、粒子群优化算法

粒子群优化算法（Particle Swarm Optimization，记为 PSO）于1995 出现，是由 Kenney 博士和 Eberhart 博士从鸟群捕食这种生物种群行为习性中获得启发，开发出的一种基于群体智能理论的全局优化算法。

相关研究者们发现，在鸟群捕食的过程中，虽然鸟儿会有改变飞行方向、鸟群分散开来或聚集起来等不可预测的行为，但是鸟群之中的所有鸟儿之间会保持着一种最为合适的距离，这个距离可以使它们共享个体和群体之间的经验成果，使得群体在总方向上保持一致性。对这种生物群体习性研究可以发现，群体中的信息共享理念为生物进化提供一种优化方向，这就是粒子群优化算法的来源。

粒子群优化算法是进化算法的一种，将群体中的每一个个体都看作是一个微粒，用这种微粒来表示目标问题的解，这种微粒不考虑它的体积和质量，通过这些粒子在目标环境的学习和适应过程中不断进行跳跃搜索，共享群体信息掌握其邻域其他粒子已经达到过的最优位置，来及时调整自身的飞行速度及飞行方向。在目标问题中，给定一个优化函数，根据粒子位置给出一个适应度值，通过调整飞行速度和飞行方向来使得适应度值达到最优。换一句话说就是，粒子群算法先给出一组随机粒子，每个粒子以一个初始速度飞行，飞行过程中结合自身经验和群体的共享经验，不断修正自己的飞行速度和方向，达到最优位置时停止。相当于在优化问题的解空间中不断进行迭代，从而找到最优解。

设群体的规模为 N，把每一个粒子当做目标空间中的一个点，第 i

个粒子的位置表示为 $x_i = (x_{i1}, x_{i2}, \cdots, x_{id})^T$（设定总体有 d 个属性），它的速度设定为 $v_i = (v_{i1}, v_{i2}, \cdots, v_{id})^T$，个体极值记为 $p_i = (p_{i1}, p_{i2}, \cdots, p_{id})^T$，个体极值看做个体自身的飞行经验。群体极值表示为 $p_g = (p_{g1}, p_{g2}, \cdots, p_{gd})^T$，可以看做群体最优值，是群体飞行经验。然后，粒子会根据自身经验和群体经验决定下一步的运动轨迹。更新第 k + 1 次迭代后的粒边际子位置和速度：

$$v_{ih}^{k+1} = v_{ih}^k + c_1 \times r_1 \times (p_{ih} - x_{ih}^k) + c_2 \times r_2 \times (p_{gh} - x_{ih}^k) \tag{6.31}$$

$$x_{ih}^{k+1} = x_{ih}^k + v_{ih}^{k+1} \tag{6.32}$$

式中：$i = 1, 2, \cdots, n$，n 为粒子群中总的粒子个数；$h = 1, 2, \cdots, d$，d 表示自变量的个数；v_{ih}^k 表示第 i 个粒子在 h 维上的速度；v_{ih}^{k+1} 表示下一期调整的速度；同样地，x_{ih}^k 和 x_{ih}^{k+1} 分别表示第 i 个粒子在 h 维上的位置和下一期迭代的位置；c_1, c_2 是两个常数，称之为学习因子或者加速系数，前者表示局部学习因子，后者表示全局学习因子；r_1, r_2 是两个在（0，1）之间的随机数。

粒子群优化算法根据适应度函数求各个粒子在其位置上的适应度值，并根据适应度值的大小来评价解的品质。该算法先设定一些初始的随机解（随机位置），通过不断地迭代寻求最优解。粒子以自身个体的极值和全局极值对自己的位置进行迭代更新。根据下面的公式来更新个体极值和全局极值：

$$p_{ih}^{k+1} = \begin{cases} x_{ih}^{k+1}, & \text{if } x_{ih}^{k+1} \leq p_{ih}^k \\ p_{ih}^k, & \text{if } x_{ih}^{k+1} > p_{ih}^k \end{cases} \tag{6.33}$$

$$p_{gh}^{k+1} = \min(p_{ih}^{k+1}), i = 1, 2, \cdots, n \tag{6.34}$$

经过不断地迭代，个体最优解不断向全局最优解靠拢，最后得到全局最优解。粒子群优化算法的流程如图 6-6 所示。

粒子群优化算法有着很强的优势，当然也有一些缺点。它的优势主要表现在：设置调整的参数较少，方法简单易行；粒子有记忆性，并可以在群体中信息共享；有较强的鲁棒性，适应能力强，方便与其他算法结合来提高性能。缺点主要是粒子较多时或者初始种群个体设置不当时，由于粒子移动方向随机变化，可能导致收敛速度变慢，得不到全局最优解。

```
                    ┌──────────────┐
                    │     开始      │
                    └──────────────┘
                           ↓
              ┌──────────────────────────┐
              │ 初始解，设置粒子数目，初始位置初 │
              │        始速度              │
              └──────────────────────────┘
                           ↓
              ┌──────────────────────────┐
              │ 计算各粒子的适应度，找出当前个体 │←───┐
              │       极值和全局极值         │     │
              └──────────────────────────┘     │
                           ↓                    │
              ┌──────────────────────────┐     │
              │   计算更新的粒子的速度和位置    │     │
              └──────────────────────────┘     │
                           ↓                    │
                  ╱────────────────╲      否    │
                 ╱  是否到最大迭代次数  ╲─────────┘
                  ╲────────────────╱
                           │ 是
                           ↓
              ┌──────────────────────────┐
              │        输出最优解           │
              └──────────────────────────┘
                           ↓
                    ┌──────────────┐
                    │     结束      │
                    └──────────────┘
```

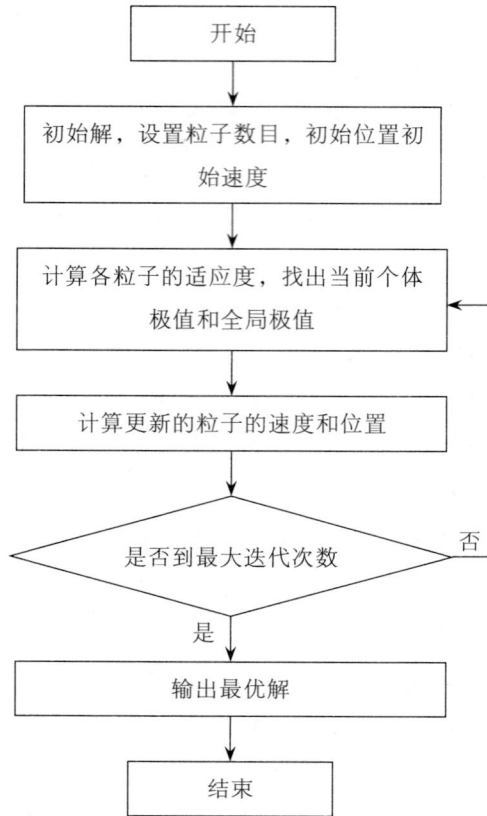

图 6-6　粒子群优化算法的流程图

　　针对这些不足，本章引入了惯性权重和收缩因子来对粒子群优化算法进行改进，这种改进的算法简记为 KPSO，它使得迭代的收敛速度加快，容易捕捉全局最优解。方法主要是对迭代速度改进，将公式（6.31）进行改进：

$$v_{ih}^{k+1} = \chi \left(w \times v_{ih}^{k} + c_1 \times r_1 \times (p_{ih} - x_{ih}^{k}) + c_2 \times r_2 \times (p_{gh} - x_{ih}^{k}) \right) \tag{6.35}$$

　　在公式（6.35）中：w 表示惯性权重；χ 表示收缩因子。

$$\chi = \frac{2}{\left| 2 - \varphi - \sqrt{\varphi^2 - 4\varphi} \right|}, \varphi = c_1 + c_2 \tag{6.36}$$

　　加入收缩因子和惯性权重的粒子群优化算法的收敛速度会大大加快，容易锁定全局最优解。

　　在 R 语言中的改进粒子群优化算法的步骤：

首先，将涉及变量的值或者形式给出：学习因子的取值范围一般在 [0，4]，这里取 1.4962。惯性权重应小于 1，收缩因子由公式（6.36）决定。粒子群的个体数取值一般在 20～40，这里取 20，迭代终止次数这里设定为 200。

其次，设定适应度函数为预测模型的平均绝对百分比误差，对此误差进行优化求最小值，也就是模型的最优解。适应度函数如下：

Myfunction<-function(x){

    mape=(sum(abs(predict(svm(trainx,trainy,cost=x[1],gamma=x[2], epsilon=x[3]),testx)-testy)/testy)))/n

mape

}

然后，对种群进行初始化，包括设定初始化粒子位置、速度，初始个体最优值以及初始全局最优值。按照公式（6.35）和公式（6.32）更新粒子的速度和位置，按照适应度值对个体最优值和全局最优值进行调整，最后得出粒子群的全局最优解。

三、实例验证

针对四个沿海地区的空气质量指数进行改进粒子群优化支持向量机建模，并对其预测效果与默认参数的支持向量回归机的预测结果进行比较。

大连市的空气质量指数经过相空间重构，按照相对精度最大化原则选择大连市的时序矩阵嵌入维度为 3，也就是说用$\{x_{i-3}、x_{i-2}、x_{i-1}\}$来预测$x_i$。对大连市后 10 期的空气质量指数进行预测，用均方误差和相对精度来评价预测效果。

其预测结果对比见表 6-7。

表 6-7 　大连市 KPSO-SVM 预测结果与 SVM 预测结果对比表

项目	均方误差（MSE）	相对精度（ACC）	惩罚参数 C	核宽度参数 g	损失函数参数 ε
SVM 预测	249.0707	0.8981271	默认	默认	默认
KPSO-SVM 预测	205.0778	0.9045086	0.87345724	0.05355682	0.12462978

从表 6-7 中可以看出，KPSO-SVM 算法的预测结果相对于 SVM 算法的预测结果在均方误差和相对精度两个方面均有优化，即均方误差减小，相对精度上升，模型的拟合效果更加优化。对后 10 期的大连市 AQI 指数预测的拟合如图 6-7 所示。

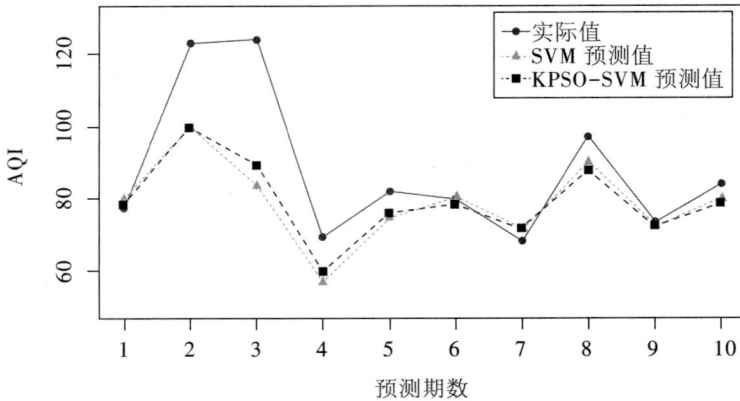

图 6-7　大连市 AQI 指数预测效果对比图

在图 6-7 中，看到在第 2 期和第 3 期，两个时段的预测偏差较大，之后的第 4 期到第 10 期的预测曲线与实际值较为贴近。这种情况也可能与我们仅选用单列的 AQI 指数时间序列进行预测有关，仅考虑指数的自身影响因素，并没有考虑到外在影响较大的气象因素等。但就时间序列预测来说，预测的相对误差在 10% 以内，说明我们的预测结果还是可以被接受的。相比于 SVM 模型，KPSO-SVM 模型的拟合预测值更贴近原始值，在一定程度上提高了拟合的精度。

上海市的空气质量指数经过相空间重构，按照相对精度最大化原则选择上海市的时序矩阵嵌入维度为 6，对上海市后 10 期的空气质量指数进行预测，用均方误差和相对精度来评价预测效果。其预测结果对比见表 6-8。

从表 6-8 中可以看出，KPSO-SVM 算法的预测结果相对于 SVM 算法的预测结果均方误差减小，相对精度有小幅的提高，从 92.69% 提高到 93.34%，两个模型的拟合效果都很好，说明在对上海市的 AQI 指数预测中，两个模型都具有较好的适用性。再观察后 10 期的上海市 AQI 指数预测值与原始值，预测的拟合情况如图 6-8 所示。

表 6-8　　上海市 KPSO-SVM 预测结果与 SVM 预测结果对比表

项目	均方误差（MSE）	相对精度（ACC）	惩罚参数 C	核宽度参数 g	损失函数参数 ε
SVM 预测	177.404	0.9269162	默认	默认	默认
KPSO-SVM 预测	124.0622	0.9334219	41.80888931	0.01508833	0.03035375

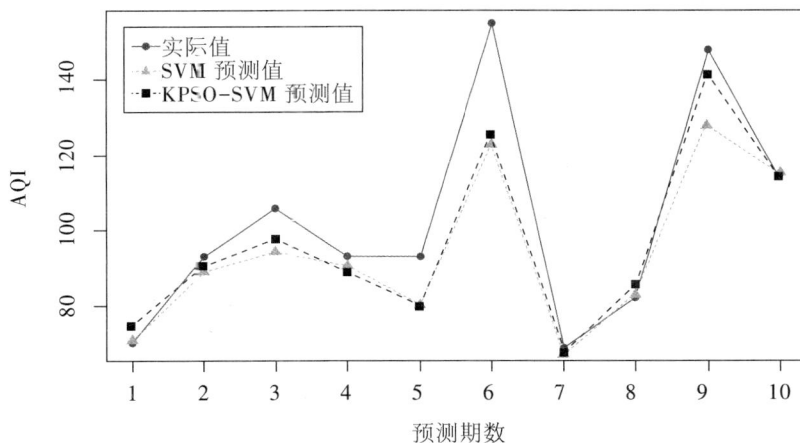

图 6-8　上海市 AQI 指数预测效果对比图

在上海市的 AQI 指数预测效果对比图中，可以看出这次的预测效果比较好，拟合的趋势与原始的趋势基本相同，而且相差也不大。带正方形的虚线（代表的是 KPSO-SVM 预测模型的拟合值）与带三角形的虚线（代表的是 SVM 预测模型的拟合值）进行对比，发现带正方形的虚线相对于带三角形的虚线来说在后几期更贴近实线代表的实际值，它的拟合逼近度更高，拟合效果更优。说明经 KPSO 优化后 SVM 模型在上海市的 AQI 指数预测中有较好的效果。

而在广州市的空气质量指数相空间重构中，按照相对精度最大化原则选择的时序矩阵嵌入维度为 3，并以此时序矩阵数据为基础，建立 KPSO-SVM 模型，对广州市后 10 期的空气质量指数进行预测，用均方误差和相对精度来评价预测效果。其预测结果对比见表 6-9。

表 6-9　广州市 KPSO-SVM 预测结果与 SVM 预测结果对比表

项目	均方误差（MSE）	相对精度（ACC）	惩罚参数 C	核宽度参数 g	损失函数参数 ε
SVM 预测	497.7426	0.8146303	默认	默认	默认
KPSO-SVM 预测	168.9235	0.8550819	220.6754	0.3557038	0.009014

从表 6-9 中可以看出，经过粒子群优化后的支持向量回归机的预测效果更好，预测的相对精度有显著的提高，达到 85% 以上，基本上可以满足预测的精度要求，并且均方误差也显著地减小了，说明模型的拟和值更加贴近实际值。

而后对后 10 期的 AQI 指数进行预测的拟合如图 6-9 所示。

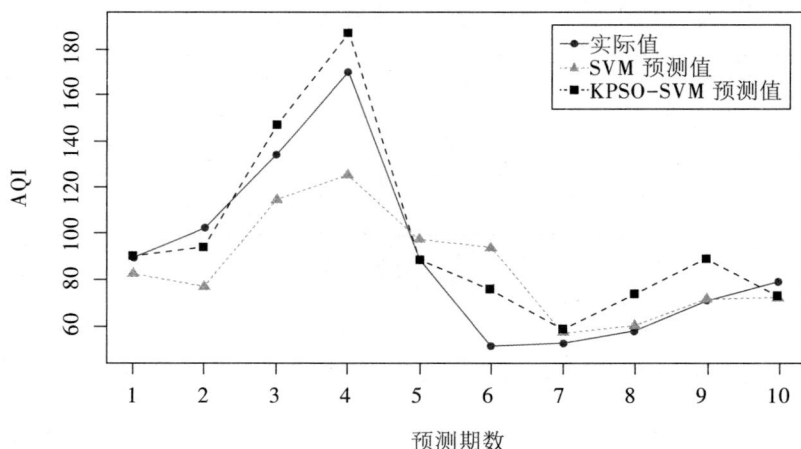

图 6-9　广州市 AQI 指数预测效果对比图

从图 6-9 中可以看出，虽然带三角形的虚线（代表的是 SVM 预测值）和带正方形的虚线（代表的是 KPSO-SVM 预测值）与实线代表的实际值在后四期相差较大，但在前几期的预测贴近效果较好。而且从总体上来看，两种拟合方法的趋势与实际值的趋势走向基本一致。经 KPSO 优化后的 SVM 模型的预测值比 SVM 模型的预测值更加贴近实际值，说明改进的模型在广州市的 AQI 指数预测中有较好的效果。

最后，在深圳市的相空间重构中，选取的嵌入维度为 4，以前四期的 AQI 指数预测第五期的 AQI 指数。对后 10 期的 AQI 指数进行预测，其预测的效果见表 6-10。

表 6-10　深圳市 KPSO-SVM 预测结果与 SVM 预测结果对比表

项目	均方误差（MSE）	相对精度（ACC）	惩罚参数 C	核宽度参数 g	损失函数参数 ε
SVM 预测	58.13620	0.9189752	默认	默认	默认
KPSO-SVM 预测	39.1504	0.9390	16.5491262	0.02361977	0.04672554

从表 6-10 中可以看出　SVM 模型对深圳市的 AQI 指数预测的精度已经很高，在 91% 以上，而且均方误差为 58.1362，在四个沿海城市的预测中是最小的，说明该模型在深圳市的 AQI 指数预测中有更好的效果。而后经过 KPSO 优化参数选择后的 SVM 模型预测精度提升为 93.9%，均方误差减少了近 20，说明经过优化后的 SVM 能够达到更好的拟合效果。

对后 10 期的 AQI 指数进行预测的拟合如图 6-10 所示。

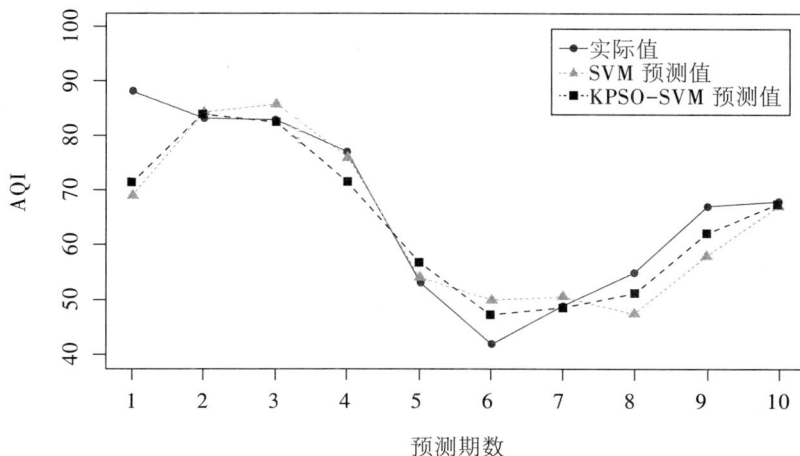

图 6-10　深圳市 AQI 指数预测效果对比图

从图 6-10 中，发现除了第一期的预测效果不是很理想外，其他期的预测值均比较贴近于实际值，当然相对于 SVM 模型的预测值来说，KPSO-SVM 的预测值与实际值的拟合效果更好，波动更加贴近实际值。说明在深圳市的 AQI 指数预测中，KPSO-SVM 模型具有更好的适用性。

四、结论分析

综合上面四个沿海城市的 AQI 指数预测结果可知，经过粒子群优化算法的支持向量机预测效果均有一定的提升，具体情况见表 6-11。

表 6-11　　SVM 和 KPSO-SVM 模型预测效果对比表

城市	均方误差			预测精度		
	SVM模型	KPSO-SVM	降低百分比	SVM模型	KPSO-SVM	提升百分比
大连市	249.0707	205.0778	17.66%	89.80%	90.40%	0.67%
上海市	177.404	124.0622	30.06%	92.70%	93.30%	0.65%
广州市	497.7426	168.9235	66.06%	81.50%	85.50%	4.91%
深圳市	58.136	39.1746	32.61%	91.90%	93.90%	2.18%

从表 6-11 中可以看出，支持向量机模型对四个沿海城市——大连市、上海市、广州市、深圳市进行 10 期的预测，其预测精度除去广州市的 81.5%，其他城市的预测精度均在 85% 以上，达到统计意义上的预测精准度，则可以认为支持向量机模型在城市 AQI 指数预测中具有较强的适用性。为了进一步提升预测的精确度，采用改进的粒子群算法对支持向量机的参数进行优化选取，利用该优化模型对四个沿海城市的 AQI 指数数据进行实证分析发现，其预测精度都有一定程度的提高，在均方误差较大的大连市和上海市，其预测精度提升较小，在 0.65% 左右；在原本预测精度稍低的广州市，其预测精度提升最多，约 4.9%，从而使广州市的预测精度也达到了预期的 85% 以上。在均方误差方面也是同样的情况，四个沿海城市的预测均方误差均减小了 15% 以上，尤其是原本均方误差较大的广州市，其均方误差下降达 60% 以上。综上信息可知，经过粒子群算法优化的支持向量机模型在沿海城市 AQI 指数预测中具有更加优异的性质，该模型的预测精度及均方误差较支持向量机模型具有更好的适用性，尤其是在原本的支持向量机模型预测效果不佳的情况下，这种模型的预测结果更具说服力。

6.4　AQI 指数组合预测模型与案例

在预测模型中，通常利用多种预测方法来建立预测模型，这些不同的方法均能在一定程度上提供一些不同的有用的信息。为了获取更好的预测结果，综合这些有用信息，建立组合预测模型不失为一个很好的方法。

组合预测的关键是对不同的预测模型选择合适的加权参数，本章选取了时间序列 ARIMA 模型和灰色预测 GM（1，1）模型以及上一节的 KPSO-SVM 模型进行组合预测，利用遗传算法对最优线性组合预测模型的权重参数进行选择。

6.4.1　AQI 指数预测的 ARIMA 模型

ARIMA 模型，全称为求和自回归移动平均模型（autoregressive integrated moving average），简记为 ARIMA（p，d，q）模型。它是一种很常见且实用的时间序列预测方法，是由 Box 和 Jenkins 于 20 世纪 70 年代初提出的。ARIMA 模型处理的是非平稳的时间序列，它是在 ARMA 模型上多了一步，即对原始时间序列数据进行 d 阶差分，得到平稳的时间序列，然后在比基础上进行移动平均和自回归。

一、自回归模型

假定时间序列为 $\{x_1, x_2, \cdots, x_t, \cdots, x_n\}$，$x_t$ 与前一个或者前几个时刻的时间序列观测值 $x_{t-1}, x_{t-2}, \cdots, x_{t-p}$ 有关，可建立线性自回归模型 AR（P）：

$$x_t = \varphi_1 x_{t-1} + \varphi_2 x_{t-2} + \cdots + \varphi_p x_{t-p} + \alpha_t \tag{6.37}$$

式中：$\varphi_i(1 \leq i \leq p)$ 称为自回归系数；α_t 表示残差项，且满足以下条件：

（1）零均值；

（2）相互独立且同方差；

（3）服从 $N(0, \sigma^2)$ 的正态分布；

（4）α_t 与 $x_{t-k}(0 < k < t)$ 互不相关。

利用公式（6.37）在以第 t 期为原点一步一步进行 1 期外推预测（记为 $\hat{x}_{t+1}$）时，则 x_t 的一步预测值为：

$$\hat{x}_{t+1} = \varphi_1 x_t + \varphi_2 x_{t-1} + \cdots + \varphi_p x_{t-p+1} \tag{6.38}$$

预测误差为：

$$\alpha_{t+1} = x_{t+1} - \hat{x}_{t+1} \tag{6.39}$$

二、移动平均模型

另一类在实际应用中较为常见的时间序列模型是移动平均模型，q 阶的移动平均模型称为 MA(q)：

$$x_t = \mu + \alpha_t - \theta_1 \alpha_{t-1} - \cdots - \theta_q \alpha_{t-q} \tag{6.40}$$

式中：α_t 表示白噪声，也即残差项；θ_t 表示移动平均系数。从公式（6.40）中我们也可以看出，该模型的时间序列 x_t 在 t 时刻的观测值仅与残差项序列 $\{a_t, a_{t-1}, \cdots, a_{t-q}\}$ 有关。当 $\mu = 0$ 时，模型称为中心化 MA(q) 模型。使用延迟算子 B，中心化 MA(q) 模型又可以记为：

$$x_t = (1 - \theta_1 B - \theta_2 B^2 - \cdots - \theta_q B^q) \times \alpha_t \tag{6.41}$$

三、自回归移动平均模型

将自回归模型 AR(p) 和移动平均模型 MA(q) 综合起来，得到一种解决平稳时间序列的 p 阶自回归 q 阶移动平均混合模型，记为 ARMA(p,q)。它的数学描述如下：

$$x_t - \varphi_1 x_{t-1} - \varphi_2 x_{t-2} - \cdots - \varphi_p x_{t-p} = \alpha_t - \theta_1 \alpha_{t-1} - \cdots - \theta_q \alpha_{t-q} \tag{6.42}$$

引入延迟算子 B，上面的式子可表示为：

$$\varphi(B) x_t = \theta(B) \alpha_t \tag{6.43}$$

在公式（6.43）中：

$$\varphi(B) = 1 - \varphi_1 B - \varphi_2 B^2 - \cdots - \varphi_p B^p \tag{6.44}$$

$$\theta(B) = 1 - \theta_1 B - \theta_2 B^2 - \cdots - \theta_q B^q \tag{6.45}$$

利用 ARMA(p,q) 模型进行预测：

$$\hat{x}_t = \mu + \varphi_1 x_{t-1} + \varphi_2 x_{t-2} + \cdots + \varphi_p x_{t-p} + \alpha_t - \theta_1 \alpha_{t-1} - \cdots - \theta_q \alpha_{t-q} \tag{6.46}$$

四、求和自平均移动平均模型

在现实中，大部分的时间序列数据都是非平稳的，因此上面的三种模型均不适用，在此基础上提出一种非平稳时间序列的预测方法即 ARIMA(p,d,q)，通过 d 阶差分将原本非平稳的时间序列转化为平稳的时间序列，然后再利用 ARMA(p,q) 进行分析预测。其形式如下：

$$\varphi(B)\nabla^d x_t = \theta(B)\alpha_t \tag{6.47}$$

式中：

$$\begin{cases} \nabla^d = (1-B)^d \\ \varphi(B) = 1 - \varphi_1 B - \varphi_2 B^2 - \cdots - \varphi_p B^p \\ \theta(B) = 1 - \theta_1 B - \theta_2 B^2 - \cdots - \theta_q B^q \end{cases} \tag{6.48}$$

ARIMA(p,d,q) 的建模流程如图 6-11 所示：

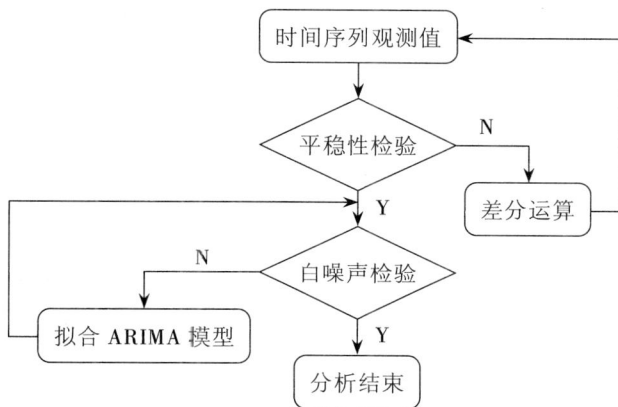

图 6-11　ARIMA 模型建模过程图

五、R 语言中 ARIMA 模型的实现

在 R 语言中要实现 ARIMA 模型，首先将数据转成机器能够识别的时间序列，利用 stats 包中的 ts( ) 函数将原始的时间序列进行变换。其用法如下：

ts（data，start=1，freq=1）

然后对时间序列数据进行逐步差分并做折线图，观察每一步差分后的时间序列是否为平稳的时间序列，当 d 阶差分后的时间序列近似为平稳序列时，对其作自相关图和偏自相关图来判定 p,q 的大致取值。并由 arima 函数找到最小的 AIC 值。差分函数为 diff（data，n）对数据 data 进行 n 次差分。arima 函数用法如下：

Model=arima（data，order=c（p，d，q））

确定 d 阶差分后，选用不同的 p、q 值，选取 AIC 值最小的模型，而后利用 predict 函数进行多步预测。

$$predict（Model，n.ahesd=l）$$

式中：Model 表示 AIC 值最小的 ARIMA 模型；l 表示预测的期数。

六、实例分析

方法确定后，我们利用选择的四个沿海城市的数据进行预测。为了下面的模型组合，这里利用各自前 102 期的数据预测后 10 期的数据。

以大连市数据为例，进行 ARIMA 建模。首先做出时间序列图和一阶差分时序图如图 6-12 所示。

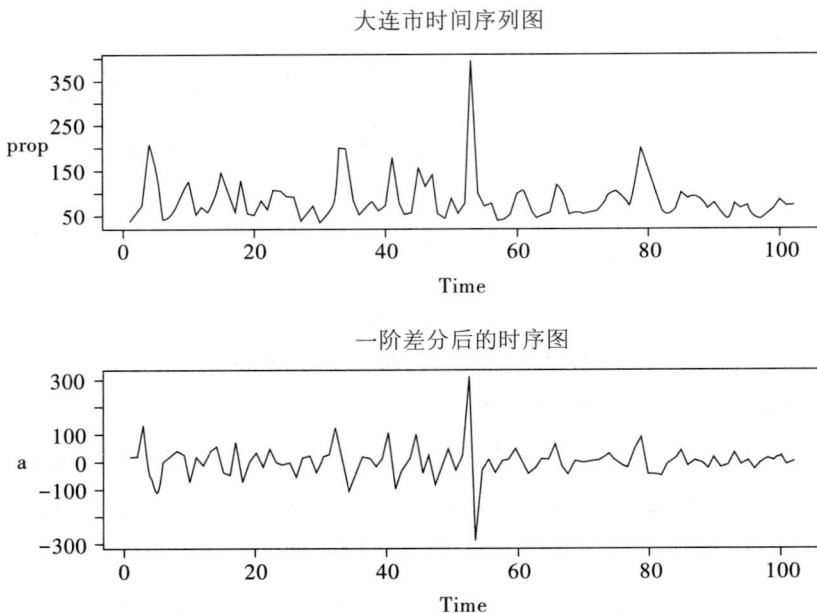

图 6-12 大连市的 AQI 时序图和一阶差分图

由图 6-12 可知，原始的时间序列为非平稳的时间序列，经过一阶差分后，新的序列的均值和方差基本上趋于平稳，可近似视为平稳的时间序列。可确定 ARIMA 的差分阶数为 1，即 d = 1。再由自相关图和偏自相关图以及 AIC 值确定 ARIMA 模型的另外两个参数 p、q。

其自相关图和偏自相关图如图 6-13 所示。

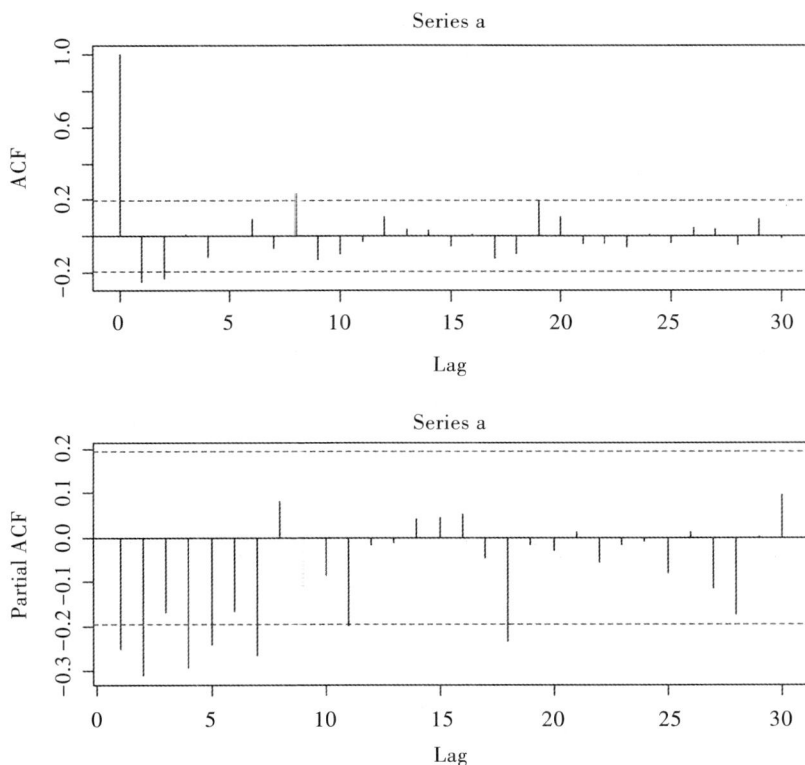

图 6-13　大连市的 AQI 自相关图和偏自相关图

从图 6-13 中可以看出，自相关系数在 1 阶后衰减趋于 0，即 q = 1，偏自相关系数在 2 阶后开始衰减，p = 2。然后利用 AIC 值进行下一步判断，当模型为 ARIMA（1，1，1）时，AIC 值为 1 078.65；当模型为 ARIMA（1，1，2）时，AIC 值为 1 077.72；当模型为 ARIMA（1，1，1）时，AIC 值为 1 078.65；当模型为 ARIMA（1，1，2）时，AIC 值为 1 077.72；不断重复使得 p，q 在（1，3）之间选择。最后确定当模型为 ARIMA（2，1，1）时，AIC 值最小，为 1 076.60。

确定最后的时间序列模型为 ARIMA（2，1，1），并利用该模型进行 10 期的预测，得到预测结果及预测效果见表 6-12。

从表 6-12 可以看到，ARIMA 模型的预测值与 SVM 模型的预测值的波动情况基本一致，但是波动较为平缓，单独使用的效果并不理想。

表 6-12　　　　　　　　**大连市的时间序列预测结果表**

时　期	1	2	3	4	5
预测值	83.965	87.536	86.232	85.135	85.066
时　期	6	7	8	9	10
预测值	85.263	85.335	85.318	85.299	85.296

MSE=361.9992　　ACC=0.842

同样，在其他三个沿海城市中分别进行 ARIMA 建模，得到 10 期的预测值以及相应的预测精度，为下一步的组合优化算法提供数据支持。

6.4.2　AQI 指数预测的 GM（1，1）模型

灰色系统理论是由邓聚龙教授于 1982 年创立的，是一种用来研究较少数据、缺乏信息、不确定性问题的新的研究方法。灰色系统理论认为，系统的行为现象是朦胧的，这是由于所处的认识层面、信息层面以及决策层面较低，在高层面这些朦胧的无规律的信息会变得明确有规律，要充分利用已知的信息来解释系统潜在的规律。即灰色系统的现象在低层次上是杂乱无规律的，但在高层次上却是有序有界的，有一定潜在的规律性。灰色预测就是建立在灰色系统理论上，对既含有已知信息又含有未知信息的系统利用其潜在的规律性进行预测。

一、GM 模型

GM 模型也即灰色模型，利用原始数列生成新的数列后建立微分方程进行求解。最为常见的灰色模型是 GM（1，1）模型，它是利用变量的一阶微分方程构建而成的模型。在生成列中又分为累加生成和累减生成，此处用的是累加生成。

设原始的时间序列为：$X^{(0)} = \{X^{(0)}(1), X^{(0)}(2), \cdots, X^{(0)}(n)\}$

通过累加生成的生成列为：$X^{(1)} = \{X^{(1)}(1), X^{(1)}(2), \cdots, X^{(1)}(n)\}$

其中，累加生成列：

$$X^{(1)}(k) = \sum_{i=1}^{k} X^{(0)}(i) = X^{(0)}(k) + X^{(1)}(k-1) \qquad (6.49)$$

令 $z^{(1)}$ 为 $x^{(1)}$ 的紧邻均值生成列：

$$Z^{(1)}(k) = \frac{1}{2}(X^{(1)}(k-1) + X^{(1)}(k)) \qquad (6.50)$$

则 GM（1，1）的灰微分方程模型为：

$$X^{(0)}(k) + aZ^{(1)}(k) = b \qquad (6.51)$$

式中：a 称为灰色发展系数；b 为内生控制灰数。

求解微分方程得到生成列的预测值方程：

$$\hat{X}^{(1)}(k+1) = [X^{(0)}(1) - \frac{b}{a}]e^{-ak} + \frac{b}{a} \qquad (6.52)$$

再通过一次累减得到预测方程：

$$\hat{X}^{(0)}(k+1) = \hat{X}^{(1)}(k+1) - \hat{X}^{(1)}(k) \qquad (6.53)$$

二、R 语言中灰色预测的实现及实例分析

在 R 语言中并没用现成的包来实现 GM（1，1）预测，这里主要根据灰色预测的步骤来编制 gm11（ ）函数，主要用法如下：

gm11（y，length（y）+n）

式中：y 为已知的时间序列；n 为预测的长度。

以大连市的数据为例，将前 102 期数据当作 y 代入 gm11（ ）函数中，预测 10 期，即 n=10，其结果见表 6-13。

表 6-13　　　　　　　大连市灰色预测的结果表

时期	1	2	3	4	5
预测值	77.276	77.121	76.966	76.812	76.658
时期	6	7	8	9	10
预测值	76.504	76.351	76.198	76.145	75.892

MSE=499.6371　　ACC=0.8547

从表 6-13 中可以看出，灰色预测的结果相对较为稳定，这能反映一个大致的趋势，但单纯利用该法进行预测的结果显然并不是很好。

同样在其他三个沿海城市用 GM（1，1）模型进行 10 期的外推预测，并对相应的结果进行储存，便于进行下一步的组合。

6.4.3 结合 KPSO-SVM 的最优线性组合预测模型

一、线性最优参数组合模型

在实际问题中，单一的预测模型总是或多或少地存在一些缺点和不足，对多种预测方法进行组合预测可以综合利用单个方法提供的预测结果，能够较好地提高预测的精度。本章利用线性组合预测模型对改进粒子群优化支持向量机模型（KPSO-SVM）、时间序列 ARIMA 模型和灰色预测 GM（1，1）模型三种方法进行组合预测。

线性组合预测模型的基本过程如下：

设对同一个待解问题有 m 种预测方法，$\hat{y}_{it}(i=1,2,\cdots,m)$ 为第 i 种预测方法的预测结果，w_i 表示第 i 种方法的加权系数，线性组合模型如下：

$$\hat{y}_t = w_1\hat{y}_{1t} + w_2\hat{y}_{2t} + \cdots + w_m\hat{y}_{mt} \tag{6.54}$$

式中：$w_i \geq 0$。

本章利用遗传算法根据平均绝对百分比误差 MAPE 最小的原则求解最优加权系数。即在遗传算法中设定：

mape=（sum（abs（x［1］*sy_1+x［2］*sy_2+x［3］*sy_3−sy）/sy））/10

式中：sy_1 表示 ARIMA 的预测值；sy_2 表示 GM（1，1）的预测值；sy_3 表示 KPSO-SVM 的预测值；x 表示其权重。

二、遗传算法

所谓的遗传算法（Genetic Algorithms，简写为 GA），是由 Holland 教授于 1975 年提出的一种优化算法，该算法来源于达尔文的进化论，通过模拟自然界物种遗传和进化过程而产生的一种具有自适应性的全局优化搜索方法。随着该方法的提出和深入研究，遗传算法以其高度的并行处理特性和易与其他算法结合的搜索特点在机器学习、函数优化问题以及自适应控制等领域都有很好的应用。

遗传算法仿真了生物遗传进化的特点，主体分为三个部分：自然选择、交叉和变异，从而达到"物竞天择，适者生存"的目的，即保留优良个体，淘汰不良个体。该算法首先对待解决问题的解的形式进行编码，将每一个解都看作一个个体（称为染色体），其解空间称为种群。在进行遗传算法时，首先要随机选择初始化种群，按照适应度的大小挑选个体，保留适应度较好的个体，淘汰最坏的个体，保留的个体用于下一代的繁殖，选择一定比例的个体进行交叉和变异，产生新一代的种群。一直迭代下去，直到收敛到一个满意的条件，最后将最优个体经过解码，作为问题的近似最优解。

其中的交叉操作，即当作个体的染色体以一定的概率进行交叉，可以产生新的个体，扩大搜索区间并保持父代的优良属性；变异操作，即染色体以一定概率进行变异，也使得搜索空间变大而且保持种群的多样性，可以有效地防止出现过早收敛的现象。

遗传算法在 R 语言中主要利用的是由 Mehmet Hakan Satman mhsatman 编写的 mcga 包中的 mcga（ ）函数。该函数的主要用法如下：

mcga（popsize，chsize，crossprob = 1.0，mutateprob = 0.01，elitism = 1，minval，maxval，maxiter = 10，evalFunc）

式中：popsize 表示种群的染色体个数；chsize 表示变量的个数；crossprob 表示交叉的概率（默认为 1）；mutateprob 表示变异的概率（默认为 0.01）；maxiter 表示迭代次数（默认为 10）；evalFunc 表示适应度函数。

遗传算法的步骤流程如图 6-14 所示。

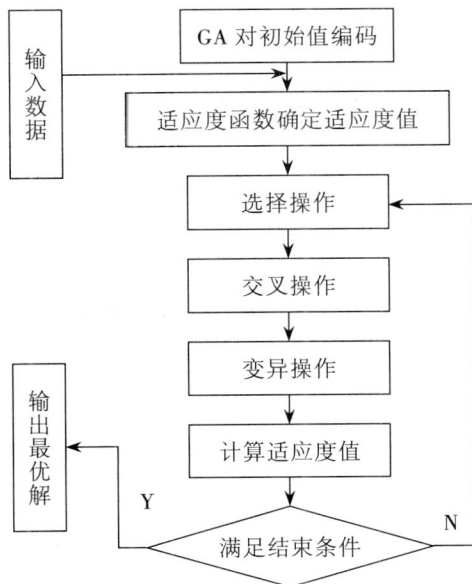

图 6-14　遗传算法流程图

6.4.4　实例验证及结果分析

在组合模型选定后，对四个沿海城市 AQI 指数数据分别进行组合预测，得到权重系数及预测结果见表 6-14：

表 6-14　　　　　　组合权重系数及预测结果表

城市	ARIMA权重	GM权重	KPSO-SVM 权重	MSE	ACC
大连市	0.11954881	0.03796119	0.914652	149.6899	0.9165
上海市	3.242111e-06	2.516720e-03	1.027832	92.6979	0.9421
广州市	3.089129e-31	5.304603e-21	0.9098780	101.9548	0.8875
深圳市	1.029787e-02	1.218985e-16	1.003475	36.33071	0.9404

从表 6-14 中可以看出，组合模型基本上是利用 ARIMA 和 GM 模型对在粒子群优化的支持向量回归机模型上的调整，为了了解组合模型是否具有更好的结果，将组合预测的效果与原始的支持向量机模型预测效果和改进粒子群优化的支持向量机预测效果进行对比，大连市的对比效果见表 6-15：

表 6-15　　　　　　大连市预测效果对比表

项目	Mse	Acc
SVM	249.0707	0.8981271
KPSO-SVM	205.0778	0.9045086
组合模型	149.6899	0.9165

从大连市的三种方法预测效果的对比来看，改进粒子群优化支持向量机模型比原始的支持向量机模型的预测效果好，不论是在预测的相对精度方面还是在预测的均方误差方面。组合模型的预测效果在改进粒子群优化支持向量机模型的预测效果上进一步优化，它的预测相对精度最高，且预测的均方误差最小，由此可知，组合模型在大连市的 AQI 指数预测中取得了较好的效果。

其预测值的拟合效果如图 6-15 所示。

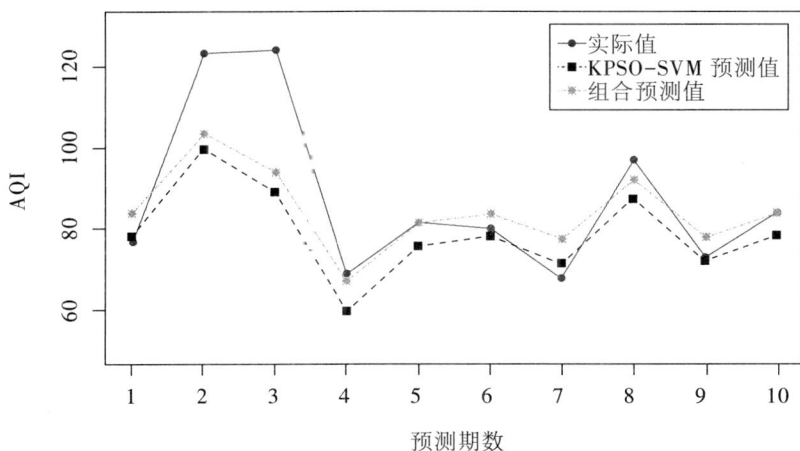

图 6-15 大连市的 AQI 指数预测值折线对比图

对于上海的组合模型来说，从前文中我们知道，上海市的改进粒子群优化支持向量机模型的预测效果已经很高，在 93% 以上，在此基础上进行组合模型预测在一定程度上提高了预测的相对精度，降低预测的均方误差。其结果见表 6-16。

表 6-16   **上海市预测效果对比表**

项目	Mse	Acc
SVM	177.4040	0.9269162
KPSO-SVM	124.0622	0.9334219
组合模型	92.6979	0.9421000

从上海市的三种方法预测效果的对比来看，改进粒子群优化支持向量机模型与原始的支持向量机模型的预测效果都较好，相对精度都很高，而且预测的均方误差也不大。前者不论是在预测的相对精度方面还是在预测的均方误差方面都有一定的优化，虽然提升的并不多。组合模型的预测效果在改进粒子群优化支持向量机模型的预测效果上进一步优化，它的预测相对精度最高，且预测的均方误差最小，由此可知，组合预测模型在上海市的 AQI 指数预测中也取得了较好的效果。

上海市的 AQI 指数预测拟合如图 6-16 所示。

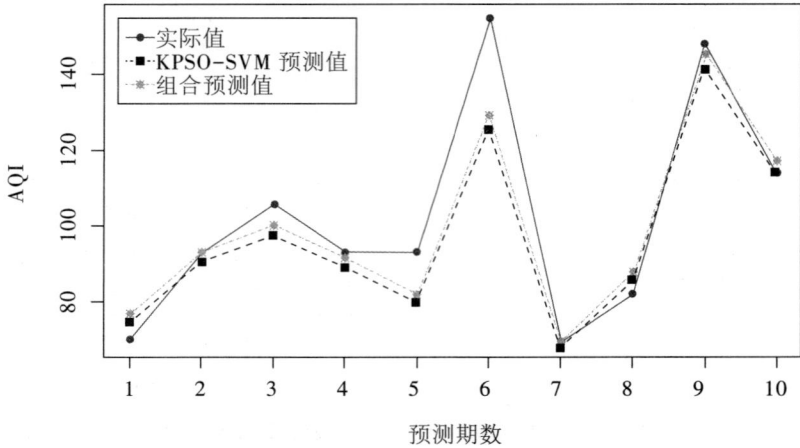

图 6-16　上海市的 AQI 指数预测值折线对比图

　　在上文中了解到广州市的 AQI 指数预测情况并不是很好，原始的支持向量机预测的相对精度仅在 81% 左右，虽然经过改进粒子群优化的支持向量机模型进行优化，它的预测精度也才勉强达到 85% 以上，预测效果达到了我们的期望。为了提高预测精度，引入了组合预测模型，经过组合模型预测的效果有较大的提升，详细结果见表 6-17。

表 6-17　　　　　　　　广州市 AQI 指数预测对比表

项目	Mse	Acc
SVM	497.7426	0.8146303
KPSO-SVM	168.9235	0.8550819
组合模型	101.9397	0.8876091

　　从表 6-17 中可以看出，改进粒子群优化参数后的支持向量机模型在均方误差和相对精度方面都有很大的优化，均方误差值变得较小，相对精度提升，说明模型预测值更加贴近实际值。组合模型的预测精度在 KPSO-SVM 模型上提升了 3% 左右，而且均方误差减小近 67，说明在广州市的 AQI 指数预测中，组合模型具有更好的表现，其实用性更好。进一步观察预测拟合值的贴近情况，如图 6-17 所示。

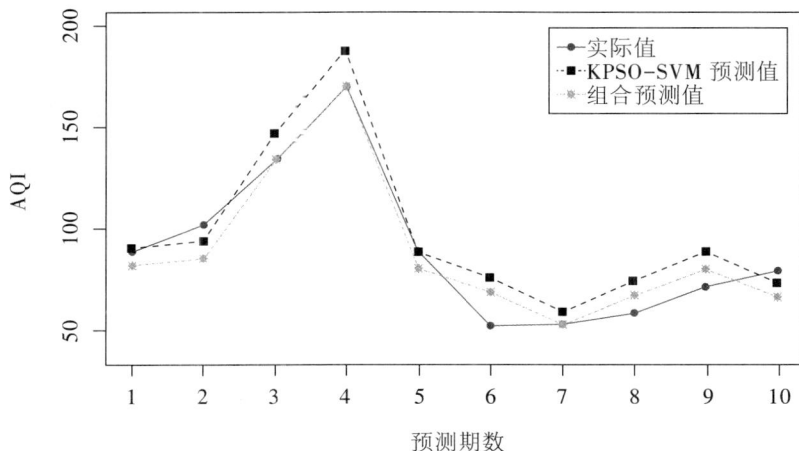

图 6-17 广州市 AQI 指数预测值折线对比图

从图 6-17 中可以看到，带正方形的虚线代表的 KPSO-SVM 模型的预测值相对于实际值来说偏高，经过与 ARIMA、GM 模型的组合（带星号的虚线表示），它的预测结果相对下降，与实际值更加贴近。

最后对深圳市的 AQI 指数进行分析，深圳市的 AQI 指数预测效果与上海市类似，也比较高。而且它的预测的均方误差比上海的小很多，可以推测我们的组合模型的预测结果虽然有一定程度上的提升，但提升效果并不会很明显。其对比结果见表 6-18：

表 6-18   深圳市 AQI 指数预测效果对比表

项目	Mse	Acc
SVM	58.13620	0.9189752
KPSO-SVM	39.83995	0.9358632
组合模型	36.84931	0.9390590

从表 6-18 我们可以看出，上面的推测是准确的，在相对精度较高、均方误差较小的情况下，组合模型的预测效果虽然有一定程度上的提高，但是提高的效果并不大。针对这种情况来说，组合模型是赘余的，但并不是说它没有较好的适用性，而是说在精度要求不是特别严格时，在这种原始模型预测效果较好的时候（均方误差值较小，相对精度

较高），可以不用组合模型进行预测也能达到要求。深圳市的 AQI 指数拟合情况如图 6-18 所示：

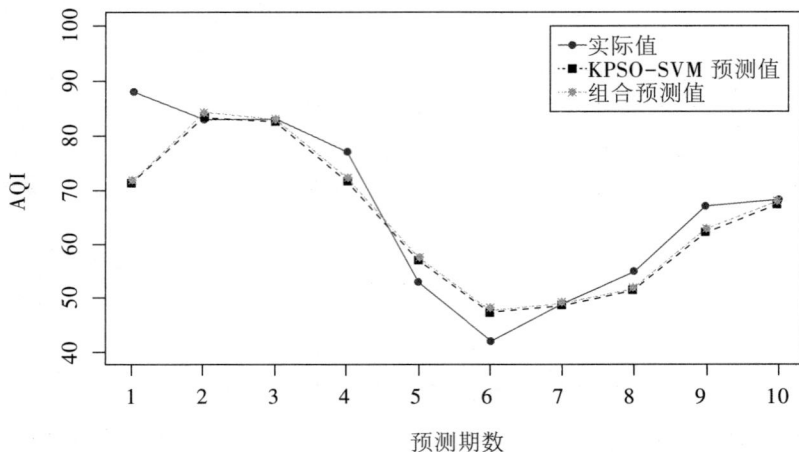

图 6-18　深圳市的 AQI 指数预测值折线对比图

综上实证分析可得，四个沿海城市 10 期的 AQI 指数数据经组合模型预测的效果提升见表 6-19：

表 6-19　　组合预测模型和 PSO-KSVM 模型预测效果对比表

城市	均方误差			预测精度		
	KPSO-SVM	组合模型	降低百分比	KPSO-SVM	组合模型	提升百分比
大连市	205.0778	149.6899	27.01%	90.40%	91.65%	1.38%
上海市	124.0622	92.6979	25.28%	93.30%	94.21%	0.98%
广州市	168.9235	101.9397	39.65%	85.50%	88.76%	3.81%
深圳市	39.1746	36.8493	5.94%	93.90%	93.91%	0.01%

通过表 6-19 可知，在 KPSO-SVM 模型基础上的组合模型的预测效果相比于单纯的 KPSO-SVM 模型的预测效果更加优化，在四个沿海城市中，它的预测精度均有一定程度的提升，均方误差也均有一定程度的下降。在大连市 10 期的城市 AQI 指数预测中，组合模型的预测结果相对于单一的改进粒子群算法优化的支持向量机模型，其均方误差降低

27.01%，有着明显的下降，其预测精度提升 1.38% 达到 91.65%，也有着明显的提升；在上海的 10 期 AQI 指数预测中，组合模型的预测均方误差降低 25.28%，相对精度也提升 1% 左右；对经过改进粒子优化的支持向量机模型预测的精度刚刚达标（85%）的广州市来说，组合模型的预测效果再一次有着大幅度的提升，10 期预测结果的预测精度提升 3.81%，预测的均方误差也降低 40% 左右，预测效果有着明显的提升。而在深圳市的 10 期 AQI 指数预测中，组合模型的预测效果虽然有一定的提升，但提升得并不明显，其预测的均方误差提升不足 6%，预测精度也仅提升 0.01%，这与该城市原本 KPSO-SVM 预测结果均方误差较小，预测精度较高有很大的关系，在这种情况下，组合模型或许是不必要的。因此组合模型的选定在一定程度上也与我们预期的预测精度有关，当单一的方法预测的精度很高、均方误差很小的情况，可能没有必要选用组合模型。但从总体来说组合模型的预测效果比只使用改进粒子群优化的支持向量机模型更好，也能很好地印证组合模型对比单一方法的预测模型有着更加优异的预测效果。

最后结合前面章节的分析结果来看，在城市的 AQI 指数预测中改进粒子群算法优化的支持向量机模型比单纯的支持向量机模型的预测效果要好；然而在改进粒子群算法优化的支持向量机模型上组建的组合模型也很好地证明了组合模型具有比单一模型更好的预测效果，这种组合模型在城市 AQI 指数预测中有着比单一方法更好的准确性及适用性。

参考文献

［1］ PEREZ P，TRIRE A，REYES J. Prediction of PM2.5 concentrations several hours in advance using neural networks in Santiago，Chile［J］. Atmospheric Environment，2000（34）：1189-1196.

［2］ GRIVAS G，CHALOULAKOU A.Artificial neural network models for prediction of PM10 hourly concentrations in the Greater Area of Athens，Greece［J］. Atmospheric Environment，2006（40）：1216-1229.

［3］ 秦珊珊. 悬浮颗粒物 PM10 与 PM2.5 的统计分析与预测［D］.

兰州：兰州大学，2014.

　　[4] 郭庆春，何振芳，李力. 西安市空气污染指数的神经网络预测模型 [J]. 河南科学，2011，29（7）：863-867.

　　[5] 胡永欣，谢敬. 保定市环境空气质量现状及其预报研究 [J]. 合作经济与科技，2015（12）：178-179.

　　[6] 刘锋，银利，张星. 半参数回归模型在空气质量指数分析和预测中的应用 [J]. 数学理论与应用，2013，33（4）：94-98.

　　[7] JIANG Z F，MAO B，MENG X X，et al. An air quality forecast model based on the BP neural network of the sample self-organization clustering [C] //2010 6th International Conference on Natural Computation. Yantai：IEEE，2010：1523-1527.

　　[8] 雷秀娟，付阿利，孙晶晶. 改进 PSO 算法的性能分析与研究 [J]. 计算机应用研究，2010，27（2）：453-458.

　　[9] 王小川，史峰，郁磊，李阳. MATLAB 神经网络 43 个案例分析 [M]. 北京：北京航空航天大学出版社，2013.

　　[10] 张怡文，胡静宜，王冉. 基于神经网络的 PM2.5 预测模型 [J]. 江苏师范大学学报：自然科学版，2015，33（1）：63-65.

第七章　可持续发展能力评价方法研究

7.1　绪论

7.1.1　本章研究的现实背景

自 1987 年世界环境与发展委员会在《我们共同的未来》报告中第一次阐述可持续发展的概念以来，可持续发展已经得到了国际社会的广泛认可，如何实现发展的可持续性已经成为国家发展的战略核心。伴随着可持续发展战略的实施，人们逐渐意识到可持续发展能力建设是实现发展可持续性的唯一途径。可持续发展战略的实施并不是凭空进行的，其需要一定的物质和精神基础作为保障，战略制定的过程是建立在物质和精神保障基础上的，这里的保障指的就是可持续发展能力。由此可见，对可持续发展能力问题的研究探讨是科学实施可持续发展战略、开创新型工业化道路的理论前提。

东北老工业基地是计划经济时期中国经济发展的排头兵，曾对中国经济做出过巨大的贡献。但随着中国可持续发展战略的实施，东北老工业基地在发展中面临的诸多问题逐渐暴露出来。改革开放前，东北老工业基地多以重工业为主，资源消耗大和污染排放多是其根本特点，再加上技术落后和设备老化，不可避免地出现资源无节制消耗和环境严重破坏的局面；改革开放之后，中国经济的重心逐步向东南沿海地区转移，产业发展重点也逐步向轻工业倾斜，东北老工业基地的重工业企业由于过度发展，面临着越来越严重的生存危机。由此可见，东北老工业基地改革开放后经济地位下降的主要原因是企业"高投入、高消耗、低产出"的运营模式，经济增长的背后伴随的是资源的高消耗和发展后劲的不足，区域可持续发展能力较弱。

具体来讲，东北老工业基地人口众多、人均资源匮乏、环境体系较为脆弱，且经济增长已经带来了资源消耗和环境破坏问题，因此，东北老工业基地面临着严峻的环境保护和可持续发展的挑战。自改革开放以来，东北老工业基地不仅水土流失、沙漠化和生态环境退化等"落后型环境问题"日益严重，而且大气污染和水污染等"发达型环境问题"也日益突出，环境形势呈现压缩型和复合型的特点，即主要污染物排放量大大超过环境承载的能力，环境污染相当严重；生态环境边建设边破坏，生态破坏的范围在扩大。老的环境问题尚未解决，新的问题又接踵而至。可以说，东北老工业基地发展后劲不足的问题已经相当严重。如何提高自身可持续发展能力已经成为东北老工业基地振兴的关键所在。

日益突出的环境问题势必影响东北老工业基地今后的发展，在设计东北老工业基地振兴的宏伟蓝图和具体措施时，首先需要明确的就是东北老工业基地在可持续发展能力建设中存在的问题。因此说，为了实现东北老工业基地的振兴，研究东北老工业基地可持续发展能力的运行趋势和存在问题是至关重要的。

7.1.2 本章研究的理论背景

与国外相比，中国对可持续发展能力的相关研究起步较晚，处于理论探讨的初级阶段，虽然相关的研究有很多，但从研究内容和研究层次上看，多数研究成果具有一定的局限性。这些局限性主要体现在以下几个方面：

一、理论研究抽象化

目前，中国对于可持续发展能力的研究大多停留在定性描述的层面上。由于中国可持续发展战略的有效实施期较短，在可持续发展能力建设上没有自身的经验总结，因此大多研究成果是在借鉴国外理论和经验总结的基础上进行的定性描述。这些定性描述过于抽象化，导致研究成果理论性过强，给人们理解可持续发展能力的本质和进行区域可持续发展能力建设带来了许多不便。

二、内涵描述的差异性

对于可持续发展能力的界定，不同的学者有着不同的看法。在现有研究成果中，有的通过对可持续发展能力特点的分析对其进行界定，有的通过对可持续发展能力内部构成的研究对其进行界定，有的甚至通过对可持续发展能力与可持续发展间的关系讨论对其进行界定。由于相关研究侧重点的不同导致对可持续发展能力内涵的描述存在差异，人们很难给出可持续发展能力的一般化定义。

三、成果应用范围的局限性

中国对于可持续发展能力的研究大多是针对区域能力建设展开的。多数研究是结合区域或行业自身的实际情况展开的，这就导致了相关研究成果应用范围的局限性。一个区域或行业的可持续发展能力研究成果很可能在另一区域或行业难以实施。研究范围的具体化虽然能够提高可持续发展能力研究成果的转化效率，但从理论研究的角度看，广义研究的空白还是给可持续发展能力的进一步研究带来了诸多不便。

由此可见，中国的可持续发展能力研究还很落后。在对可持续发展能力研究的过程中，如何实现理论研究具体化、内涵界定一般化以及应用范围广义化成为今后中国可持续发展能力的研究方向，本章试图通过运用经济统计方法论对可持续发展能力研究进行新的探索与尝试。

7.1.3 本章研究的目的及其思路

一、本章研究的目的

结合本章研究的理论背景和现实背景，本章在可持续发展能力的理论研究和实证研究上展开工作，希望达到以下两个目的：

（1）可持续发展能力的经济学解释

针对现有可持续发展能力研究成果较为抽象和有局限性的缺点，本章试图通过微观经济学理论和计量经济学知识，对可持续发展能力的本质进行更为形象化和一般化的经济学解释。

（2）东北三省可持续发展能力的统计分析

东北是中国的老工业基地，其发展过程烙有深刻的计划经济体制痕迹，经济发展的背后是资源的高度消耗，可以说东北三省可持续发展能力的建设问题十分紧迫。本章试图运用统计学方法论对东北三省可持续发展能力的状况进行分析，并在此基础上对其今后的发展道路给出政策性建议。

二、本章研究的思路

本章的研究遵循经济统计方法的研究思路，将经济学理论与统计学方法有机地结合，以发现、证实和解决现实经济问题为目标，以前人研究成果为基础提出了可持续发展能力的经济学解释，并以理论结合实际为原则，采用目前较为先进的面板数据的估计方法，最终对东北老工业基地可持续发展能力的状况进行了分析，如图 7-1 所示。

具体而言，本章的结构安排如下：

第一节为绪论，概要介绍本章研究的现实背景和理论背景，由研究背景提出的问题对本章所要进行的工作和研究思路进行概括，并最终对本章的创新点进行简要的介绍。

第二节为可持续发展能力研究综述，以分类的形式分别对可持续发展能力的本质、构成以及建设研究的现有成果进行综述性研究，并对相关成果进行归纳提炼，不仅方便了读者对可持续发展能力问题的认识，同时也为下文的进一步研究打下基础。

```
                    ┌─────────────────────────────┐
                    │   本章研究思路和技术路线        │
                    └─────────────────────────────┘

  ┌──────┐      ┌──────────────────────────────────┐
  │ 引言  │ ───→ │   本章研究的背景、思路以及创新点      │
  └──────┘      └──────────────────────────────────┘

                ┌──────┐    ┌──────────────────────┐
                │ 理论  │    │   可持续发展能力内涵      │
                │ 综述  │    ├──────────────────────┤
                └──────┘    │   可持续发展能力制约因素  │
                            ├──────────────────────┤
  ┌────────┐                │   可持续发展能力建设      │
  │ 理论研究 │              └──────────────────────┘
  └────────┘
                ┌──────────┐  ┌──────────────────────┐
                │可持续发    │  │  经济学解释的理论基础      │
                │展能力经    │  ├──────────────────────┤
                │济学解释    │  │ 可持续发展能力的微观经济学 │
                └──────────┘  │ 描述                   │
                              ├──────────────────────┤
                              │ 可持续发展能力的数学表征   │
                              └──────────────────────┘

                ┌──────────┐  ┌──────────────────────┐
                │实证研究    │  │  实证研究基本思路        │
                │思路及其    │  ├──────────────────────┤
                │模型介绍    │  │  实证研究模型的选择      │
                └──────────┘  ├──────────────────────┤
  ┌────────┐                  │  指标的选取              │
  │ 实证研究 │                ├──────────────────────┤
  └────────┘                  │  数据的来源及处理        │
                              └──────────────────────┘

                ┌──────────┐  ┌──────────────────────┐
                │东北三省    │  │ 东北老工业基地经济、环境状况│
                │可持续发    │  ├──────────────────────┤
                │展能力的    │  │  可持续发展能力趋势分析   │
                │实证研究    │  ├──────────────────────┤
                └──────────┘  │  可持续发展能力对比分析   │
                              ├──────────────────────┤
                              │  实证结果的总结分析      │
                              └──────────────────────┘
```

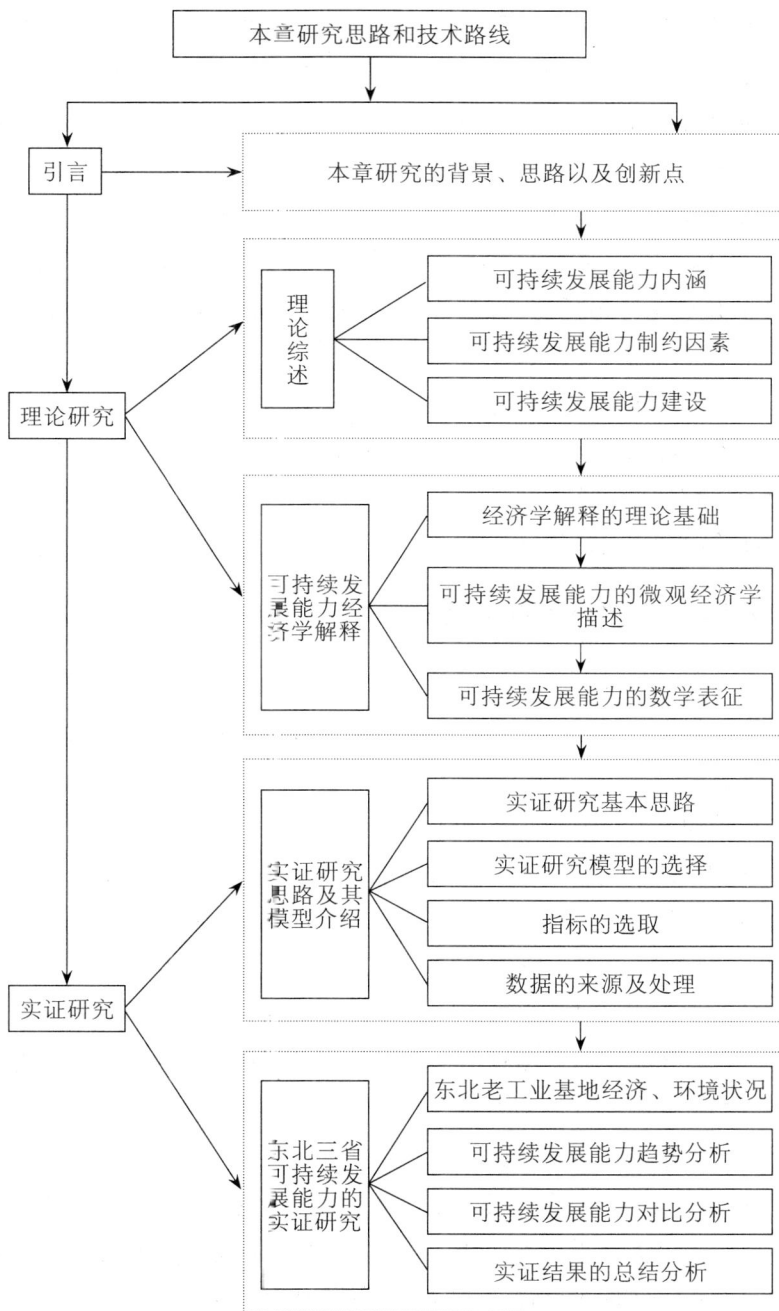

图 7-1　本章研究的结构框架图

第三节为可持续发展能力的经济学解释，通过对可持续发展能力的微观经济学描述和数学表征，本章完成了对二元社会系统模型下可持续发展能力的经济学解释，从而对可持续发展能力进行更为一般化、具体化的广义解释。

第四节为研究模型和研究方法的介绍，本章提出 GK 方法的研究框架，介绍了实证分析采用的面板数据模型的基本方程式、模型选择的 F 检验和 H 检验，最后还对实证研究中使用的指标的含义和数据来源进行了必要的介绍。

第五节为东北三省可持续发展能力实证研究部分，通过对东北三省可持续发展能力的趋势分析和比较分析，对东北三省的可持续发展能力状况进行评价，试图找出东北三省可持续发展能力建设中存在的不足，并据此给出合理的政策性建议。

7.1.4　本章研究的创新点

本章在可持续发展能力现有研究的基础上进行了大胆的尝试，试图突破已有的研究模式，在理论研究和实证研究方面具有一定的创新性。

一、理论研究创新点

理论研究大多是对可持续发展能力内涵、构成以及建设的定性描述。这种定性描述的理论成果大多是依据国外理论和经验总结，缺少合理的科学依据且过于抽象。针对这一问题，本章运用微观经济学理论和数量经济学知识分别对可持续发展能力进行微观经济学描述和数学表征，从而完成对可持续发展能力的经济学解释，对可持续发展能力的实质及其运行规律进行了系统的描述。经济学理论在可持续发展能力研究中的应用是本章的一大创新点。

二、实证研究创新点

环境库兹涅茨曲线的引入是本章的另一大创新点。传统可持续发展能力实证研究大多采用指标体系法，该方法在指标选取和方案实施的过程中都存在一定的不合理性。本章在简化社会系统模型的基础上，引入环境库兹涅茨曲线对东北三省的可持续发展能力进行趋势分析，不仅能对区域现有可持续发展能力水平进行分析，同时也能对未来区域发展的趋势进行预测，在研究方法上具有一定的创新性。

7.2　可持续发展能力研究综述

本章是针对已有可持续发展能力研究成果的综述研究，从可持续发展能力的内涵、构成和建设三个方面对相关成果进行提炼总结，为下文的进一步研究打下基础。

7.2.1　可持续发展能力内涵的研究综述

目前，关于可持续发展能力的研究有很多，许多学者都对可持续发展能力的内涵提出了自己的见解，但这些定义往往带有不同的侧重方向，致使他们很难形成一个统一的定论。本章在总结已有可持续发展能力定义的基础上，认为可持续发展能力具有以下几个基本特点：

一、可持续发展能力的本质——可持续发展战略的根本保障

可持续发展能力的提出是以可持续发展理论为基础的，可持续发展战略的实施需要一定的能力保障，这里的能力就是指可持续发展能力。美国的汉森和约纳斯（Hansen J W 和 Jones J W，1996）曾将可持续发展能力解释为："一个系统可以达到可持续状态的水平。"这里的可持续状态就是指可持续发展战略的最终目标，可持续发展能力则决定了这一目标实现的程度，即可持续状态的水平。可持续发展能力是衡量一个国家或地区可持续发展实现程度的工具。一个具有很强可持续发展能力的国家，相应地，会具有较高的可持续发展潜能。由此可见，可持续发展能力的本质是可持续发展战略的根本保障。需要注意的是根本保障并不代表充要条件，可持续发展能力的强弱并不等于可持续发展战略实现程度的高低，具备了较强的可持续发展能力，只能说明具备了较高的可持续发展潜质，至于可持续发展战略实现的具体程度还要看能力发挥等诸多不确定性因素的影响程序。

二、可持续发展能力构成的复杂性

通过前一节的讨论可知，可持续发展系统涉及人类活动的诸多领域。同样作为可持续发展的根本保障，可持续发展能力的构成也应包含

多方面的因素。中国科学院科技政策与管理科学研究所的牛文元在《2001中国可持续发展战略报告》中对可持续发展能力的内涵进行了概括，他认为可持续发展能力既是衡量实施可持续发展战略成功程度的基本标志，又是推动可持续发展战略实施中着力培育的物质能力和精神能力的总和。该报告中将可持续发展能力的定义描述成："一个特定系统在规定目标和预设阶段内，可以成功地将其发展度、协调度、持续度稳定地约束在可持续发展阈值内的概率。"该报告还将中国可持续发展总体能力细分为五大系统①：（1）生存支持系统，包括生存资源禀赋、农业投入水平、资源转化效率、生存持续能力；（2）发展支持系统，包括区域发展成本、区域发展水平、区域发展质量；（3）环境支持系统，包括区域环境水平、区域生态水平、区域抗逆水平；（4）社会支持系统，包括社会发展水平、社会安全水平、社会进步动力；（5）智利支持系统，包括区域教育能力、区域科技能力、区域管理能力。由此可见，可持续发展能力的内部构成是一个极其复杂的系统。

三、可持续发展能力构成的协调性

由可持续发展能力构成的复杂性可知，可持续发展能力是由许多不同的系统能力构成的综合系统，如经济发展能力、科技创新能力以及生态承载能力等。这些系统能力对可持续发展能力的贡献并不是独立的，而是在相互制约和协调中共同作用于可持续发展能力的。每种系统能力的构建不应以牺牲另一种系统能力的建设为前提，而应兼顾其他系统能力的发展。20世纪末，人类工业文明的发达致使经济发展能力不断增强，但在经济发展的背后却伴随着生态承载能力的严重破坏，最终导致可持续发展能力的减弱而不是增强。可见，可持续发展能力的构建并不是某一系统能力简单作用的结果，而是各种系统能力相互协调下共同作用的结果。

四、可持续发展能力的动态性

可持续发展能力的动态性是指在不同的时期和地域，可持续发展能

---

① 在生产过程中，自然资源投入的减少会带来正的外部效应，从而导致社会总效用的增加。但在这里我们研究的是环境质量对经济发展效用的产生机制，研究的目标是经济效用，自然资源投入的减少会带来产出量下降，经济效用减少。但如果考虑总效用的正负变化，还要考虑减少的自然资源投入带来的环境效用增量是否会超过经济效用的减少量。

力的内涵会随着条件的变动而改变。

首先，随着时间的推移，可持续发展能力的构成会发生变化。人类在其发展历程中面临着诸多的矛盾，这些矛盾是促进社会发展的内在动力，同时也是构建可持续发展能力的依据。随着人类社会矛盾的不断变更，可持续发展能力也被不断地赋予了新的定义。在工业革命时期，工业的快速发展与资源的严重损耗成为社会发展的主要矛盾，此时的可持续发展能力强调资源支持能力的构建。20世纪末，提高劳动生产力和寻求替代能源成为人类发展所面临的严重问题，人类发展呼唤科技创新的出现，因此，科技创新能力成为可持续发展能力的核心部分。

其次，由于区域间发展条件的不同，人们对可持续发展能力的理解也会有所不同。发展中国家基础发展落后，应加强基础能力的建设，如经济发展能力和社会协调能力，这些基础能力构成了发展中国家可持续发展能力的核心。而发达国家的经济和社会都已得到了高度的发展，在其发展中应履行对生态和资源的反哺义务，提高生态承载能力和资源有效利用能力成为发达国家可持续发展能力建设的重要部分。

7.2.2 可持续发展能力制约因素的研究综述

通过以上对可持续发展能力内涵的讨论可知，可持续发展能力的构成相当复杂，涉及发展的诸多领域。在现实的生产、生活中，人们往往更加关注可持续发展能力的建设问题，希望通过可持续发展能力的建设来实现发展的可持续性。研究可持续发展能力的建设问题，必须了解制约可持续发展能力的相关因素，通过对相关制约因素的讨论，具有针对性地提出可持续发展能力的建设措施。下文将对制约可持续发展能力的相关因素进行讨论。

一、生存支持能力——可持续发展能力的构建基础

生存支持能力是一个国家或地区按人均的资源数量和质量对该空间内人口的基本生存和发展的支撑能力，它的实现是以区域内人口的生理延续为基本标识的。生存支持能力构成了可持续发展能力的基础，对其他能力的构建起到了支撑性的作用。如果某一区域的生存支持能力较差，区域内人口无法实现生理上的延续，那么该区域将不具备可持续发

展能力，无法实现发展的延续性。可以说生存支持能力是构建可持续发展能力的前提条件。

对于生存支持能力的讨论，应考虑两方面因素的共同作用：一是区域内的人口数量；二是区域内的资源数量与质量。如果区域内资源的数量与质量不能满足区域内一定数量人口发展的需求，则区域不具有生存支持能力；相反，如果人口的数量控制在资源数量与质量要求的临界范围内，则区域具有生存支持能力。对于生存支持能力的评价可以采用生态足迹分析法[①]。

下面将介绍生态足迹分析法在评价生存支持能力中的应用。

1）生态足迹分析法的基本思想

首先，生态足迹分析法认为区域内的资源数量和质量可以用一个统一的量纲进行核算。人类在生产、生活中，需要不断地向外界索取各种资源，不同的资源来源于不同的土地或水域。这些土地或水域都具有生产人类发展所需资源的能力，即生态生产能力。这种生态生产性构成了不同土地或水域的共性，利用这个共性可以引入生态生产性土地的概念，即具有生态生产能力的土地，作为衡量区域资源数量和质量的统一量纲。

其次，利用生态生产性土地这一统一量纲计算生态足迹和生态承载力。生态足迹测度的是人类向生态领域索取的资源，生态承载力测度的是区域维持一定人口数量所能提供的资源总量。

最后，对生态足迹和生态承载力进行比较分析来判断区域是否具有生存支持能力。

2）生态足迹的计算

（1）计算各主要消费项目的人均年消费量

人均年消费量 C_i=产出+进口−出口/N　　　　　　　　　　　　　　　　（7.1）

式中：N 表示区域内的人口数量。

（2）计算在消费过程中形成的对各种生态生产性土地的人均占用量

$$A_i = \frac{C_i}{P_i} \qquad\qquad\qquad (7.2)$$

式中：A_i 表示的是人均生态生产性土地占用量；C_i 表示的是第 i 项

---

① Doughty M. The use of ecological footprint for promoting sustainable.

消费项目的人均消费量；P_i 表示的是提供第 i 项消费项目生产的生态生产性土地的生产力。

（3）利用均衡因子计算生态足迹

$$ef = \sum (r_i \times A_i) \tag{7.3}$$

式中：ef 表示的是人均的生态足迹；r_i 表示的是均衡因子，均衡因子是指将不同类型的生态生产性土地转化为在生产力上等价的土地所使用的一个合理权重；A_i 表示的是生产第 i 项消费项目人均占用的生态生产性土地面积。

（4）计算生态足迹

$$EF = N \times (ef) \tag{7.4}$$

式中：EF 表示的是区域总的生态足迹；N 表示的是区域的人口数量；ef 表示的是区域人均的生态足迹。

3）生态承载力的计算

$$EC = \sum (ec_i) = \sum (A_i \times r_j \times Y_i) \tag{7.5}$$

式中：EC 表示的是区域总的生态容量；ec_i 表示的是区域第 i 类生态生产性土地的生态容量；A_i 表示的是第 i 类生态生产性土地的面积；r_j 表示的是均衡因子；Y_i 表示的生产力系数[①]。考虑到生态多样性的作用，调整后的生态承载力计算公式如下：

$$GEC = (1 - 12\%) EC \tag{7.6}$$ [②]

4）生存支持能力的评价

当 EF > GEC 时，区域内的生态资源不足以维持区域人口可持续发展所需的资源消耗，区域不具有生存支持能力；当 EF < GEC 时，区域内的生态资源足以维持区域人口可持续发展所需的资源消耗，区域具有生存支持能力。

二、发展支持能力——可持续发展能力的动力系统

发展支持能力是指可以转化为产品和服务的总能力。发展是指新事

---

① WACKERNAGEL M.Ecological footprints of nations ［EB/OL］.http：//www.encouncil ac cr/rio/focus/report/English/footprint.html

② 公式 7.6 中的 12% 是基于保护生态多样性的角度提出的，由于原有的生态容量计算仅仅从数量角度出发计算区域所能提供的资源总量，从而忽略了区域生态的多样性要求，没有考虑到发展的质量要求。针对这一问题，世界环境与发展委员会（WCED）曾提出，至少有12% 的生态容量需被保存，以保护生物多样性。

物代替旧事物的过程，其往往伴随着人类需求的不断变化。在发展的过程中，物质财富和精神财富会得到不断的积累，这些财富的积累为可持续发展能力的构建提供了有力的保障，推动了可持续发展能力的建设，构成了可持续发展能力的动力源泉。发展支持能力的评价通常采用多指标综合评价的方法，但从总量的角度看，发展支持能力反映的是区域总投入转化为最终产品和服务的总量，所以其同样可以用国内生产总值这一单指标进行简单的评价。

国内生产总值 GDP 的核算遵循三方等价原则，即国内生产总值作为一种经济流量要等量地通过国民经济各环节，也就是说社会产品的生产、分配和使用的总量应该是恒等或平衡的。由此可以得到三种国内生产总值的核算方法。

1）生产法

$$\text{GDP}=\sum\text{各部门增加值}=\sum(\text{各部门的总产出}-\text{各部门的中间消耗}) \tag{7.7}$$

2）收入法

$$\text{GDP}=\text{雇员报酬}+\text{固定资本消耗}+\text{生产和进口税净额}+\text{营业盈余或混合收入} \tag{7.8}$$

3）支出法

$$\text{GDP}=\text{最终消费}+\text{资本形成总额}+\text{货物和服务净出口} \tag{7.9}$$

三、环境支持能力——可持续发展能力的制约机制

环境支持能力是指环境处理人类活动影响的缓冲能力，其能力的大小规定了人类生产活动的临界阈值，人类活动对环境的影响均应维持在环境允许的容量范围内。人类在其发展过程中，一方面需要不断地向周围环境索取各种资源；另一方面发展的程度受到环境承载力的制约。也就是说，环境系统在支持发展的同时也在制约着发展。

（1）环境对发展的支持作用

环境对发展的支持作用是指环境对人类活动影响的缓冲作用。在发展过程中，人类在进行物质生产的同时，也带来一些危害环境的负面效应，如废气的排放、森林的破坏等。这些负面效应不仅给环境带来了巨大的破坏，同时也阻碍了人类的发展进程。面对人类活动所产生的负面效应，环境自身具有一定的调节能力，对这些负面效应具有缓冲作用，如森林的绿化作用、空气的清洁作用等。环境的缓冲作用为人类发展减

少了负面效应的影响，对发展具有巨大的支持作用。

（2）环境对发展的制约作用

虽然环境对发展所造成的负面效应具有缓冲作用，但是这一缓冲作用的效果是有限的。如果负面效应所产生的影响超越了环境缓冲能力的控制范围，那么环境将会受到不可恢复的破坏，环境将不再对发展具有支持作用，最终导致发展的停滞。由此可见，环境对发展具有制约作用。这种制约作用要求人类发展所造成的负面效应必须控制在环境缓冲能力所承受的临界阈值范围之内。

（3）发展与环境间的平衡

人类在发展过程中总是面临着这样的问题，如何寻求发展与环境间的平衡？发展与环境是一对矛盾的统一体，如果只注重发展可能会导致环境的严重破坏，进而导致发展的停滞；如果只注重环境的保护则可能制约发展的速度，使发展始终处在一个较低的水平上。在对这一问题的探讨过程中，环境经济学家提出了环境库兹涅茨曲线（EKC），用来揭示发展与环境间的关系，试图找到发展与环境间的平衡点。在经济发展的初级阶段，随着人均收入的不断提高，环境质量逐渐变坏，发展处于对环境的索取状态，到达某个临界点后，随着人均收入的进一步增加，环境质量会得到恢复和改善，发展处于对环境的反哺状态。

四、社会支持能力——可持续发展能力的稳定机制

社会支持能力集中体现在发展过程中社会的公正、社会的进步和社会的有序三个方面。社会的公正是指在发展过程中要实现社会财富分配的公正合理，既不要搞平均主义，也不要形成贫富悬殊，要在公平的前提下注重效率；社会的进步是指社会要处在不断的发展变化中，在这一过程中，社会的结构要更加稳定，社会的系统功能要不断地完善更新；社会的有序是指社会活动要有一定的层次性、组织性，保证社会系统功能的持续有序。三者共同作用决定了社会发展的稳定性。社会支持能力对于其他的可持续发展能力制约因素而言具有稳定的作用，它能为其他的制约因素提供较为稳定的发展环境，起到了稳定其他制约因素发展的作用。社会支持能力的稳定性受到社会结构和社会系统功能两方面因素的共同影响。

（1）社会结构的稳定性

社会结构通常是指社会构成要素间形成的相对稳定有序的关系网络。在社会活动中，社会构成要素间相互作用、相互影响，逐步形成相对稳定的、按照一定方式组合的各种关系形式，从而形成社会的总体结构。社会构成要素有很多，比如，社会年龄结构、社会文化结构、社会就业结构以及社会观念结构等。一般认为，社会的构成要素比较固定，不会随着时间的推移发生巨大的变化。导致社会结构不同类型的主要原因是社会构成要素组合方式的不同。这些不同的组合方式决定了社会结构的合理性，而社会结构的合理性正是决定社会稳定性的关键因素，如图 7-2 所示。

图 7-2　社会结构对社会稳定性的影响机制示意图

通过图 7-2 我们可以了解到社会结构对社会稳定性的影响机制。

首先，由于社会构成要素组合方式的不同产生了不同的社会结构。组合方式的不同受到主观因素和客观因素共同的影响。主观因素的影响主要来自于人类意识的差异。由于社会的主体是人，社会的建设是为了满足人类的发展需求，是为人类生存服务的，所以社会结构的形式一定要满足人类的需求，在一定程度上要按照人类的主观意愿去构建。受主观因素影响最明显的社会构成要素是社会文化结构和社会观念结构。客观因素的影响主要来自于发展的现实状况。某些社会构成要素的形成不是按照人类本身的意愿进行的，而是由客观存在的现实状况决定的，其最为直接的表现是社会年龄结构和社会就业结构。

其次，不同的社会结构具有不同的合理性程度。社会结构的合理性是由社会结构本身和区域发展的要求共同决定的，区域发展的要求包括社会的人口构成、社会的文化观念等客观制约条件。如果社会结构的设置符合区域发展的要求，则社会结构具有较强的合理性。反之，社会结构的合理性较差。

最后，社会结构的合理程度决定了社会发展的稳定性水平。合理的社会结构不仅能够使社会系统功能得到充分的发挥，同时也能使社会系统内各运行机制得到良好的运行，最终实现社会系统的稳定。

（2）社会系统功能的稳定性

社会系统功能的稳定性是指社会系统或其构成要素在复杂的社会互动与交换过程中表现出来的作用和影响，它是制约社会稳定性的重要因素。通过前面的讨论可知，社会结构是决定社会稳定性的重要因素，但它并不是唯一的决定因素，社会稳定性是由社会结构和社会系统功能共同决定的。合理的社会结构对社会系统功能的发挥具有推动作用，能够使社会系统功能维持在一个较高的效率下运行。但如果社会系统功能的能力过低，即使有再合理的社会结构，社会的稳定程度也只能达到一个较低水平上的最大值。由此可见，社会系统功能对于社会稳定性的重要性。一定结构下社会系统功能的发挥，有四个相互联系的方面需要加以具体地分析和把握：

第一，要注意分析和把握功能发挥的制约性因素和条件，努力使社会资源或构成要素达到各得其所，各尽其用，相辅相成，良性互动的现实效果；

第二，要注意分析和把握功能的正负性质差异及其变化，努力使积极功能得到最充分的发挥，并最大限度地抑制和消除消极功能；

第三，既要注重经济、政治等社会构成要素以及不同结构领域较为显著实在功能的地位作用，也要注重文化、道德等领域较为潜在无形功能的地位作用；

第四，要注意对功能的实际发挥状态和变化趋势进行监控、分析和预测，并制定相应的调控应对措施。

五、智力支持能力——可持续发展能力的上层建筑

智力支持能力是一个国家或地区可持续发展的核心能力，它对其他支持能力的构建起指挥驾驭的作用，构成可持续发展能力的上层建筑。智力支持能力主要包括区域教育能力、区域科技能力、区域管理能力和区域决策能力四个方面。它们的综合作用共同决定了智力支持能力的水平。

（1）区域教育能力

区域教育能力是智力支持能力的基础部分，也是区域可持续发展的

基础条件。只有具有良好的教育基础，才能达到较高水平的科技能力、管理能力以及决策能力。区域教育能力通常是以教育的投入、教育的规模和教育的成果为基本标识的。

（2）区域科技能力

区域科技能力是智力支持能力的核心部分，对区域教育能力、管理能力和决策能力的发挥起决定性的作用。在现代社会中，科技已经应用到人类活动的各个领域，它已经成为人类发展的核心动力。没有了科技的支持，可持续发展能力的建设将无法顺利进行，人类社会的可持续性将永远不会实现。区域科技能力是以区域科技的资源状况、科技的产出成果、科技的生产力转化能力以及科技的社会贡献能力为基本标识的。

（3）区域管理能力

区域管理能力是智力支持能力的应用部分。从宏观的角度看，区域管理能力是指政府对发展状况的宏观调控能力；从微观的角度看，区域管理能力是指企业对自身运营机制的控制能力。无论从哪个角度看，区域管理能力都是智力支持能力的重要组成部分，它是将教育能力和科技能力转化为现实生产力的一种体现，它可以反映教育能力和科技能力的真实水平。一般认为，区域管理能力是以政府或企业的效益、经济调控的效果和机制运行的协调性为基本标识的。

（4）区域决策能力

区域决策能力是智力支持能力的外延部分，它是由区域的教育能力、科技能力和管理能力共同作用而外延生成的，它是智力支持能力在政府行为中的延续。一个合理的决策能够加速区域的发展；相反，一个失误的决策能够减缓甚至破坏区域的发展。区域决策能力是以决策的方式选择、决策的作用效果和决策的实施主体为基本标识的。

7.2.3　可持续发展能力建设的研究综述

1992 年，里约世界首脑会议通过的联合国《21 世纪议程》提出，"一个国家的可持续发展能力，在很大程度上取决于在其生态和地理条件下人民和体制的能力。具体地说，能力建设包括一个国家在人力、科学、技术、组织、机构和资源方面的能力培养和增强。能力建设的基本目标就是提高对政策与发展模式评价和选择的能力，这个能力提高的过程是建立在其国家的人民对环境限制与发展需求之间关系的正确认识的基础上的。所有国家都有必要增强这个意义上的国家能力"。这段表述将可持续发展能力建设问题提升到了全球的高度，强调了可持续发展能力建设对于国家发展的重要意义。如何加速提升可持续发展能力、卓有成效地推进可持续发展能力建设已经成为可持续发展战略的核心任务。如果认为可持续发展能力是一个国家在特定时期内所具有的发展水平的表征，那么，可持续发展能力建设则是获得此种表征的动力来源和促进未来继续增长的潜在准备。没有可持续发展能力建设就不可能产生和保持现有的可持续发展能力。由此可见，可持续发展能力建设在可持续发展战略中的重要地位。下面将在上文定义描述的基础上，提出可持续发展能力建设的基本原则。

一、整体性原则

整体性原则要求可持续发展能力建设应从能力建设的全局出发，充分考虑影响可持续发展能力的各方面因素，不要因为强调某一方面的能力建设，而忽略了其他方面的能力建设。可持续发展能力建设的整体性包含着系统整体性和区域整体性两方面的含义。

首先，系统整体性是指能力建设应覆盖可持续发展能力系统[①]的各个层次，可以从全局的角度对可持续发展能力系统的各个构成部分进行建设。通过前面的讨论可知，可持续发展能力的构成相当复杂，其构成涉及人类活动的诸多领域，包括社会的稳定能力、经济的发展能力、环境的缓冲能力、资源的有效利用能力以及科技的创新能力等诸多方面。可持续发展能力系统的每个构成部分都对可持续发展能力的水平产生着直接的影响。由此可见，可持续发展能力建设要顾及可持续发展能力系统的各个构成部分，从整体建设的角度出发对可持续发展能力进行建设，避免出现能力建设的畸形现象。

其次，区域整体性是指可持续发展能力建设要充分考虑到区域间

---

① 这里的可持续发展能力系统是由制约可持续发展能力的相关因素构成的，系统共包括生存支持系统、环境支持系统、发展支持系统、社会支持系统和智力支持系统五个部分。

能力建设的整体布局，注重区域间能力建设的互补性。在经济全球化的今天，区域的发展不仅会受到自身内部因素的影响，同时还会受到来自于其他区域外部因素的影响，可以说，没有一个区域的发展是独立进行的，可持续发展能力建设也是如此。某一区域的可持续发展能力水平会受到其他区域可持续发展能力水平的影响，部分区域能力建设的缓慢会降低整个区域的能力建设水平。由此可见，可持续发展能力建设应从区域间能力建设的整体角度出发，注重区域间能力建设的协调性。

二、层次性原则

可持续发展能力建设的整体性原则并不意味着能力建设的平均主义，可持续发展能力建设要求在整体性原则下注意区分能力建设的主次，使能力建设具有一定的层次性，这就是可持续发展能力建设的层次性原则。由于发展是受到一定物质条件制约的，如资源、人力和财力等，所以我们对于能力建设的投入是有限的。通常情况下，有限的投入并不能满足可持续发展能力各构成要素同时全面的建设，这就要求可持续发展能力建设要分清主次，对于那些能够反映当前发展最尖锐矛盾的方面先行加强建设。根据可持续发展能力建设层次性的要求，我们可将可持续发展能力各构成要素按其作用层次划分为基础能力、推动能力、保障能力和反馈能力四类。

（1）基础能力

基础能力构成了可持续发展能力的支撑基础，是可持续发展能力的基石。其他所有的能力建设都是在基础能力建设的基础上进行的，没有了基础能力，其他的能力建设就失去了意义。基础能力包括生态承载能力和资源供给能力。

（2）推动能力

推动能力对可持续发展能力的构建起催化剂的作用，它能够带动其他能力更好地建设。推动能力的建设能够加快可持续发展的步伐，使可持续发展能力的作用更加高效。推动能力主要包括科技创新能力、人力资源能力以及教育研发能力。

（3）保障能力

保障能力能够保障其他能力合理、充分地发挥作用，保障各类型能力间的协调性，使各种能力有机地结合在一起，发挥更大的作用。保障能力主要包括社会稳定能力、政府调控能力等。

（4）反馈能力

反馈能力也可称为监督能力，它是指可持续发展能力系统能够提供一些发展的信息源，使我们更加清晰地了解到发展的状态、阶段以及结果。反馈能力主要包括信息收集能力、数据分析能力等。

这四种能力是按照能力作用基础性的强弱来划分的，如图 7-3 所示，基础能力的基础性最强，反馈能力的基础性最弱。需要注意的是，这种排序只是能力建设的一个先后顺序，但不是一个主次顺序。可持续发展能力建设总是从基础能力建设开始的，只有具备了一定的基础能力，才能更好地构建推动能力、保障能力和反馈能力，但这并不意味着能力建设的主要方面就一定是基础能力建设，能力建设的主次还要结合区域发展的具体状况来决定。比如，某些发达国家的基础能力建设已经很完善了，其建设的重点就应放在保障能力或反馈能力的建设上。相反，发展中国家发展的基础能力较差，能力建设的重点应放在基础能力建设上。

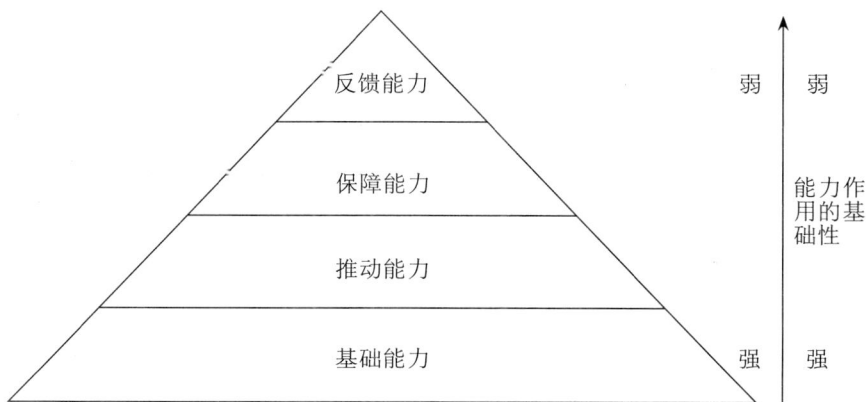

图 7-3　可持续发展能力的建设层次示意图

三、协调性原则

可持续发展能力建设的整体性原则和层次性原则解释了可持续发展能

力构成的多样性和层次性，但这并不能完全揭示可持续发展能力内部构成的作用机制，也不能反映可持续发展能力建设的全貌。可持续发展能力建设的协调性原则便解决了这一问题，揭示了可持续发展能力建设过程中不同类型能力间的作用关系，指出可持续发展能力建设应考虑不同可持续发展能力间建设的协调关系，某种类型能力的建设不应以牺牲另一种类型能力建设为代价，各种类型能力间的建设应达到共赢、互利的效果。

四、多样性原则

多样性原则主要是考虑到区域间发展状况和区域特质的不同，强调可持续发展能力建设不应按统一固定的模式进行，应尝试多种建设模式的结合。单一的建设模式很容易形成能力建设的瓶颈，导致能力建设的片面性。多种建设模式的结合可以使可持续发展能力建设取长补短，形成健康的建设机制。中华人民共和国建立初期，中国过度强调计划经济的主导，导致了经济发展的畸形。改革开放后，市场经济的引入使中国经济快速发展，经济发展能力得到了巨大的提升，这正是多种模式结合的结果。

五、长期性原则

长期性原则又可称为阶段性原则，它是指可持续发展能力建设是一个长期的、分阶段进行的过程，甚至是一个永无休止的过程。这种能力建设的长期性主要体现在以下两个方面：

首先，从发展历程的角度看，随着时间的推移，人们对发展的认识将会不断地发生变化，同样，可持续发展能力的内涵和构成也会发生本质的改变。这就需要可持续发展能力建设根据发展观念的变动而不断变化，通过长期的、阶段性的建设达到发展对可持续发展能力的要求，最终实现人类发展的可持续性。

其次，从能力本身出发，如果不考虑可持续发展能力构成会随时间的推移而发生的改变，可持续发展能力本身就不需要再建设了吗？答案是否定的。可持续发展能力在发展过程中会有不断地损耗，谁也无法保证今日的社会稳定就是将来的和平发展，所以对于已建立起来的可持续发展能力要不断地进行维护，使其至少保持原有的程度，这一过程正需要长期的能力建设。从这个角度讲，可持续发展能力建设同样需要长期性。

六、科学性原则

科学性原则对可持续发展能力建设起指导、规范的作用，我们认为可持续发展能力建设应采用科学合理的方法，用科学的思想指导能力建设。由于可持续发展战略具有高度的战略性、创新性和综合性，所以可持续发展能力建设必须寻求政策、管理、科技等全方位的综合建设方案。这就需要在可持续发展能力建设中遵循经济规律、自然规律和社会发展规律，采用科学有效的建设方法。

7.3　可持续发展能力的经济学解释与数学表征

本节将主要完成可持续发展能力的经济学解释，在建立二元社会系统模型的基础上，分别对可持续发展能力进行微观经济学描述和数学表征，从而对可持续发展能力的本质特征及其作用机理进行详细阐释。

7.3.1　理论准备

经济学的研究是通过对社会各种现象建立模型来进行的。通过一个模型我们可以简单地表示现实世界的情况。这里的重点在"简单"二字上，试想一下，一张以 1∶1 的比例画出的地图是毫无用处的。同样，一个经济模型也无需描绘出现实经济现象的每一个方面。一个模型的力量在于能去除无关的细节，从而让经济学家把重点放在所要研究问题的基本特征上。结合经济学的这一特点，本章在对可持续发展能力进行经济学解释的过程中简化了社会系统模型，采用最简单的并且能够描述出可持续发展能力状况的模型——二元社会系统模型，以后我们可以逐步地增加复杂的因素，使模型变得更为复杂，同时也希望更符合实际。

一、二元社会系统内部构成的选取

现代社会学指出，社会系统是由经济、文化、环境、科技以及生态等诸多领域组成的综合系统，可持续发展能力的建设是社会系统各个子系统共同作用的结果。为了更为直观地对可持续发展能力的实质进行经济学解释，本章简化了社会系统的构成内容，将社会系统中与可持续发展能力最为相关的环境与经济系统作为社会系统唯一的构成要素。我们知道，可持续发展最初研究的就是经济发展对环境资源的投入产出水平，对于现阶段人类发展而言，经济增长与环境资源间的平衡关系仍然是可持续发展问题研究的核心内容，因而，从发展的历史观和可持续发展的构成比重看，采用经济发展系统和环境资源系统建立二元社会系统模型是十分合理和科学的。

二、二元社会系统的运行机制

在二元社会系统模型中，经济与环境是系统内唯一的构成要素，运用环境库兹涅茨曲线理论我们可以很好地模拟二元社会系统的运行机制。环境库兹涅茨曲线理论解释了社会发展过程中经济与环境间的运行规律，明确指出，环境污染随经济增长呈现出先恶化后改善的倒"U"型曲线。环境压力和经济发展之间的倒"U"型曲线如图 7-4 所示。

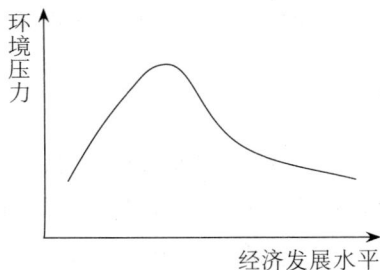

图 7-4　环境库兹涅茨曲线示意图

为了更好地利用环境库兹涅茨曲线理论对可持续发展能力进行经济学解释，我们扩展了两方面的内容：

（1）制约因素内容的扩展

EKC 曲线研究的是经济增长对环境污染的破坏，而二元社会系统模型下可持续发展能力的制约因素是经济发展和环境压力。通过比较可知，可持续发展能力制约因素比 EKC 曲线制约因素的统计口径要广，为了更好地运用 EKC 曲线模拟可持续发展能力的趋势，本章扩展了 EKC 曲线制约因素的统计口径，分别用经济发展和环境质量替换经济增长与环境污染，也就是说扩展后的 EKC 曲线研究的是经济发展对环境退化水平的影响趋势。

（2）EKC 模型的扩展

传统的 EKC 模型表明经济增长与环境污染间呈现出的倒"U"型趋势，而现代经济学表明，在相当的一些地方 EKC 曲线还呈现出了正"U"型、正"N"型、倒"N"型，甚至是线性趋势。通过对现有可持续发展能力研究成果的综述性分析可知，以上趋势也都符合可持续发展能力的运行趋势，因此，本章扩展了 EKC 曲线模型的样式，以便更加准确地描述区域可持续发展能力的运行趋势。

三、二元社会系统模型的建立

通过以上的理论准备，我们完成了二元社会系统模型的建立，从而为研究可持续发展能力的本质及其趋势提供了理论基础。二元社会系统模型的数学表征如下：

$$S(t) = f_1[R(t), G(t)] \tag{7.10}$$

$$R(t) = f_2[G(t)] + \varepsilon_t \tag{7.11}$$

其中：公式（7.10）为二元社会系统模型的构成表征；$S(t)$ 为二元社会系统状态函数；$R(t)$ 和 $G(t)$ 分别表示环境质量函数和经济发展函数；$f_1(x)$ 为社会系统作用函数，用来表征社会系统状态是由环境质量状态和经济发展状态共同央定的。公式（7.11）为二元社会系统模型内部作用机制函数；$f_2(x)$ 为经济发展对环境质量影响函数，用来表征经济发展对环境质量的作用关系。

7.3.2　可持续发展能力的微观经济学描述

一、可持续发展能力本质的微观经济学描述

美国的汉森和约纳斯（Hansen J W 和 Jones J W，1996）曾将可持续发展能力解释为："一个系统可以达到可持续状态的水平。"这里的水平可以理解为区域发展能够达到可持续性状态的效率，对于同质的可持续性状态，我们可以认为可持续发展能力代表的是区域发展达到可持续性状态的速度，即可持续发展能力越强，系统达到同质可持续发展水平的速度就越快。北京市可持续发展能力研究所的谭成文也曾做过类似的解释，其认为可持续发展能力反映的是可持续发展水平的变化速度，代表的是可持续发展水平的趋势和潜力。由此我们可以将可持续发展能力定义为系统达到某一可持续发展水平的速度，其实质就是可持续发展水平的变化率。为了更好地说明这一问题，本章引入环境库兹涅茨曲线对二元社会系统模型下可持续发展能力的本质进行微观经济学描述，如图7-5所示。

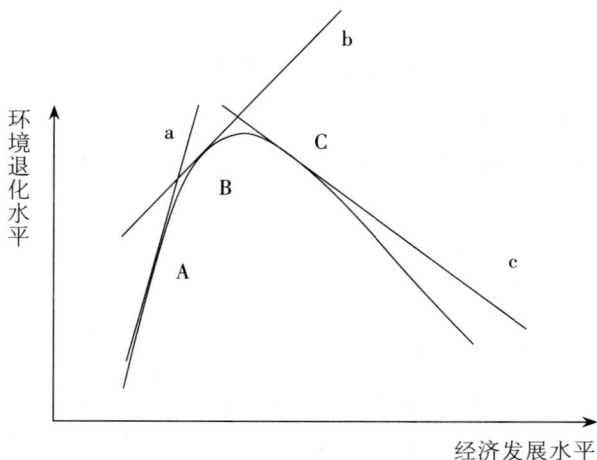

图7-5　可持续发展能力微观经济学描述示意图

在二元社会系统模型中，由于制约可持续发展水平的只有环境和经济两个因素，因此可持续发展水平可以理解为经济发展对环境资源的破坏程度，可持续发展水平越强，经济发展对环境资源的破坏程度就越小。据此，二元社会系统模型下可持续发展能力可以理解为，伴随着时间的推移，经济发展对环境资源破坏程度的变化率，其表示的是每一单位的经济增长所能带来的对环境资源破坏程度。根据二元社会系统模型下可持续发展水平的定义可知，可持续发展水平可以用环境库兹涅茨曲线表示，而可持续发展能力则是环境库兹涅茨曲线的斜率。

在图7-5中，单位经济增长所带来的环境资源破坏在不断减少，到后期甚至出现了经济增长有助于环境质量改善的情况，可见，系统的可持续发展水平在不断提高，相应地，该系统的可持续发展能力也在得到不断加强。在点B处，曲线的斜率远比点A处的斜率小，说明点B处的单位经济发展带来的环境破坏程度比点A处的少，区域发展的效率较高，拥有较强的可持续发展能力；在点C处，曲线的斜率甚至出现了负值，说明经济发展能给环境破坏带来补偿，不仅抵消了环境污染带来的损失，同时还改善了环境质量，区域发展实现了永续的可持续性，具备了很强的可持续发展能力。由此可见，区域可持续发展能力水平是与环境库兹涅茨曲线的斜率呈反比的。

二、可持续发展能力本质的微观经济学描述

通过上文对可持续发展能力本质的微观经济学描述，我们对可持续发展能力的内涵有了进一步的了解。下文将在此基础上，对典型 EKC 模型下可持续发展能力的运行趋势进行微观经济学描述。

1）可持续发展能力趋势研究的理论基础

在对可持续发展能力趋势进行研究前，我们必须了解以下几个概念：

（1）环境承载力

环境承载力从广义上讲，指某一区域的环境对人口增长和经济发展的承载能力。从狭义上讲，即为环境容量，是指环境系统对外界其他系统污染的最大允许承受量或负荷量，主要包括大气环境容量、水环境容量等。环境承载力是区域发展环境污染的最大程度，如果环境污染超出了环境承载力的范围，那么环境系统将会受到无法修复的破坏。本章用 EC 表示环境承载力。

（2）警戒线

警戒线是指环境库兹涅茨曲线斜率绝对值为 1 时对应的环境退化水平，斜率为 1 时为正警戒线，表示区域发展是否开始具有可持续发展能力的分界线，即经济发展带来等量环境污染时的发展状态，用 AC 表示；斜率为负 1 时为负警戒线，用 BC 表示，表示区域可持续发展能力是否开始持续退化或加强的分界线，比如，当可持续发展能力水平低于负警戒线时，表明区域可持续发展能力开始持续减弱，可能存在能力丧失的情况，区域发展需要进行及时的调节。

（3）EKC 转折点

EKC 转折点是判断可持续发展能力趋势的主要特征值，处于转折点时，EKC 曲线的斜率为 0，其表示的是经济发展水平对环境退化水平正负作用的分界点。

（4）EKC 拐点

在正"N"型和倒"N"型的模型中，EKC 曲线是由一个正"U"型和一个倒"U"型曲线组成的，EKC 拐点则是两个"U"型曲线的连接点。

在介绍完 4 个判断可持续发展能力趋势的特征指标后，我们给出可持续发展能力趋势判断的基本原则，见表 7-1。

表 7-1 　　　　　　　　　可持续发展能力趋势判断特征表

斜率值	k < -1	k = -1	-1 < k < 0	k = 0	0 < k < 1	k = 1	k > 1
趋势状态	$v_{R^-} > v_G$	$v_{R^-} = v_G$	$v_{R^-} < v_G$	$v_{R^-} = 0$ $v_{R^+} = 0$	$v_{R^+} < v_G$	$v_{R^+} = v_G$	$v_{R^+} > v_G$
可持续发展能力水平	强可持续发展能力	处于负警戒线	次可持续发展能力	处于转折点	弱可持续发展能力	处于正警戒线	不具备可持续发展能力

注：v_{R^-} 表示环境系统的改善速度；v_{R^+} 表示环境系统的退化速度；v_g 表示经济发展速度。

表 7-1 详尽地说明了如何运用 EKC 曲线的特征指标确定可持续发展能力状况。当 k < -1 时，环境改善速度超过经济发展速度，环境改善程度超出了经济支持的范畴，经验表明，政府、法制等政策因素拉动了环境质量的改善，区域可持续发展能力较强；当 k = -1 时，表明发展处于警戒状态，如果超出了负警戒线的范围，可持续发展能力短期内不会丧失，但从长期看，存在丧失的趋势；当 -1 < k < 0 时，表明经济增长对环境改善有正相关作用，但此时经济发展仍是社会的主题，经济发展速度超过环境改善速度；当 k = 0 时，发展处于转折点，是经济发展对环境质量退化正负作用的分界线；当 0 < k < 1 时，经济发展仍是社会发展的主题，但由于经济发展对环境退化有一定的补偿作用，环境退化速度减慢，区域发展具备弱可持续发展能力；当 k = 1 时，经济发展速度等于环境退化速度，等量经济增长背后是等量的环境污染，其实质是衡量是否具有可持续发展能力的分界点；当 k > 1 时，区域发展极不协调，经济增长的背后是大量的环境污染，环境退化成为了社会系统的主要活动，区域发展不具备可持续发展能力。

2）典型 EKC 模型下可持续发展能力趋势的微观经济学描述

（1）倒 "U" 型曲线下可持续发展能力趋势分析（如图 7-6 和图 7-7 所示）

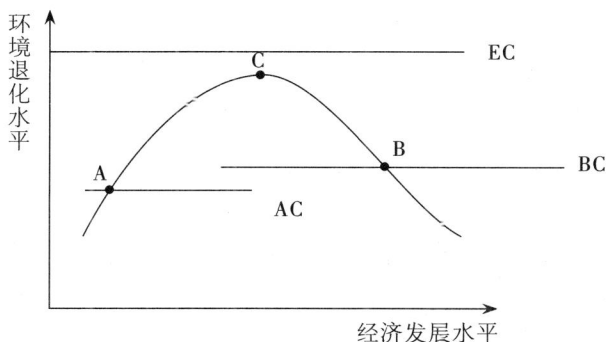

图 7-6　未超出环境承载力倒 "U" 型曲线下可持续发展能力的趋势分析图

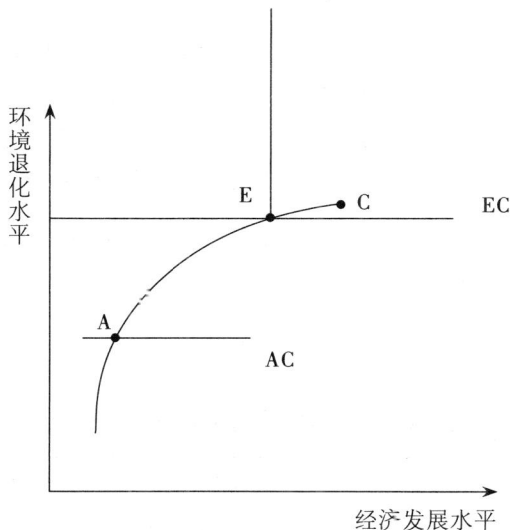

图 7-7　超出环境承载力时的倒 "U" 型曲线下可持续发展能力的趋势分析图

图 7-6 表示的是在倒 "U" 型 EKC 曲线下，曲线趋势图转折点没有超过环境承载力线 EC 时可持续发展能力的运行趋势。在这种情况下，可持续发展能力处于最佳的运行状态，区域发展的基本面较好。在点 A 之前，区域发展处于正警戒线 AC 之下，环境质量退化速度超过了经济发展速度，经济增长的背后是巨大的环境污染，区域发展不具备可持续发展能力；在点 A 和点 C 之间，区域发展处于正警戒线 AC 之上，

环境质量退化速度低于经济发展速度，随着经济的增长，虽然环境质量仍在不断退化，但其退化程度得到了经济增长的一定补偿，区域发展具有弱可持续发展能力；在点 C 和点 B 之间，区域发展处于负警戒线之上，经济发展的同时，环境质量也得到了改善，经济增长不仅补偿了环境污染的破坏程度，同时也给环境带来了一定的改善，区域发展具有次可持续发展能力；在点 B 以后，区域发展处于负警戒线之下，环境质量的改善速度超出了经济发展速度，环境质量将得到持续改善，区域发展具有强可持续发展能力。

图 7-7 表示的是在倒"U"型 EKC 曲线下，曲线趋势图转折点超过环境承载力线 EC 时区域可持续发展能力的运行趋势。在点 E 之前，区域可持续发展能力运行趋势与图 7-6 中点 C 前一致，但在到达点 E 后，区域环境污染程度超出环境承载力的容量，即 EKC 曲线转折点 C 出现在了环境承载力水平之上，此时，无论经济怎样增长都无法补偿环境污染程度，区域发展的可持续发展能力完全丧失。在这种情况下，区域应尽快改变经济增长方式和加强环境污染治理，改变现行区域可持续发展能力运行趋势，提前趋势转折点的出现时间，将转折点调整到环境承载力水平之下，使区域可持续发展能力的运行趋势调整到图 7-6 的趋势。

以上我们分析了倒"U"型曲线下可持续发展能力趋势，其趋势分析见表 7-2。

表 7-2　　倒"U"型曲线下可持续发展能力的趋势分析表

斜率	k > 0			k = 0	k < 0		
环境质量状态	环境质量退化			不变	环境质量改善		
斜率	k > 1	k = 1	0 < k < 1		0 < k < -1	k = -1	k < -1
指标比较	$v_{R^+} > v_G$	$v_{R^+} = v_G$	$v_{R^+} < v_G$	$v_{R^-} = 0$ $v_{R^+} = 0$	$v_{R^-} < v_G$	$v_{R^-} = v_G$	$v_{R^-} > v_G$
社会主要经济活动	环境质量退化	环境质量退化和经济发展	经济发展		经济发展	环境质量改善和经济发展	环境质量改善
可持续发展能力状况	不具备可持续发展能力	发出具备可持续发展能力信号	弱可持续发展能力	发出环境质量由退化到改善的信号	次可持续发展能力	发出强可持续发展能力的信号	强可持续发展能力

（2）正"U"型曲线下可持续发展能力趋势分析（如图 7-8 所示）

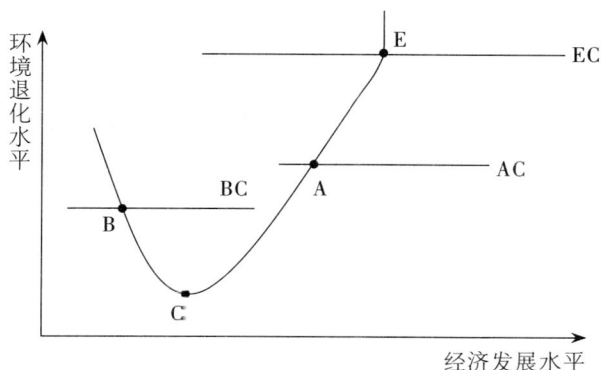

图 7-8　正"U"型曲线下可持续发展能力趋势图

图 7-8 表示的是在正"U"型曲线下可持续发展能力的趋势。在点 B 之前，EKC 曲线斜率 k < -1，经济发展速度小于环境改善速度，经济发展的同时环境系统得到了大于经济发展能够提供的支持作用，此时环境系统的改善是社会系统的主要活动，这主要是由政策和法制等宏观因素决定的，区域发展具有强可持续发展能力；在点 B 时，EKC 斜率 k = -1，经济发展带来等量的环境改善，此时 EKC 曲线将发出警戒信号，区域可持续发展能力出现了明显的下降趋势，区域应及时对经济结构进行调整，避免下降趋势进一步扩大；在点 B 和点 C 之间，EKC 斜率 -1 < k < 0，此时虽然环境系统还在不断改善，但此时社会系统的主要活动是经济增长，环境改善速度下降，区域可持续发展能力出现下降趋势，区域发展具有次可持续发展能力；在点 C 时，EKC 斜率 k = 0，区域发展处于 EKC 的转折点，经济发展不会带来环境质量水平的退化；在点 C 和点 A 之间，EKC 斜率 0 < k < 1，此时环境质量开始退化，但经济发展仍然是社会系统的主要活动，经济发展速度大于环境质量退化速度，区域发展具有弱可持续发展能力；在点 A 时，EKC 斜率 k = 1，经济发展速度等于环境质量退化速度，EKC 曲线发出警戒信号，区域可持续发展能力即将丧失；在点 A 和点 E 之间，EKC 斜率 k > 1，环境质量退化速度大于经济发展速度，社会系统主要活动是环境质量的退化，区域发展不具有可持续发展能力；在点 E 以后，由于

区域发展带来的环境质量退化程度超出了环境承载力，环境质量受到了不可恢复的破坏，区域发展将不可持续。

以上我们完成了对正"U"型曲线下可持续发展能力的趋势分析，在这种情况下，区域可持续发展能力呈现出逐渐下降的趋势，并且最终将导致环境质量的不可恢复，因此，具有此趋势的区域必须对现有的发展策略进行调整，在达到正警戒线之前使可持续发展能力趋势改变，避免可持续发展能力的丧失。正"U"型曲线下可持续发展能力的趋势分析见表7-3。

表7-3　　　　正"U"型曲线下可持续发展能力的趋势分析表

斜率	k < 0			k = 0	k > 0		
环境质量状况	环境质量改善			不变	环境质量退化		
斜率	k < -1	k = -1	-1 < k < 0		0 < k < 1	k = 1	k > 1
指标比较	$v_R^- > v_G$	$v_R^- = v_G$	$v_R^- < v_G$	$v_R^- = 0$ $v_R^+ = 0$	$v_R^+ < v_G$	$v_R^+ = v_G$	$v_R^+ > v_G$
社会主要经济活动	环境质量改善	环境质量改善和经济发展	经济发展		经济发展	环境质量退化和经济发展	环境质量退化
可持续发展能力状况	强可持续发展能力	发出可持续发展能力下降信号	次可持续发展能力	发出环境质量由改善到退化的信号	弱可持续发展能力	发出可持续发展能力丧失的信号	不具有可持续发展能力

（3）倒"N"型曲线下可持续发展能力趋势分析（如图7-9所示）

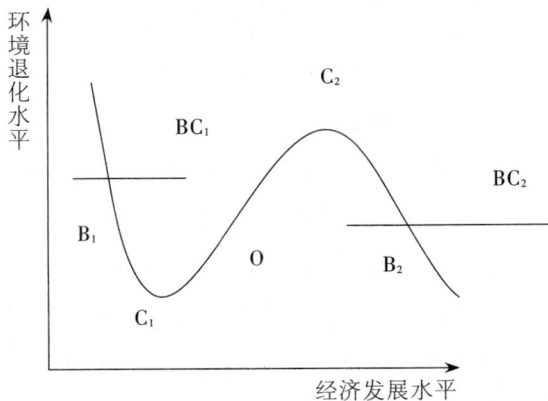

图7-9　倒"N"型曲线下可持续发展能力趋势图

图7-9表示的是在倒"N"型曲线下可持续发展能力的趋势，其由一个正"U"型曲线和一个倒"U"型曲线构成。此时可持续发展能力

的趋势特征指标发生了变化：BC_1 和 BC_2 分别表示正 "U" 型和倒 "U" 型曲线的负警戒线，它们的交点分别为点 B_1 和点 B_2；点 C_1 和点 C_2 分别表示正 "U" 型和倒 "U" 型曲线的转折点；点 O 表示的是倒 "N" 型曲线的拐点，即正 "U" 型和倒 "U" 型曲线的分界点。

倒 "N" 型曲线下可持续发展能力趋势的实质就是一个正 "U" 型曲线加一个倒 "U" 型曲线的趋势，两者的趋势分析我们已经在前面讨论过了，总结后的趋势分析见表 7-4：

表 7-4　　倒 "N" 型曲线下可持续发展能力的趋势分析表

类型	正 "U" 型曲线			拐点	倒 "U" 型曲线		
趋势	可持续发展能力逐步下降				可持续发展能力逐步上升		
斜率	k < 0	k = 0	k > 0		k > 0	k = 0	k < 0
环境质量状态	环境质量改善		环境质量退化		环境质量退化		环境质量改善
可持续发展能力状况	可持续发展能力由强到次	发出环境质量由改善到退化的信号	可持续发展能力由弱到不具备	区域加强可持续发展能力建设	可持续发展能力由不具备到弱	发出环境质量由退化到改善的信号	可持续发展能力由次到强

（4）正 "N" 型曲线下可持续发展能力趋势分析（如图 7-10 所示）

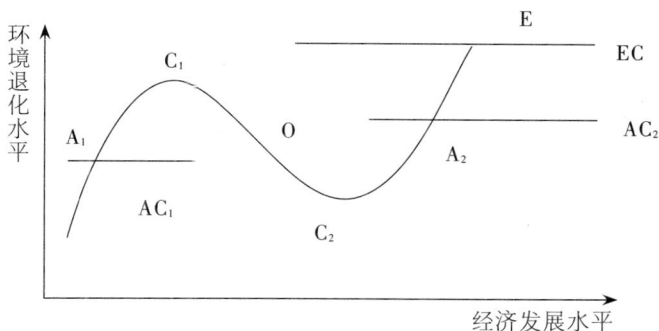

图 7-10　正 "N" 型曲线下可持续发展能力趋势图

图 7-10 表示的是在正 "N" 型曲线下可持续发展能力的趋势，其与倒 "N" 型曲线一样是由两个 "U" 型曲线构成的，只是 "U" 型曲线排列的顺序发生了变化，正 "N" 型曲线是由一个倒 "U" 型曲线加一个正 "U" 型曲线构成的。此时可持续发展能力趋势的特征指标发生了变化：AC_1 和 AC_2 分别表示倒 "U" 型和正 "U" 型曲线的负警戒线，

它们的交点分别为点 A_1 和点 A_2；点 C_1 和点 C_2 分别表示倒"U"型和正"U"型曲线的转折点；点 O 表示的是倒"N"型曲线的拐点，即倒"U"型和正"U"型曲线的分界点。

正"N"型曲线下可持续发展能力趋势的实质就是一个倒"U"型曲线加一个正"U"型曲线的趋势，两者的趋势分析我们已经在前面讨论过了，总结后的趋势分析见表 7-5。

表 7-5　　　正"N"型曲线下可持续发展能力的趋势分析表

类型	倒"U"型曲线			拐点	正"U"型曲线		
趋势	可持续发展能力逐步上升				可持续发展能力逐步下降		
斜率	k > 0	k = 0	k < 0		k < 0	k = 0	k > 0
环境质量状态	环境质量退化		环境质量改善		环境质量改善		环境质量退化
可持续发展能力状况	可持续发展能力由不具备到弱	发出环境质量由退化到改善的信号	可持续发展能力由次到强	由于政策、经济结构恶化等原因，能力下降	可持续发展能力由强到次	发出环境质量由改善到退化的信号	可持续发展能力由弱到不具备

3）二元社会系统模型下可持续发展能力趋势分析的基本原则

（1）可持续发展能力趋势的类型判定

二元社会系统模型下可持续发展能力的实质表明，可持续发展能力就是 EKC 曲线的斜率，因此我们通过对 EKC 曲线斜率趋势的判断来确定可持续发展能力趋势的类型。斜率 k 的正负决定了曲线的上升或下降趋势，斜率 k 的变化趋势决定了曲线的凹凸程度。具体说来：

①当 k > 0，且不断减小时，曲线为沿时间序列呈上升趋势的"凸"型线，即为倒"U"型曲线的前半部分。

②当 k > 0，且不断增大时，曲线为沿时间序列呈上升趋势的"凹"型线，即为正"U"型曲线的后半部分。

③当 k < 0，且不断减小时，曲线为沿时间序列呈下降趋势的"凸"型线，即为倒"U"型曲线的后半部分。

④当 k < 0，且不断增大时，曲线为沿时间序列呈下降趋势的"凹"型线，即为正"U"型曲线的前半部分。

在对典型可持续发展能力趋势类型进行判定的过程中，由于我们已对其基本趋势有了一定的了解，所以可以简化对典型趋势类型的判定程序，只需对斜率 k 正负值的时间序列进行分析即可，见表 7-6。

表 7-6　　二元社会系统模型下可持续发展能力趋势评价表

模型	斜率正负值时间序列	模型评价等级	可持续发展能力最终状态	改进方式
倒 "U" 型	(+, −)	最优	强	提前转折点
倒 "N" 型	(−, +, −)	良性	强	避免中间波动
正 "N" 型	(+, −, +)	恶性	无	转化为倒 "U" 型
正 "U" 型	(−, +)	最差	无	转化为倒 "N" 型

（2）二元社会系统模型下可持续发展能力趋势的评价

趋势评价的实质是对经济现象随时间变化所展现出的不同状况的分析，同理，可持续发展能力趋势评价就是对随时间推移的可持续发展能力状况的评价。对可持续发展能力趋势评价的方法通常采用区间划分法，对不同区间段的可持续发展能力状况进行分析，从而对可持续发展能力总体趋势做出客观评价。对于典型可持续发展能力趋势的经济学评价本节已经在对其进行微观经济学描述时详尽讨论过了，这里将主要对典型可持续发展能力趋势进行政策性评价，见表 7-6。

①在倒 "U" 型曲线趋势中，可持续发展能力从无到有，从弱到强，区域可持续发展能力在不断提高，这是区域发展的最优化模式。在这种趋势下，区域发展不要停留在现有趋势上等待 EKC 曲线转折点的到来，区域应继续加强可持续发展能力建设，使 EKC 曲线拐点早日到来，用最短的时间实现环境质量由退化向改善的转变。

②在倒 "N" 型曲线趋势中，可持续发展能力的最终趋势与倒 "U" 型趋势一致，即可持续发展能力不断提高，但其发展的过程较倒 "U" 型曲折，可持续发展能力经历了一个由强到弱，由有到无，再从无到有，最终又由弱到强的曲折过程，可以说结果可喜，过程曲折。在这种趋势下，由于发展战略调整得不合理导致了发展的不稳定性，区域应调整决策使发展平稳，尽量避免中间的曲折过程。

③在正 "N" 型曲线趋势中，可持续发展能力经历了从无到有，从

弱到强，再从强到弱，最终从有到无的过程，总体呈现出恶性发展。在这种趋势下，虽说可持续发展能力最终有丧失的趋势，但其中间具有一段缓冲期，使得我们有足够的时间加快可持续发展能力建设，改变现有的运行趋势。区域应在拐点出现之前规避正"U"型趋势的出现，使发展趋势变为倒"U"型。

④在正"U"型曲线趋势中，可持续发展能力趋势与倒"U"型完全相反，可持续发展能力由强到弱，最终环境退化程度超出环境承载力，环境质量将受到无法恢复的破坏，区域发展将不再具备可持续发展能力，这是区域发展的最差模式。在这种趋势下，区域应尽快调整发展策略，大幅加大可持续发展能力建设的投入，改变趋势轨迹，在环境退化程度超出环境承载力前形成倒"U"型趋势转折点，使得总体趋势展现出倒"N"型趋势。

7.3.3 二元社会系统模型下可持续发展能力的数学表征

一、基于微观经济学描述的可持续发展能力数学表征

可持续发展能力的微观经济学描述表明，可持续发展能力的实质是环境库兹涅茨曲线的斜率。在此基础上，本章结合计量经济学知识对可持续发展能力进行数学表征，见公式（7.12），从而对二元社会系统模型下的可持续发展能力做进一步的经济学解释。

$$I = \frac{d[E(g,r)]}{dg} \tag{7.12}$$

式中：I 表示可持续发展能力的水平得分，由于其表示的是经济增长给环境资源带来的破坏程度，所以可持续发展能力水平得分越高，区域可持续发展能力越弱；g 表示经济发展水平，一般用人均 GDP 衡量；r 表示环境退化水平，一般用人均污染负荷衡量；$E(g,r)$ 是可持续发展水平函数，用来表示二元社会系统模型下发展的可持续水平，在图 7-5 中表现为环境库兹涅茨曲线。

由此可见，对可持续发展能力的数学表征十分简单，即对环境库兹涅茨曲线函数求导。可是，在现实中，由于环境库兹涅茨曲线是一个经验模型，对其函数 $E(g,r)$ 进行数学表征十分困难，且缺少科学依据，

所以公式（7.12）的描述只具有理论意义，没有任何的现实意义，我们还需对其进行进一步的改进。

在环境库兹涅茨曲线模型中，可持续发展能力是可持续发展水平的变化率，表示经济每增长一个单位所造成的环境资源破坏程度，于是我们可以用变化量的比值取代曲线斜率，近似地对可持续发展能力进行数学表征，见公式（7.13）。

$$I = \frac{\Delta R(r)}{\Delta G(g)} \tag{7.13}$$

式中：$R(r)$ 为环境污染函数，表示在不同时点环境资源的破坏程度；$\Delta R(r)$ 则表示在一段时期内环境污染程度的变化量；$G(g)$ 是经济增长函数，表示不同时点的人均 GDP；$\Delta G(g)$ 则表示在一段时期内人均 GDP 的增加值。

在假设环境资源消耗率和经济增长率不变的条件下，根据级数效应我们可以将环境污染函数和经济增长函数表示为：

$$R_n = R_0(1+x)^n \tag{7.14}$$

$$G_n = G_0(1+y)^n \tag{7.15}$$

式中：x 表示环境资源平均消耗率；y 表示经济平均增长率。由此，公式（7.13）演变为：

$$I = \frac{\Delta R_n}{\Delta G_n} = \frac{\Delta R_0(1+x)^n}{\Delta G_0(1+y)^n} = \frac{R_0(1+x)^n - R_0}{G_0(1+y)^n - G_0} = \frac{R_0\left[(1+x)^n - 1\right]}{G_0\left[(1+y)^n - 1\right]} \tag{7.16}$$

由于变化量的比值是对曲线斜率的近似表示，因此为了更为准确地表示环境库兹涅茨曲线的变化率，本章引入弹性机制对公式（7.16）的数字表征做进一步的改进。

$$I = \frac{\dfrac{\Delta R_n}{R_0}}{\dfrac{\Delta G_n}{G_0}} = \frac{(1+x)^n - 1}{(1+y)^n - 1} \tag{7.17}$$

可持续发展能力建设的一个特点就是其建设周期的长期性，可持续发展能力建设不仅仅是一代人的事业，甚至关系到几代人持久的努力。因此，本章在假设区域可持续发展能力的建设周期无限长的基础上，利用极限得到可持续发展能力数学表征的最终表达式，见公式（7.18）。

$$I \approx \lim_{n \to \infty} I = \lim_{n \to \infty} \frac{(1+x)^n - 1}{(1+y)^n - 1} = \frac{n(1+x)^{n-1}}{n(1+y)^{n-1}} = \left(\frac{1+x}{1+y}\right)^{n-1} \tag{7.18}$$

至此，本章通过对二元社会系统模型下可持续发展能力的微观经济学解释和数学表征完成了对其的经济学解释。在假定环境库兹涅茨曲线存在的前提下，二元社会系统模型下可持续发展能力可以用环境库兹涅茨曲线的斜率表示，其数学表征的实质是近似的指数函数。

二、二元社会系统模型下可持续发展能力的评价原则

在对二元社会系统模型下可持续发展能力进行经济学解释的基础上，本章提出了进行可持续发展能力评价的基本原则（具体如图 7-11 和图 7-12 所示）。

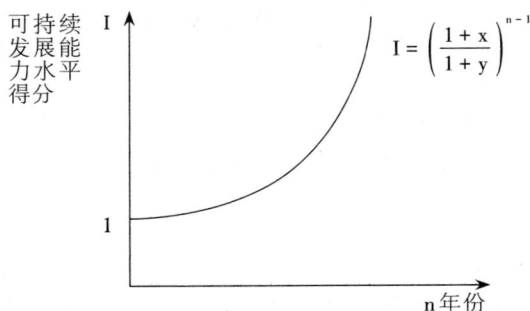

图 7-11　a > 1 时可持续发展能力水平得分趋势图

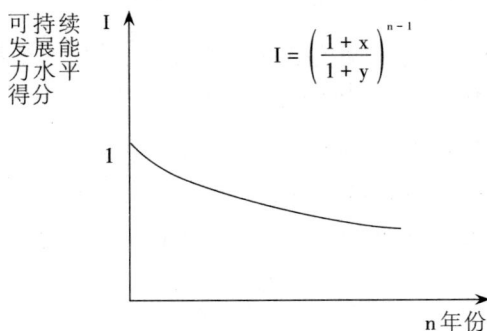

图 7-12　0 < a < 1 时可持续发展能力水平得分趋势图

由于可持续发展能力数学表征的实质是近似的指数函数，其图形的趋势是由其底数 $\frac{1+x}{1+y}$ 决定的，因此，在二元社会系统模型下可持续发展能力是由其数学表征的底数决定的，我们称底数 $\frac{1+x}{1+y}$ 为可持续发展

能力水平的决定因子 a，在同一时点上，决定因子 a 越大，可持续发展能力越弱。下文将利用决定因子 a 来说明对二元社会系统模型下可持续发展能力进行评价的基本原则，见表 7-7。

表 7-7　　　　　　　　可持续发展能力评价水平表

决定因子 a 值	a > 1	−1 < a < 1		a < −1
		x > 0	x < 0	
可持续发展能力水平	不具备可持续发展能力	具备可持续发展能力		
		弱可持续发展能力	次可持续发展能力	强可持续发展能力
发展状态	环境污染将不断加重，经济发展不足以弥补环境污染	经济发展的同时环境污染继续，但经济发展对其有一定的补偿	经济发展的同时环境质量开始改善，但其改善程度小于经济发展	经济发展的同时环境质量开始改善，且其改善程度大于经济发展

（1）当 a > 1 时，表明环境资源消耗率高于经济增长率，经济增长无法弥补环境污染带来的生态损失，形成经济增长与环境破坏间的恶性循环。在这种条件下，经济增长的背后是巨大的能源消耗，并且随着时间的推移，环境系统最终将达到无法修复的状态，区域发展不具备可持续发展能力，如图 7-11 所示。

（2）当 −1 < a < 1，且 x > 0 时，表明经济发展的同时环境质量继续退化，但经济发展的速度已超过环境质量退化速度。在这种情况下，由于经济发展程度超出了环境退化程度，经济发展虽不能改善环境质量，但对环境质量退化有一定的补偿能力，区域具有弱可持续发展能力，并且随着时间的推移，经济发展对环境质量的补偿作用会越来越大，如图 7-12 所示。

（3）当 −1 < a < 1，且 x < 0 时，表明经济发展的同时，环境质量不断改善，但环境质量改善的程度低于经济发展的程度，在只有环境因素和经济因素的社会系统中，经济发展没有完全应用到环境质量改善中，经济的增长在一定程度上有所浪费，区域发展具有次可持续发展能力。

（4）当 a < −1 时，表明在经济发展的同时环境质量得到了改善，而且改善的程度要超出经济发展的程度。在这种情况下，不仅经济发展的成果得到充分的利用，而且由于体制和政策的合理性导致了环境质量改善程度超出了经济发展支持的范围，区域发展具有强可持续发展能力。

7.4 实证研究思路及模型设计

7.4.1 实证研究思路

本章的实证分析以二元社会模型下可持续发展能力的经济学解释为基础，先后运用可持续发展能力的微观经济学描述对其趋势进行分析，运用可持续发展能力的数学表征对其进行比较分析，如图 7-13 所示。

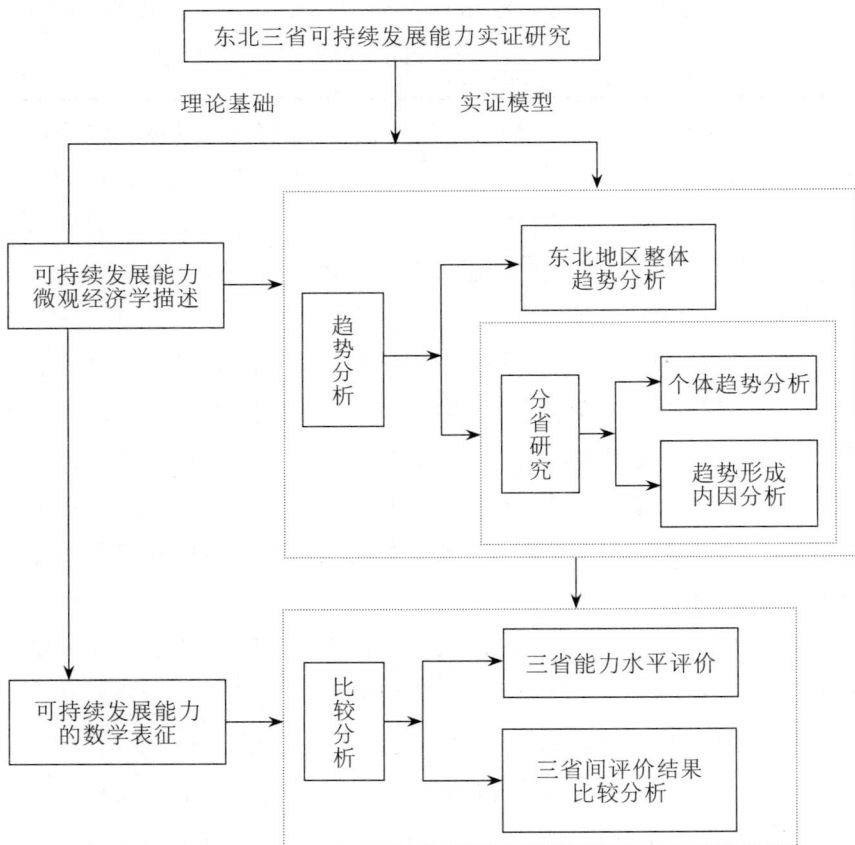

图 7-13 东北三省可持续发展能力实证分析结构图

一、趋势分析——时序数据分析

本章首先从东北三省总体的角度出发，研究东北老工业基地整体可持续发展能力的趋势，试图通过能力运行的趋势分析探究东北老工业基地的可持续发展道路。其次，本章从东北三省个体的角度出发，分别对东北三省可持续发展能力进行了趋势分析，并在此基础上分析了制约三省可持续发展能力趋势的内在动因。

二、比较分析——截面数据分析

在结合二元社会系统模型下可持续发展能力数学表征的基础上，本章分别对东北三省的可持续发展能力水平进行了评价，并结合评价结果对东北三省的可持续发展能力进行了纵向的比较分析，试图找出三省在可持续发展能力建设中存在的优势与问题。

7.4.2　实证分析模型的选择

一、趋势分析的基本模型——GK 模型

由第三节的讨论可知，二元社会系统模型下可持续发展能力趋势分析即是对广义环境库兹涅茨曲线的模拟，根据 EKC 曲线的形状来判断可持续发展能力的趋势。现有研究采用的环境库兹涅茨模型大多来自于 Grossman 和 Krueger（1995）的简化型基准函数，我们把它称为 GK 模型。该方法有以下两个优点：第一，与估计结构型方程相比，简化型模型的估计结果可以告诉我们经济发展对环境质量的净影响；第二，简化型模型可以免去我们收集有关污染管制和技术状态数据的烦扰，这些数据很难获得，且有效性存在疑问。具体地，GK 方法的基本函数表示为：

$$R_t = \alpha + \beta_1 Y_t + \beta_2 Y_t^2 + \beta_3 Y_t^3 + \varepsilon_t \tag{7.19}$$

式中：R_t 代表区域在第 t 年的环境质量指标值；Y_t 代表区域在第 t 年的经济发展水平值；α 为特定的截面效应。根据公式（7.19）可以判断环境质量和经济发展之间的几种曲线关系：（1）如果 $\beta_1 > 0$、$\beta_2 < 0$ 且 $\beta_3 > 0$，则环境质量和经济发展呈正"N"型曲线关系；反之，如果 $\beta_1 < 0$、$\beta_2 > 0$，且 $\beta_3 < 0$，则环境质量和经济发展呈倒"N"型关系。（2）如果 $\beta_1 > 0$、$\beta_2 < 0$，且 $\beta_3 = 0$，则环境质量和经济发展呈倒"U"型关系；如果 $\beta_1 < 0$、$\beta_2 > 0$，且 $\beta_3 = 0$，则环境质量和经济发展呈正"U"型关系。（3）如果 $\beta_1 \neq 0$，且 $\beta_2 = 0$、$\beta_3 = 0$，则环境质量和经济发展呈线性关系。

二、总体趋势分析模型——基于面板数据的 GK 模型

在对东北三省可持续发展能力总体趋势分析的过程中，我们不仅要考虑反映趋势的时序指标，同时还需要考虑反映东北三省差异的截面指标，因此，本章实证分析中采用的是包括时间序列数据和截面数据的面板数据 GK 模型，原因包括以下两个方面：第一，从计量经济学理论来看，面板数据与单纯的时间序列数据或者截面数据相比有许多优点，面板数据包含的样本数据更多，因而带来了更大的自由度，提高了参数估计的有效性；面板数据能够控制个体的异质性，给出更多的信息，减少了回归变量之间的多重共线性；另外，面板数据还能够构造更为复杂的行为模型；第二，Dinda（2004）指出环境库兹涅茨曲线的形状同时具有时间维度和截面维度的特征，即不仅单个国家或考察单位的环境质量随着经济的发展而变化，而且多个国家或考察单位的环境质量同样随着经济的发展而变化。因此，结合了时间维度和截面维度的面板数据能更准确地反映东北老工业基地总体可持续发展能力的变化趋势。综合考虑面板数据在计量经济学理论中的优势和环境库兹涅茨理论的实际情况，选择它是非常适合的。

1）面板数据 GK 模型的类型

面板数据模型包括无个体影响的不变系数模型、变截距模型和变系数模型三大类。同样，基于面板数据的 GK 模型也分为三类：

（1）无个体影响的不变系数 GK 模型

无个体影响的不变系数模型表示为：

$$y_t = \alpha + \beta x_t + \varepsilon_t \tag{7.20}$$

在该模型中，假定在个体成员上既无个体影响也无结构变化，即对于各个个体成员方程，截距项和系数向量 β 均相同。对于该模型，将各个个体成员的时间序列数据堆积在一起作为样本数据，利用最小二乘法便可求出参数 α 和 β 的一致有效估计值，因此该模型又被称为联合回归模型（pooled regression model）。据此，我们可以得到无个体影响的不变系数 GK 模型：

$$R_t = \alpha + \beta_1 Y_t + \beta_2 Y_t^2 + \beta_3 Y_t^3 + \varepsilon_t \tag{7.21}$$

（2）变截距 GK 模型

变截距模型的单方程回归形式表示为：

$$y_t = \alpha_i + \beta x_t + \varepsilon_t (i=1,2,\cdots,N) \tag{7.22}$$

在该模型中，假设在个体成员上存在个体影响而无结构变化，并且个体影响可以用载距项 α_i（i 表示截面数据的个数）的差别来说明，即在该模型中各个个体成员方程的截距项 α_i 不同，而系数向量 β 均相同，故称该模型为变载距模型。从估计方法角度，也可称之为个体均值修正回归模型（individual-mean corrected model）。据此，我们可以得到变截距 GK 模型：

$$R_t = \alpha_i + \beta_1 Y_t + \beta_2 Y_t^2 + \beta_3 Y_t^3 + \varepsilon_t (i=1,2,\cdots,N) \tag{7.23}$$

（3）变系数 GK 模型

变系数模型的单方程回归形式表示为：

$$y_t = \alpha_i + \beta_i x_t + \varepsilon_t (i=1,2,\cdots,N) \tag{7.24}$$

在该模型中，假设在个体成员上既存在个体影响，又存在结构变化，即在允许个体影响由变化的截距项 α_i 来说明的同时，还允许系数向量 β_i 依个体成员的不同而变化，用以说明个体成员之间的结构变化。我们称该模型为变系数模型或无约束模型（unrestricted model）。据此，我们可以得到变系数 GK 模型：

$$R_t = \alpha_i + \beta_{1i} Y_t + \beta_{2i} Y_t^2 - \beta_{3i} Y_t^3 + \varepsilon_t (i=1,2,\cdots,N) \tag{7.25}$$

2）面板数据 GK 模型类型的选择

在确定使用面板数据方法进行分析之后，首先需要对模型中的参数设定进行检验，以便确定使用面板数据的类型。对于模型中参数的识别检验，国内学者基本上都是直接采用李子奈等（2000）介绍的 F 检验法。

（1）变截距和变系数模型的选择

首先设立两个原假设：

H_1：$\beta_1 = \beta_2 = \cdots = \beta_k$

H_2：$\alpha_1 = \alpha_2 = \cdots_n, \beta_1 = \beta_2 = \cdots = \beta_k$

如果接受假设 H_2，见公式（7.26），则可以认为样本数据符合无个体影响的不变系数模型。

$$F = \frac{(S_3 - S_1) \Big/ [(n-1)(k+1)]}{S_1 \Big/ [nT - n(k+1)]} \sim F[(n-1)(k+1), n(T-k-1)] \quad (7.26)$$

如果拒绝假设 H_2，则需进一步检验假设 H_1，在 H_1 成立的条件下：

$$F = \frac{(S_2 - S_1) \Big/ [(n-1)k]}{S_1 \Big/ [nT - n(k+1)]} \sim F[(n-1)k, n(T-k-1)] \quad (7.27)$$

此时样本数据符合变截距模型；反之，如果拒绝假设 H_1，则认为样本数据符合变系数模型。其中：S_1、S_2 和 S_3 分别为利用最小二乘法求得的模型在无约束时、H_1 成立时和 H_2 成立时的残差平方和；k 为回归量个数。

（2）固定效应模型和随机效应模型的选择

变截距模型又可分为固定效应模型和随机效应模型两类，其中固定影响模型表示为：

$$y_t = m + \beta x_t + \alpha^* + \varepsilon_t \quad (7.28)$$

在公式（7.28）形式下，变截距被分解成在各个个体成员方程中都相等的总体均值截距项 m 和跨成员方程变化的表示个体对总体均值偏离的个体截距项 α^*，且要求所有的偏离之和应该为零。

随机效应模型把截距项分为常数项和随机变量项两部分，并用其中的随机变量项来表示模型中被忽略的、反映个体差异的变量的影响，模型基本形式为：

$$y_t = \alpha + \beta x_t + v + \varepsilon_t \quad (7.29)$$

式中：α 为截距项中的常数项部分；v 为截距项中的随机变量控制矩阵，代表个体的随机影响。

在通过 F 检验确定使用变截距模型之后，需要对使用固定效应模型还是随机效应模型进行判断。判断的一般经验方法是，当不能把观测个体当作从一个大总体中随机抽样的结果时，通常把截距项看作待估参数，使用固定效应模型；否则选择随机效应模型（Wooldridge，2000）。中国研究人员基本上都是按照这一原则建模的，实践表明这种选择方法并不完全可靠。Baltagi（2001）介绍了一种有效的统计检验方法，即

Hausman 检验。其基本思想是：根据前面的分析结果，参数设定的不同将得到具有不同性质的参数估计量。

在假设 $E\left(u_{st}/X_{st}\right)=0$ 的前提下，构造统计量：

$$H=(\beta_{LSDV}-\beta_{FGLS})'\Omega_1^{-1}(\beta_{LSDV}-\beta_{FGLS}) \qquad (7.30)$$

式中：β_{LSDV} 和 β_{FGLS} 分别是利用固定效应的 LSDV 模型和随机效应模型的可行最小二乘法，即 FGLS 法得到的回归系数估计量；Ω_1^{-1} 为 LSDV 模型或随机效应模型经过 FGLS 法估计后得到的协方差矩阵的估计。当原假设成立时，H 渐近服从自由度为 K 的 χ^2 分布，这里 K 为回归量的个数。在给定的显著性水平下，若统计量 H 的值大于临界值，则选择固定效应模型；否则采用随机效应模型。

三、趋势形成内因分析模型——加入控制矩阵的 GK 模型

在对可持续发展能力运行趋势进行判断后，我们需要对不同类型可持续发展能力趋势的形成内因进行分析，即分析是什么因素导致了不同类型曲线的形成，各种因素对曲线的形成起到怎样的作用。为了解决这些问题，本章在 GK 模型的基础上引入了制约可持续发展能力相关因素的控制矩阵，形成了加入控制矩阵的 GK 模型，其模型表达式如下：

$$R_t=\alpha+\beta_1 Y_t+\beta_2 Y_t^2+\beta_3 Y_t^3+\beta_4 Z_t+\varepsilon_t \qquad (7.31)$$

公式（7.31）与公式（7.19）相比增加了一个控制矩阵 Z_t，其表示的是对二元社会系统可持续发展能力存在制约作用的相关因素组成的矩阵，控制矩阵的系数矩阵 β_4 决定了相关因素对可持续发展能力作用方向与程度。当 $\beta_4>0$ 时，表明随着经济的发展，相关制约因素对环境质量退化有促进作用，且这种促进作用会随着 β_4 的增加而不断扩大，可持续发展能力持续下降；当 $\beta_4<0$ 时，表明随着经济的发展相关制约因素对环境质量改善有促进作用，并且这种促进作用会随着 β_4 的增加而不断扩大，可持续发展能力持续上升；当 $\beta_4=0$ 时，表明相关制约因素随着经济的发展对环境质量的影响不清楚，应该选择性地调整相关因素在社会系统中的比重，比重过低或过高都导致可持续发展能力的下降，其对可持续发展能力具有选择性的促进作用。

7.4.3 指标的选取

本章对于可持续发展能力的研究是设定在只存在环境和经济因素的二元社会系统模型下的，因此本章使用的指标主要包括环境质量指标和经济发展指标两大类，见表 7-8。

表 7-8 　　　　　　　　　　 评价指标一览表

	一级指标	二级指标
二元社会系统可持续发展能力研究指标体系	环境质量综合指标（E）	工业废气排放量（x_1）
		工业废水排放量（x_2）
		工业固体废物排放量（x_3）
		工业烟尘排放量（x_4）
		工业粉尘排放量（x_5）
		工业二氧化硫排放量（x_6）
	经济发展综合指标（G）	人均GDP（y_1）
		第三产业占 GDP 的比重（y_2）
		外商投资实际利用额 FDI（y_3）
		人口自然增长率（y_4）

环境质量综合指标代表了区域环境质量的退化和改善程度，其值越大表明环境质量越差。当环境质量综合指标值随时间推移不断扩大时，表明环境质量退化；反之，当环境质量综合指标值随时间推移不断减少时，表明环境质量改善。本节选取工业废水排放量、工业废气排放量、工业固体废物排放量、工业烟尘排放量、工业粉尘排放量和工业二氧化硫排放量作为环境质量综合指标的二级指标。

经济发展综合指标代表了区域经济发展的程度，其值越大表明经济发展程度越高。本节选取人均 GDP、第三产业占 GDP 比重、外商投资实际利用额 FDI 以及人口自然增长率作为反映经济发展的二级指标。

7.4.4 数据的来源及处理

一、数据的来源

本章选取的样本跨度为 2002 年到 2017 年，所有的指标数据均来自历年的《中国统计年鉴》和《辽宁统计年鉴》、《新中国五十五年统计资料汇编》以及中经网统计数据库。

二、缺失数据的处理

由于掌握资料的有限性，本章所选取的某些指标出现了某一年份缺失的情况。具体说来缺失的是 2017 年黑龙江省和吉林省的工业废气排放量，为了科学准确地对两省的可持续发展能力进行客观评价，本章采用了趋势外推法对这两个指标进行模拟。趋势外推法（Trend extrapolation）是根据过去和现在的发展趋势推断未来的一类方法的总称，用于科技、经济和社会发展的预测，是情报研究法体系的重要部分。趋势外推法的基本假设是：未来系过去和现在连续发展的结果。趋势外推法的基本理论是：决定事物过去发展的因素，在很大程度上也决定该事物未来的发展，其变化不会太大；事物发展过程一般都是渐进式的变化，而不是跳跃式的变化。掌握事物的发展规律，依据这种规律推导，就可以预测出它的未来趋势和状态。

本章以黑龙江省和吉林省 2002—2016 年工业废气排放量为原始数据表征过去和现在的趋势，将 2017 年两省工业废气排放量作为未来预测指标，其预测结果见表 7-9、图 7-14、表 7-10 和图 7-15。

表 7-9　　黑龙江省缺失指标趋势外推模型选择及参数估计表

Equation	Model Summary					Parameter Estimates			
	R^2	F	df1	df2	Sig.	Constant	b1	b2	b3
Linear	0.684	28.082	1	13	0.000	3 826.229	70.421		
Logarithmic	0.420	9.423	1	13	0.009	3 802.261	315.782		
Inverse	0.187	2.986	1	13	0.108	4 537.706	−669.512		
Quadratic	0.928	77.365	2	12	0.000	4 323.613	−105.126	10.972	
Cubic	0.944	62.068	3	11	0.000	4 138.105	15.060	−7.215	0.758
Compound	0.687	28.471	1	13	0.000	3 865.893	1.016		
Power	0.425	9.635	1	13	0.008	3 843.486	0.070		
S	0.192	3.083	1	13	0.103	8.417	−0.149		
Growth	0.687	28.471	1	13	0.000	8.260	0.015		
Exponential	0.687	28.471	1	13	0.000	3 865.893	0.015		

从表 7-9 中可知，在黑龙江省工业废气排放量趋势外推模型中，Cubic 模型的 R^2 值为 0.944，F 值为 62.068，因此我们初步判定 Cubic 模型能够较好地模拟黑龙江省工业废气排放量趋势。通过曲线模拟图可

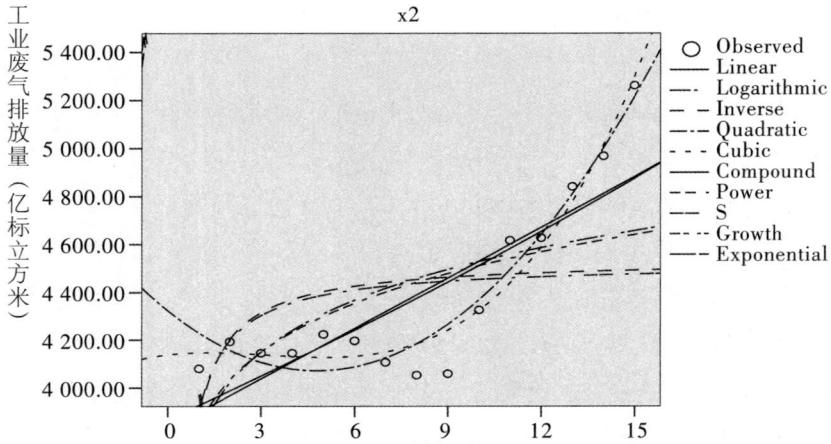

图 7-14　黑龙江省工业废气排放量趋势模拟图

表 7-10　　　吉林省缺失指标趋势外推模型选择及参数估计表

Equation	Model Summary					Parameter Estimates			
	R^2	F	df1	df2	Sig.	Constant	b1	b2	b3
Linear	0.643	25.166	1	14	0.000	2 443.550	101.693		
Logarithmic	0.410	9.743	1	14	0.008	2 368.075	490.280		
Inverse	0.177	3.007	1	14	0.105	3 530.752	−1 054.517		
Quadratic	0.834	32.761	2	13	0.000	3 135.041	−128.804	13.559	
Cubic	0.921	46.431	3	12	0.000	2 471.929	278.826	−44.609	2.281
Compound	0.680	29.745	1	14	0.000	2 557.742	1.029		
Power	0.450	11.461	1	14	0.004	2 491.933	0.141		
S	0.199	3.481	1	14	0.083	8.155	−0.306		
Growth	0.680	29.745	1	14	0.000	7.847	0.029		
Exponential	0.680	29.745	1	14	0.000	2 557.742	0.029		

知，Cubic 模型模拟的趋势拟合优度很高。由此选定 Cubic 模型，其模型表达式如下：

$$x_{31} = 4\,138.105 + 15.060t - 7.215t^2 + 0.758t^3 \tag{7.32}$$

式中：x_{31} 代表黑龙江省工业废气排放指标，本章实证研究对东北三省进行编号：1 代表辽宁、2 代表吉林、3 代表黑龙江；t 表示以 2002 年为基数的年数。最终得到 2017 年黑龙江省工业废气排放量为 5 637 亿标立方米。

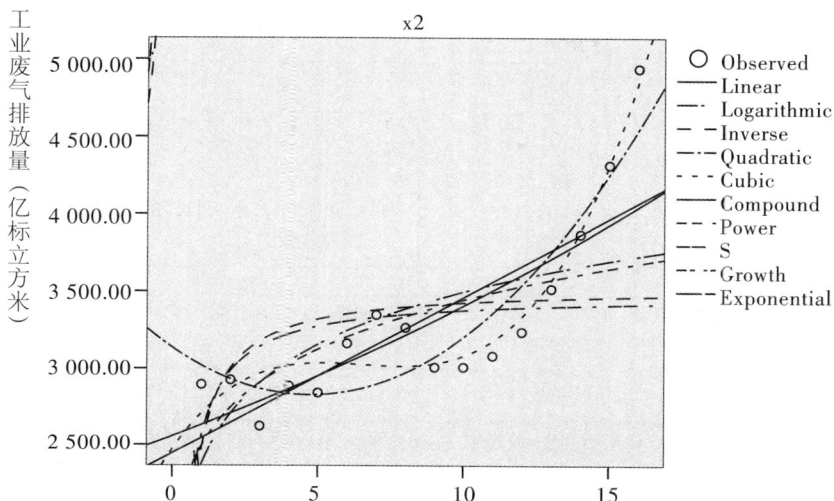

图 7-15 吉林省工业废气排放量趋势模拟图

从表 7-10 可知，Cubic 模型的 R² 值为 0.921，F 值为 46.431，因此我们初步判定 Cubic 模型能够较好地模拟吉林省工业废气排放量趋势。通过曲线模拟图可知，Cubic 模型模拟的趋势拟合优度很高。由此选定 Cubic 模型，其模型表达式如下：

$$x_{21} = 2\,471.929 + 278.826t - 44.609t^2 + 2.281t^3 \tag{7.33}$$

式中：x_{21} 表示吉林省工业废气排放指标；t 表示以 2002 年为基数的年数。最终得到 2017 年吉林省工业废气排放量为 4 852 亿标立方米。

7.5 东北老工业基地可持续发展能力的实证分析

7.5.1 东北老工业基地经济发展和环境质量基本状况

一、东北老工业基地经济发展基本状况

半个多世纪以来，东北老工业基地为国家经济建设做出了巨大的贡献，同时也实现了自身经济的快速发展。如图 7-16 所示，从人均 GDP 的增长来看，东北三省的人均 GDP 都实现了持续的高增长，至 2017 年，辽宁、吉林、黑龙江三省人均 GDP 分别达到 21 788 元、15 720 元、16 195 元，分别是 1999 年的 9.53 倍、10.08 倍、10.11

倍，几乎都接近 10 倍；从 GDP 的增长速度看，东北老工业基地在
1999—2002 年经济增长速度显著下降，这主要是受到部分经济建设转
移到沿海城市的影响，在 2003—2005 年期间经济增长速度开始提高，
在 2006—2010 年期间由于受到国有企业改制的影响，经济增长速度
再次显著下滑，2011 年以后，东北老工业基地走出国企改制的阴影，
经济增长速度稳步提升。

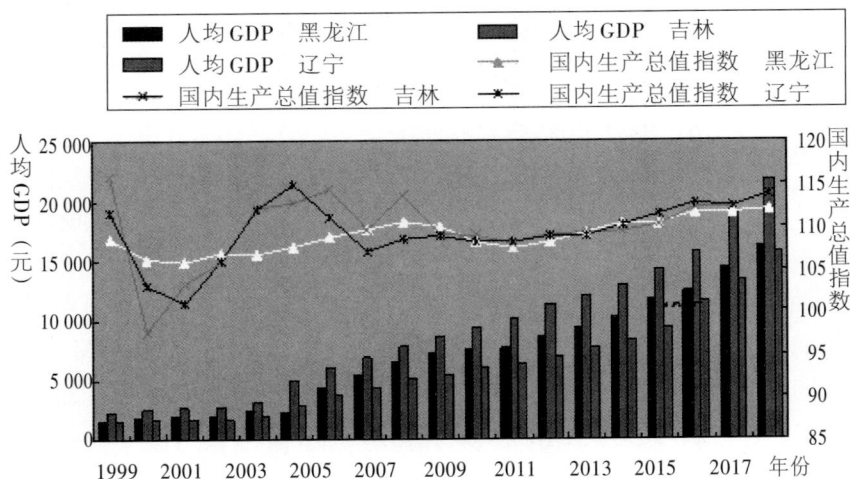

图 7-16 东北三省人均 GDP 增长图

从产业结构上来看，如图 7-17 所示，东北三省第三产业保持持续
增长的趋势，并且增长速度稳步提升。在 2008—2014 年期间，东北三
省第三产业占 GDP 的比重出现了明显增长。这主要由于两个原因：第
一，在此期间，东北老工业基地进行了经济结构调整，第二产业比重相
对减少，第三产业比重相对增加；第二，下岗工人的再就业导致了服务
业的兴起，第三产业增加值不断上升。东北老工业基地的产业升级进展
顺利，产业结构越来越合理。

从进出口贸易上看，如图 7-18 所示，东北三省进出口贸易额在不
断增长，特别是在 2011 年以后，东北三省的进出口贸易额成倍增长，
可见进出口贸易在东北经济发展中的地位越来越重要，经济结构多样化
的同时经济结构越来越合理。

总的说来，东北老工业基地经济发展状况在不断改善，虽然出现了

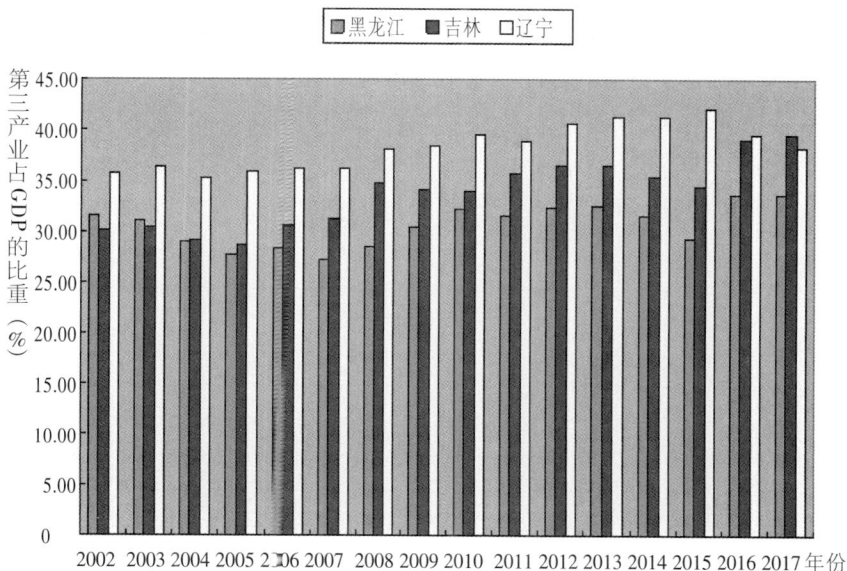

图 7-17 东北三省产业结构演变图

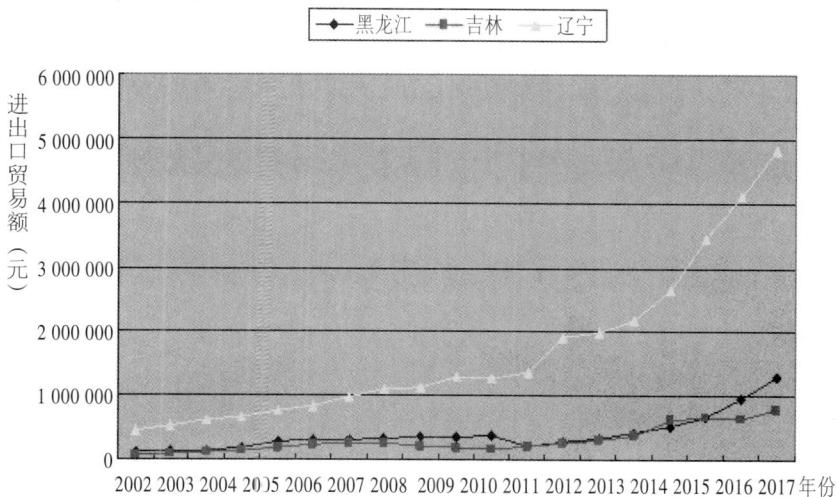

图 7-18 东北三省进出口贸易趋势图

经济增长缓慢的现象，但经过经济结构调整和产业升级后，东北老工业基地经济增长速度稳步提高，总体经济形势向好的方面发展。

二、东北老工业基地环境质量基本状况

从东北老工业基地经济增长基本情况的介绍中我们可以发现，

东北老工业基地经济发展的成果和趋势是喜人的。但不容忽视的一个问题是，这样的经济发展带来的环境污染也是触目惊心的。从工业废水排放量上看，如图 7-19 所示，整体上三个省的趋势都是降低的，但近年来这种趋势有明显放缓的迹象，特别是在 2016年，辽宁和吉林两省似乎出现了拐点，工业废水排放量有了低幅增长。

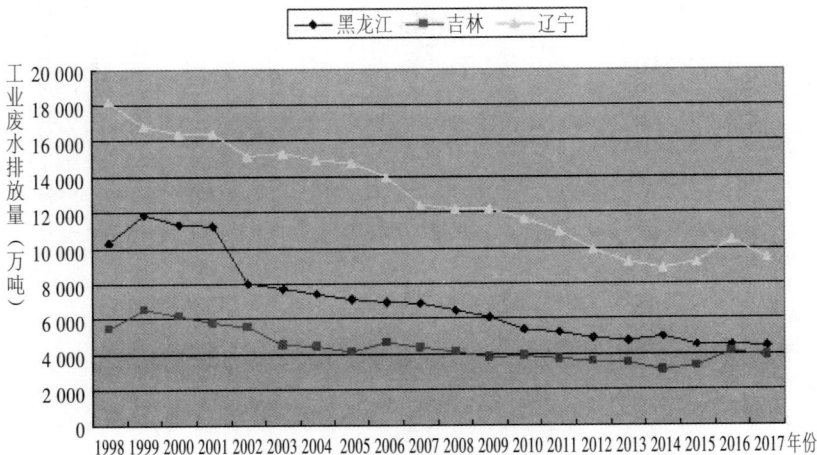

图 7-19　东北老工业基地工业废水排放量趋势图

从全国三十多个省、市、自治区的比较来看，2017 年，全国工业废水排放总量为 2 401 946 万吨，其中最多的是江苏省，为 287 181 万吨，辽宁省位居第十一位，黑龙江省和吉林省的工业废水排放量都保持在较低的水平上，分别位居第十七和第二十位。

如图 7-20 所示，东北老工业基地工业废气排放量的趋势几乎完全一致，整体是一条上升的曲线，同时在 2007 年前后出现了短时间的震荡。从三个省的比较来看，辽宁省作为东北三省的经济巨头，工业废气排放量理所当然地最多，然后依次是吉林省和黑龙江省。

在工业固体废物排放量上，三个省的趋势基本相同，如图 7-21 所示，基本呈现出下降的趋势，在 2013 年以后，东北三省工业固体废物排放量几乎降到了零。

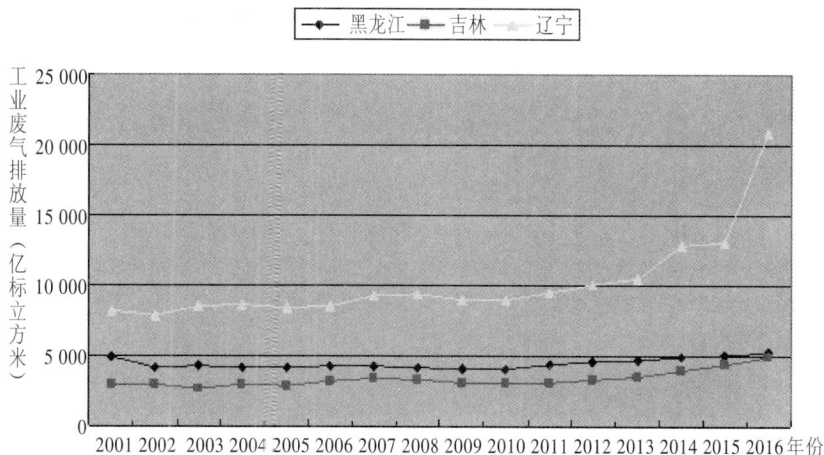

图 7-20　东北三省工业废气排放量趋势图

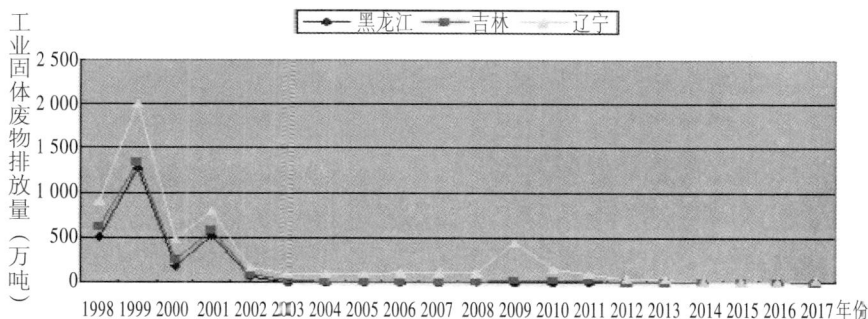

图 7-21　东北三省工业固体废物排放量趋势图

从工业三废排放的角度看，东北三省工业废水和工业固体废物的排放呈明显的下降趋势，其中，工业固体废物的排放量几乎下降到零。但东北三省工业废气排放量呈上升趋势，其中，辽宁省上升趋势明显。总体来说，虽然少数环境污染物排放量呈上升趋势，但东北老工业基地环境质量状况有明显改善。

7.5.2　东北三省可持续发展能力趋势及其形成内因分析

本小节将主要对东北三省可持续发展能力总体趋势、个体趋势以及趋势形成内因进行研究，以便对东北三省可持续发展能力的运行状况及其内在制约因素进行分析。

一、东北老工业基地总体可持续发展能力趋势分析

对于总体趋势的分析本章采用基于面板数据的 GK 模型，分别对基于面板数据的环境质量综合指标和经济发展综合指标进行线性模拟。

1）东北三省环境质量综合指标和经济发展综合指标的计算

在计算东北三省总体环境质量综合指标和经济发展综合指标的过程中，本章采用主成分分析法对东北三省相关二级指标进行主成分提取，最终得到总体的两个一级指标值。其具体步骤如下：

（1）环境质量综合指标的提取

在对环境质量二级指标的数据进行标准化处理后，我们建立指标之间的相关系数矩阵，并计算相关系数矩阵的特征值和特征向量以及方差贡献率，计算结果见表 7-11。

表 7-11　　东北三省环境质量二级指标主成分分析方差贡献率表

Component	Initial Eigenvalues			Extraction Sums of Squared Loadings		
	Total	% of Variance	Cumulative %	Total	% of Variance	Cumulative %
1	4.429	73.809	73.809	4.429	73.809	73.809
2	0.931	15.518	89.327			
3	0.407	6.782	96.109			
4	0.161	2.681	98.790			
5	0.043	0.714	99.504			
6	0.030	0.496	100.000			

从表 7-11 可以看出，第一个主成分方差贡献率已经达到 73.809%，也就是说第一个主成分保留了原始变量 73.809% 的信息，故提取一个主成分，并计算出相应的特征向量 α_1：

$$\alpha_1 = (0.946, 0.712, 0.945, 0.856, 0.968, 0.682) \tag{7.34}$$

由此得到了东北三省总体环境质量综合指数的数学表达式：

$$E_0 = 0.946x_1 + 0.712x_2 + 0.945x_3 + 0.856x_4 + 0.968x_5 + 0.682x_6 \tag{7.35}$$

式中：E_0 代表东北三省总体环境质量综合指标。

经平移处理后最终得到了东北三省环境质量综合指标值，见表7-12。

表7-12　　　　　东北三省环境质量综合指标值表

年份	辽宁省	吉林省	黑龙江省
2002	3.81154	1.33262	2.15776
2003	3.79115	1.17885	1.88688
2004	3.83381	1.25143	1.76033
2005	3.47648	1.27683	1.70472
2006	3.46107	1.37444	1.67004
2007	3.33391	1.27970	1.62584
2008	3.29368	1.16726	1.55369
2009	4.55088	1.35384	1.55394
2010	3.45369	1.25480	1.46644
2011	3.16267	1.18364	1.43528
2012	2.80752	1.06926	1.40951
2013	2.58234	1.01323	1.35971
2014	2.63271	1.00000	1.50857
2015	2.63303	1.11002	1.51681
2016	3.55839	1.39001	1.68116
2017	3.67500	1.41070	1.68688

（2）经济发展综合指标的提取

在对经济发展二级指标的数据进行标准化处理后，我们建立指标之间的相关系数矩阵，并计算相关系数矩阵的特征值和特征向量以及方差贡献率，计算结果见表7-13。

表7-13　东北三省经济发展二级指标主成分分析方差贡献率表

Component	Initial Eigenvalues			Extraction Sums of Squared Loadings		
	Total	% of Variance	Cumulative %	Total	% of Variance	Cumulative %
1	2.489	62.213	62.213	2.489	62.213	62.213
2	0.901	22.513	84.726	0.901	22.513	84.726
3	0.347	8.669	93.395			
4	0.264	6.605	100.000			

从表7-13可以看出，前两个主成分方差贡献率已经达到84.726%，也就是说前两个主成分保留了原始变量84.726%的信息，故提取两个主成分，并计算出相应的特征向量 α_1、α_2：

$$\alpha_1 = (0.895, 0.507, 0.799, 0.890) \tag{7.36}$$

$$\alpha_2 = (0.046, 0.839, -0.414, -0.153) \tag{7.37}$$

由此得到了东北三省经济发展综合指数的两个主成分：

$$G_a = 0.895y_1 + 0.507y_2 + 0.799y_3 + 0.890y_4 \tag{7.38}$$

$$G_b = 0.046y_1 + 0.839y_2 - 0.414y_3 - 0.153y_4 \tag{7.39}$$

利用方差贡献率对 G_a 和 G_b 进行加权处理，并利用极差进行平移处理，最终得到东北三省经济发展综合指标值，见表 7-14。

表 7-14　　　　　　　东北三省经济发展综合指标值表

年份	辽宁省	吉林省	黑龙江省
2002	3.529545	3.260030	3.483658
2003	4.659461	4.405076	3.476624
2004	5.348162	4.547446	3.587860
2005	4.806030	4.919075	3.896450
2006	4.133327	4.215013	4.173238
2007	4.492033	4.998348	4.367088
2008	4.725403	4.321409	4.398450
2009	4.676596	4.226124	4.142507
2010	4.709200	4.067117	4.047972
2011	4.961315	4.347737	4.209995
2012	5.160407	4.441097	4.476992
2013	5.570956	4.521483	4.721961
2014	6.132230	4.663414	4.789066
2015	6.445968	5.128864	5.058492
2016	6.193880	5.397137	5.309226
2017	6.956821	5.827658	5.518004

2）基于面板数据 GK 模型的选取

面板数据模型的选取我们已在第四节详细地介绍过，结合东北三省环境质量和经济发展综合指标值得到表 7-15。

表 7-15　　　　　面板数据 GK 模型选择统计分析表

统计量	统计值	结论
F 检验	79.89	变截距模型
H 检验	69.49	固定效应模型
最终模型选择	固定效应的变截距模型	

通过表 7-15 可知，F 和 H 统计量都通过了 5% 显著性水平下的统计检验，因此我们选取固定效应的变截距 GK 模型，见公式（7.40）。

$$E_0 = \alpha + \beta_1 G_0 + \beta_2 G_0^2 + \beta_3 G_0^3 + \alpha_i^* + \varepsilon_{it}, i = 1, 2, 3 \tag{7.40}$$

式中：E_0 和 G_0 分别表示东北三省环境质量和经济发展综合指标值；α 为截距项，表示面板数据的固定效应；α_i^* 表示个体对总体均值偏离的个体截距项，且 $\sum_{i=1}^{3} \alpha_i^* = 0$。

3）东北三省可持续发展能力趋势模拟及评价

利用东北三省环境质量和经济发展综合指标值，我们对固定效应变截距 GK 模型的各个参数进行估计，以模拟东北三省可持续发展能力的运行趋势。其统计分析结果见表 7-16。

表 7-16　　　　固定效应变截距 GK 模型参数统计分析表

参数	α	β_1	β_2	β_3	α_1^*	α_2^*	α_3^*
估计值	10.79890	−5.001014	0.933977	−0.056919			
T	3.500406	−2.797335	2.984181	−2.556707	1.310616	−0.838737	−0.471879
P	0.0164	0.0395	0.0472	0.0497			
R^2	0.932433						
DW	1.758300						

从表 7-16 中可知，各待估参数都通过了 5% 的显著性水平的检验；DW 值为 1.758300，说明不存在自相关；R^2 为 0.932433，接近 1，说明曲线的拟合程度很高。由此我们可以得到东北三省环境质量和经济发展之间的关系表达式：

$$E_0 = 10.79890 - 5.001014 G_0 + 0.933977 G_0^2 - 0.056919 G_0^3 + \alpha_i^* \tag{7.41}$$

由公式（7.41）可以模拟 EKC 曲线，进而得到二元社会系统模型下东北老工业基地可持续发展能力的运行趋势。由 $\beta_1 < 0$、$\beta_2 > 0$，且 $\beta_3 < 0$

可知，模拟出的可持续发展能力趋势呈倒"N"型，即东北老工业基地可持续发展能力由强到弱，再由弱到强的趋势。这与东北老工业基地的发展历程十分吻合，在 20 世纪 80 年代，东北老工业基地是全国经济发展的重心，区域发展迅速；但到了 20 世纪 90 年代中期，东北老工业基地"高投入、高消耗、低产出"的发展模式严重破坏了区域环境质量，如何实现发展的可持续性成为东北老工业基地面临的最严峻问题；进入到 21 世纪，东北老工业基地进行了企业改制和经济结构的调整，不仅提高了企业的生产率，同时也对产业结构进行了相应调整，适当增加第三产业占 GDP 的比重，环境质量的破坏得到了极大的改善，东北老工业基地可持续发展能力不断增强。

二、辽宁省可持续发展能力趋势及其形成内因分析

1）辽宁省可持续发展能力趋势分析

（1）环境质量综合指标的提取

在对辽宁省环境质量二级指标数据进行标准化处理后，我们利用主成分分析法对辽宁省环境质量综合指标进行提取，提取结果见表 7-17：

表 7-17   **辽宁省环境质量综合指标值统计表**

年份	2002	2003	2004	2005	2006	2007	2008	2009
E_1	3.81154	3.79115	3.83381	3.47648	3.46107	3.33391	3.29368	4.55088
年份	2010	2011	2012	2013	2014	2015	2016	2017
E_1	3.45369	3.16267	2.80752	2.58234	2.63271	2.63303	3.55839	3.67500

（2）经济发展综合指标的提取

在对辽宁省经济发展二级指标数据进行标准化处理后，我们利用主成分分析法对辽宁省经济发展综合指标进行提取，提取结果见表 7-18：

表 7-18   **辽宁省经济发展综合指标值统计表**

年份	2002	2003	2004	2005	2006	2007	2008	2009
G_1	0.01342	0.00032	0.19290	0.33172	0.41279	0.51959	0.80989	0.96311
年份	2010	2011	2012	2013	2014	2015	2016	2017
G_1	1.16751	1.22107	2.69707	2.95448	3.33442	3.45297	3.20547	3.68815

（3）辽宁省可持续发展能力趋势模拟及评价

在对东北三省分别进行趋势研究时，本章选用原始的 GK 模型对可持续发展能力趋势进行模拟。研究辽宁省可持续发展能力趋势的 GK 模型为：

$$E_1 = \alpha + \beta_1 G_1 + \beta_2 G_1^2 + \beta_3 G_1^3 + \varepsilon_1 \qquad (7.42)$$

利用主成分分析提取的辽宁省环境质量和经济发展综合指标对公式（7.42）进行模拟，其统计结果见表 7-19：

表 7-19　　　　　　　辽宁省 GK 模型模拟统计分析表

参数	α	β_1	β_2	β_3
估计值	3.643957	1.706249	−1.258350	0.356406
T	2.449380	4.640061	−2.984181	1.556707
P	0.03210	0.02094	0.04072	0.16520
R^2	0.934781			
DW	1.730380			

从表 7-19 中可知，DW 值为 1.730380，说明不存在自相关；R^2 为 0.934781，接近 1，说明曲线的拟合程度很高；参数 α、β_1 和 β_2 在 5% 的显著性水平下都通过了检验，而 β_3 在 5% 的显著性水平下没有通过检验。于是我们可以得到以下的回归方程：

$$E_1 = 3.643957 + 1.706249 G_1 - 1.25835 G_1^2 + \varepsilon_1 \qquad (7.43)$$

由公式（7.43）可以模拟 EKC 曲线，进而得到二元社会系统模型下辽宁省可持续发展能力的运行趋势。由 $\beta_1 > 0$、$\beta_2 < 0$，且 $\beta_3 = 0$ 可知，模拟出的可持续发展能力趋势呈倒 "U" 型，即辽宁省可持续发展能力具有由无到有，由弱到强的发展趋势。通过求导计算可知，辽宁省可持续发展能力趋势的转折点应该出现在 $G_1 = 0.677971$ 时，结合表 7-18 可知，出现转折点的时点即为 2008 年。辽宁省在 2008 年以前，经济发展的背后是环境资源的高度消耗，经济发展与环境发展的关系极不协调，此时的辽宁可持续发展能力较弱；但在 2008 年之后，辽宁省进行了经济体制改革和产业结构调整，国有企业转制和第三产业比重的增加使得

辽宁经济增长不再依靠环境资源的过度消耗，辽宁省可持续发展能力逐渐增强。

2）辽宁省可持续发展能力趋势形成内因分析

可持续发展能力趋势形成的内因分析主要考察相关因素对可持续发展能力的作用趋势。本章在模型选取上采用加入控制变量的 GK 模型，与传统 GK 模型相比，加入控制变量的 GK 模型不仅能够反映可持续发展能力的趋势，同时也能反映制约趋势形成的内在因素。由于本章对可持续发展能力的研究是设定在二元社会系统模型下的，所以我们在控制变量选取上只需考虑那些对环境质量和经济发展关系有直接影响的指标。Grossman 和 Krueger（1992）、Grossman（1995）把经济增长对环境质量的影响分解为三个效应：规模效应、结构效应和技术效应，他们认为环境库兹涅茨曲线的形成是三种效应综合的结果，也就是说在二元社会系统模型下，可持续发展能力趋势形成是由三种效应共同决定的，相应地，我们选取指标：人口自然增长率 y_4、第三产业占 GDP 的比重 y_2 和外商投资实际利用额（FDI）y_3。人口自然增长率 y_4 能够从动态的角度反映出经济发展对环境质量影响的规模效应；而第三产业占 GDP 的比重 y_2 和外商投资实际利用额（FDI）y_3 分别从产业结构和经济结构两方面反映经济发展对环境质量的结构效应；由于技术进步是经济发展的内生因素，已经在人均 GDP 指标中充分体现，所以不再选取此类指标。据此可以得到加入控制变量的辽宁省可持续发展能力趋势研究 GK 模型：

$$E_1 = \alpha + \beta_1 y_{11} + \beta_2 y_{11}^2 + \beta_3 y_{11}^3 + \beta_4 y_{12} + \beta_5 y_{13} + \beta_6 y_{14} + \varepsilon_1 \tag{7.44}$$

式中：y_{in} 表示第 i 个省份的第 n 个二级指标，例如，y_{11} 表示第一个省份的第一个二级指标，即辽宁省的人均 GDP。由于经济发展指数二级指标对经济发展指数一级指标具有相关性，所以我们在对加入控制变量的 GK 模型进行模拟时不能再选取经济发展综合指数作为因变量。本章选取最能反映经济发展的人均 GDP 作为代替变量来研究经济发展和环境质量间的关系，这样做既能准确地反映可持续发展能力趋势，同时也能去掉变量的相关性，科学合理地模拟可持续发展能力趋势。

公式（7.44）模拟的统计结果见表 7-20：

表 7-20 　　　　　辽宁省加入控制变量 GK 模型拟合统计表

参数	α	β_1	β_2	β_3	β_4	β_5	β_6
估计值	2.086053	0.013281	−0.039456	1.15E-12	−0.011515	−2.6E-06	0.140141
T	0.273596	2.807429	−1.906851	0.875521	−2.454687	−1.454688	0.530627
P	0.7906	0.0440	0.0446	0.4041	0.0379	0.1797	0.6085
R^2	0.895527						
DW	2.007490						

从表 7-20 中可以看到，参数 β_1、β_2 和 β_4 在 5% 的显著性水平下都通过了检验；DW=2.007490，说明不存在自相关问题；R^2=0.895527，说明模型的拟合优度较好。于是辽宁省加入控制变量的 GK 模型公式为：

$$E_t = 0.013281y_{11} - 0.039456y_{11}^2 - 0.011515y_{12} + \varepsilon_t \tag{7.45}$$

在公式（7.45）中，$\beta_1>0$、$\beta_2<0$ 表明辽宁省加入控制变量的 GK 模型呈倒"U"型，这与辽宁省不加入控制变量的 GK 模型一致，这更加说明了辽宁省可持续发展能力由弱到强的变化趋势；β_4=−0.011515，在 5% 的显著性水平下通过了检验，说明辽宁省第三产业占 GDP 的比重和环境质量间呈正比关系。随着辽宁省第三产业的增加，不仅能够促进经济的增长，同时也能促进环境资源的改善，最终导致可持续发展能力的加强。由此可见，加快产业结构调整、大力开发第三产业对辽宁省可持续发展能力建设具有十分重要的积极意义；β_5 和 β_6 都没有通过 5% 的显著性检验，说明 FDI 和人口自然增长率对辽宁省可持续发展能力的作用趋势不确定，我们在进行可持续发展能力建设过程中，应该对两者进行有选择性的取舍，即既不能完全舍弃，也不能过犹不及，要达到将两者控制在合理范围的效果。

三、吉林省可持续发展能力趋势及其形成内因分析

1）吉林省可持续发展能力趋势分析

（1）环境质量综合指标的提取

在对吉林省环境质量二级指标数据进行标准化处理后，我们利用主

成分分析法对吉林省环境质量综合指标进行提取，提取结果见表 7-21：

表 7-21　　　　　　吉林省环境质量综合指标值统计表

年份	2002	2003	2004	2005	2006	2007	2008	2009
E_2	1.33260	1.17885	1.25143	1.27683	1.37444	1.27970	1.16726	1.35384
年份	2010	2011	2012	2013	2014	2015	2016	2017
E_2	1.25480	1.18364	1.06926	1.01323	1.00000	1.11002	1.39001	1.41070

（2）经济发展综合指标的提取

在对吉林省经济发展二级指标数据进行标准化处理后，我们利用主成分分析法对吉林省经济发展综合指标进行提取，提取结果见表 7-22：

表 7-22　　　　　　吉林省经济发展综合指标值统计表

年份	2002	2003	2004	2005	2006	2007	2008	2009
G_2	0.09563	0.15927	0.36286	1.09449	1.45195	1.66278	1.90569	1.38327
年份	2010	2011	2012	2013	2014	2015	2016	2017
G_2	1.26142	1.65569	1.78764	1.87364	1.92471	2.07575	2.53272	2.82856

（3）吉林省可持续发展能力趋势模拟及评价

在对东北三省分别进行趋势研究时，本章选用原始的 GK 模型对可持续发展能力趋势进行模拟。研究吉林省可持续发展能力趋势的 GK 模型为：

$$E_2 = \alpha + \beta_1 G_2 + \beta_2 G_2^2 + \beta_3 G_2^3 + \varepsilon_t \tag{7.46}$$

利用主成分分析法提取的吉林省环境质量和经济发展综合指标对公式（7.46）进行模拟，其统计结果见表 7-23：

表 7-23　　　　　　吉林省 GK 模型模拟统计分析表

参数	α	β_1	β_2	β_3
估计值	1.208328	0.559091	−0.60406	0.154211
T	7.540510	3.656874	−3.08829	2.347932
P	0.00179	0.01230	0.04921	0.03700
R^2	0.873947			
DW	1.881584			

从表 7-23 中可知，DW 值为 1.881584，说明不存在自相关；R^2 为

0.873947，接近 1，说明曲线的拟合程度很高；参数 α、β_1、β_2 和 β_3 在 5% 的显著性水平下都通过了检验。于是我们可以得到以下回归方程：

$$E_2 = 1.208328 + 0.559091G_2 - 0.60406G_2^2 + 0.154211G_2^3 + \varepsilon_1 \quad (7.47)$$

由公式（7.47）可以模拟 EKC 曲线，进而得到二元社会系统模型下吉林省可持续发展能力的运行趋势。由 $\beta_1>0$、$\beta_2<0$，且 $\beta_3>0$ 可知，模拟出的可持续发展能力趋势呈正"N"型，即吉林省可持续发展能力具有由弱到强，再由强到弱的发展趋势。通过求导计算可知，吉林省可持续发展能力趋势的转折点应该出现在 $G_2 = 0.601175$ 和 3.010225 的时点，结合表 7-22 可知，出现转折点的时点应为 2005 年和 2017 年以后的某一年份。吉林省在 20 世纪 90 年代初期，经济发展的背后是环境资源的高度消耗，经济发展与环境发展间的关系极不协调，此时的吉林可持续发展能力较弱；但在 20 世纪 90 年代中期，吉林省进行了经济体制改革和产业结构调整，可持续发展能力不断增强；进入 21 世纪后，吉林省可持续发展能力继续加强，但从趋势模拟的效果看，吉林省可持续发展能力具有在将来某一时点下降的可能，因此，吉林省需要积极加强可持续发展能力建设，避免正"N"型曲线第二个转折点的出现。

2）吉林省可持续发展能力趋势形成内因分析

加入控制变量的吉林省可持续发展能力趋势研究 GK 模型如下：

$$E_2 = \alpha + \beta_1 y_{2.} + \beta_2 y_{21}^2 + \beta_3 y_{21}^3 + \beta_4 y_{22} + \beta_5 y_{23} + \beta_6 y_{24} + \varepsilon_1 \quad (7.48)$$

运用公式（7.48）模拟 GK 模型的统计结果见表 7-24：

表 7-24　　吉林省加入控制变量 GK 模型拟合统计表

参数	α	β_1	β_2	β_3	β_4	β_5	β_6
估计值	1.970350	0.215460	−0.082701	6.31E-13	−0.020319	−0.038819	1.50E-06
T	2.510987	2.957429	−2.687681	0.273488	−3.141038	−2.751184	0.873034
P	0.0333	0.0497	0.0332	0.7907	0.0283	0.0405	0.4717
R^2	0.813208						
DW	2.133301						

从表 7-24 中可以看到，参数 α、β₁、β₂、β₄ 和 β₅ 在 5% 的显著性水平下都通过了检验；DW=2.133301，说明不存在自相关问题；R^2=0.813208，说明模型的拟合优度较好。于是吉林省加入控制变量的 GK 模型公式为：

$$E_2 = 1.970350 + 0.215460y_{21} - 0.082701y_{21}^2 - 0.020319y_{22} - 0.038819y_{23} + \varepsilon_t \quad (7.49)$$

在公式（7.49）中，$\beta_1>0$、$\beta_2<0$，且 $\beta_3 = 0$ 表明，吉林省加入控制变量的 GK 模型呈倒"U"型，这与吉林省不加入控制变量的 GK 模型模拟的正"N"型不一致。这主要是因为加入控制变量的 GK 模型将控制变量作为外生变量研究制约因素，将人均 GDP 作为内生变量模拟曲线趋势，而基本的 GK 模型是利用经济发展综合指标对曲线趋势进行模拟，将全部经济发展二级指标作为内生变量，包含的信息更多，模拟的效果更准确。由此可见，针对不同的研究目的应该选择不同的合适模型；β_4=-0.020319，在 5% 的显著性水平下通过了检验，说明吉林省第三产业占 GDP 的比重和环境质量间呈正比关系，随着吉林第三产业的增加，不仅能够促进经济的增长，同时也能促进环境资源的改善，最终导致可持续发展能力的加强。由此可见，加快产业结构调整、大力开发第三产业对吉林省可持续发展能力建设具有十分重要的积极意义；β_5=-0.038819，也在 5% 的显著性水平下通过了检验，说明外资投资比例的增加有助于提高吉林省的可持续发展能力水平；β_6 的 P 值=0.4717，没有通过 5% 的显著性检验，说明人口自然增长率对吉林省可持续发展能力的作用趋势不确定，应该有选择性地调整人口数量。

四、黑龙江省可持续发展能力趋势及其形成内因分析

1）黑龙江省可持续发展能力趋势分析

（1）环境质量综合指标的提取

在对黑龙江省环境质量二级指标数据进行标准化处理后，我们利用主成分分析法对黑龙江省环境质量综合指标进行提取，提取结果见表 7-25：

表 7-25　　　　黑龙江省环境质量综合指标值统计表

年份	2002	2003	2004	2005	2006	2007	2008	2009
E_3	2.15776	1.88688	1.76033	1.70472	1.67004	1.62584	1.55369	1.55394
年份	2010	2011	2012	2013	2014	2015	2016	2017
E_3	1.46644	1.43528	1.40951	1.35971	1.50857	1.51681	1.68116	1.68688

（2）经济发展综合指标的提取

在对黑龙江省经济发展二级指标数据进行标准化处理后，我们利用主成分分析法对黑龙江省经济发展综合指标进行提取，提取结果见表 7-26：

表 7-26　　　　黑龙江省经济发展综合指标值统计表

年份	2002	2003	2004	2005	2006	2007	2008	2009
G_3	0.376492	0.314941	0.011313	0.276549	0.383754	0.298408	0.691919	1.016609
年份	2010	2011	2012	2013	2014	2015	2016	2017
G_3	1.402730	1.430991	1.591309	1.838430	1.788896	1.546207	2.421899	2.573323

（3）黑龙江省可持续发展能力趋势模拟及评价

研究黑龙江省可持续发展能力趋势的 GK 模型为：

$$E_3 = \alpha + \beta_1 G_3 + \beta_2 G_3^2 + \beta_3 G_3^3 + \varepsilon_1 \tag{7.50}$$

利用主成分分析法提取的黑龙江省环境质量和经济发展综合指标对公式（7.50）进行模拟，其统计结果见表 7-27：

表 7-27　　　　黑龙江省 GK 模型模拟统计分析表

参数	α	β_1	β_2	β_3
估计值	4.162815	−1.719583	1.122754	−0.056898
T	3.152995	−2.792231	2.581948	−2.093602
P	0.02714	0.04436	0.04714	0.04808
R^2	0.858562			
DW	1.811429			

从表 7-27 中可知，DW 值为 1.811429，说明不存在自相关；R^2 为

0.858562，接近 1，说明曲线的拟合程度很高；参数 α、β₁、β₂ 和 β₃ 在 5% 的显著性水平下都通过了检验。于是我们可以得到以下回归方程：

$$E_3 = 4.162815 - 1.719583G_3 + 1.122754G_3^2 - 0.056898G_3^3 + \varepsilon_t \tag{7.51}$$

由公式（7.51）可以模拟 EKC 曲线，进而得到二元社会系统模型下黑龙江省可持续发展能力的运行趋势。由 $\beta_1 < 0$、$\beta_2 > 0$，且 $\beta_3 < 0$ 可知，模拟出的可持续发展能力趋势呈倒"N"型，即黑龙江省可持续发展能力具有由强到弱，再由弱到强的发展趋势。通过求导计算可知，黑龙江省可持续发展能力趋势的转折点应该出现在 $G_3 = 0.403159$ 和 4.552007 时的时点，结合表 7-26 可知，出现转折点的时点应在 2006 年和 2017 年后的某一时点。拐点应该出现在 $G_3 = 1.552952$ 时的时点，结合表 7-26 可知，即为 2011 年。通过模拟的结果可知，黑龙江省可持续发展能力在 2011 年以前较弱，经过了国企改革和经济结构调整后，黑龙江省可持续发展能力逐渐增强，但还没有发展到强可持续发展能力的水平，其趋势倒"N"型后半部分倒"U"型的转折点还没有出现，黑龙江省应继续加大可持续发展能力建设，不能"躺在 EKC 曲线上"等待转折点的出现，尽快实现可持续发展能力由弱到强的转变。

2）黑龙江省可持续发展能力趋势形成内因分析

加入控制变量的黑龙江省可持续发展能力趋势研究 GK 模型如下：

$$E_3 = \alpha + \beta_1 y_{31} + \beta_2 y_{31}^2 + \beta_3 y_{31}^3 + \beta_4 y_{32} + \beta_5 y_{33} + \beta_6 y_{34} + \varepsilon_t \tag{7.52}$$

公式（7.52）模拟的统计结果见表 7-28：

表 7-28　　**黑龙江省加入控制变量 GK 模型拟合统计表**

参数	α	β₁	β₂	β₃	β₄	β₅	β₆
估计值	1.919335	−0.001846	0.096859	−7.51E−10	−0.025267	−0.007083	1.13E−07
T	7.441794	−2.272285	2.624705	−0.135427	−2.467189	−3.217043	0.030701
P	0.0183	0.0435	0.0447	0.8953	0.0481	0.0339	0.9762
R²	0.833031						
DW	1.868307						

从表 7-28 中可以看到，参数 α、β_1、β_2、β_4 和 β_5 在 5% 的显著性水平下都通过了检验；DW=1.868307，说明不存在自相关问题；R^2=0.833031，说明模型的拟合优度较好。于是黑龙江省加入控制变量的 GK 模型公式为：

$$E_3 = 1.919335 - 0.001846y_{-1} + 0.096859y_{31}^3 - 0.025267y_{32} - 0.007083y_{33} + \varepsilon_1 \quad (7.53)$$

在公式（7.53）中，$\beta_1<0$、$\beta_2>0$，且 $\beta_3=0$ 表明，黑龙江省加入控制变量的 GK 模型呈正"U"型，这与黑龙江省不加入控制变量的 GK 模型的倒"N"型趋势不一致，这更加说明了运用综合指标替代单一指标对可持续发展能力趋势进行模拟的科学性；β_4=-0.025267，在 5% 的显著性水平下通过了检验，说明黑龙江省第三产业占 GDP 的比重与区域可持续发展能力水平呈正比关系；β_5=-0.007083，在 5% 的显著性水平下也通过了检验，说明增加外资投资比例对黑龙江省可持续发展能力建设具有促进作用，由于 $|\beta_4|>|\beta_5|$，说明外资投资比例对黑龙江省可持续发展能力的促进作用要小于产业结构调整的促进作用；β_6 没有通过 5% 的显著性检验，说明人口自然增长率对黑龙江省可持续发展能力的作用趋势不确定，应该合理控制人口的增长率。

7.5.3 东北三省可持续发展能力的比较分析

上节对东北老工业基地以及东北三省分别进行了二元社会系统模型下可持续发展能力的趋势分析，在研究方法上是一种基于时序数据的统计分析法。本小节将在此基础上，针对截面数据对东北三省间的可持续发展能力进行比较分析。

在第三节中，我们完成了对二元社会系统模型下可持续发展能力的数学表征，通过经济学解释可知，决定因子 a 决定了可持续发展能力的水平，见表 7-7，在同一时点上，决定因子 a 与可持续发展能力水平呈反比关系，决定因子越小，区域可持续发展能力越强。根据可持续发展能力决定因子 a 的这一特征，我们可以通过比较区域间的决定因子 a 值来比较区域间可持续发展能力。

在计算决定因子的过程中需要计算区域环境质量和经济发展的平均

变换率，在计算方法上本章采用了以几何平均数为基础的平均变化率计算方法，其计算公式如下：

$$v = \sqrt[n-1]{F_n / F_1} - 1 \tag{7.54}$$

式中：v 表示指标的平均变化率；F_n 表示指标在第 n 年的指标值，本章选取 2002 年为基础年，则 F_1 表示相关指标在第一年的指标值。利用公式（7.54）对东北三省环境质量和经济发展综合指标进行处理后代入决定因子计算公式，其结果见表 7-29。

表 7-29　　　东北三省可持续发展能力决定因子计算表

年份	辽宁省	吉林省	黑龙江省
2003	0.764678	0.919652	1.045366
2004	0.264557	0.654610	5.210651
2005	0.332943	0.525299	1.299637
2006	0.414531	0.585624	0.933483
2007	0.468605	0.625338	0.989929
2008	0.492796	0.650983	0.855415
2009	0.557033	0.740083	0.827951
2010	0.565225	0.770020	0.808408
2011	0.593390	0.764137	0.823938
2012	0.597774	0.771099	0.824631
2013	0.613727	0.782335	0.830155
2014	0.630833	0.795844	0.852402
2015	0.651111	0.811745	0.873036
2016	0.691206	0.825458	0.860032
2017	0.700654	0.830765	0.865412

从表 7-29 中可以看出，2017 年辽宁、吉林和黑龙江三省决定因子分别为 0.700654，0.830765 和 0.865412，三省都具备可持续发展能力。其中辽宁省可持续发展能力决定因子最小，可持续发展能力较强。

东北三省可持续发展能力决定因子比较如图7-22所示。

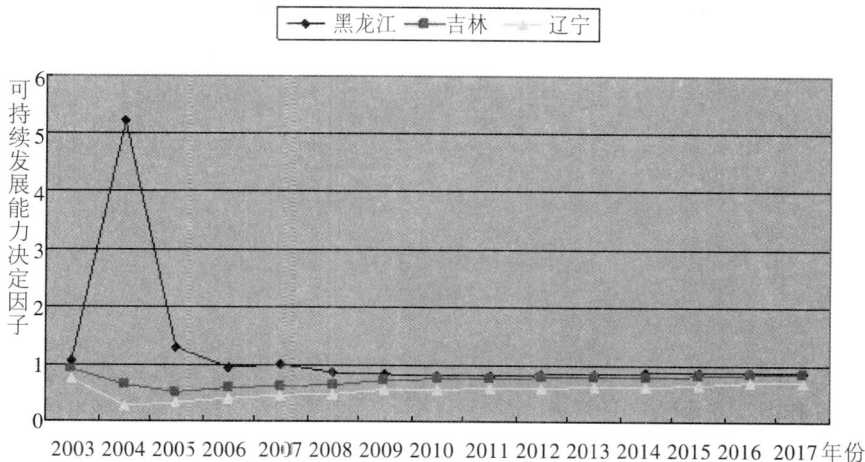

图 7-22　东北三省可持续发展能力决定因子比较图

从图 7-22 中可以看出，在 2008 年之前，即国企改革之前，东北三省可持续发展能力水平差距较大，其中，辽宁省可持续发展能力最强，吉林省次之，黑龙江省决定因子在 2006 年前甚至大于 1，可持续发展能力水平较低；2008 年以后，即国企改革以后，东北三省可持续发展能力水平差距减小．辽宁省可持续发展能力水平最强但其优势已不是十分明显，吉林省和黑龙江省可持续发展能力水平基本保持一致。

7.5.4　对实证结论的总结

本小节将在实证研究的基础上对实证结果进行总结性分析，见表 7-30，从而对东北老工业基地可持续发展能力现状、未来发展趋势以及今后的能力建设进行探讨。

一、东北老工业基地可持续发展能力现状

国企改革前，东北老工业基地作为中国计划经济时期的典型代表，其经济快速增长的背后伴随着环境资源的高消耗和低利用，区域可持续发展能力较弱；经过经济体制改革和产业结构调整后，东北三省不仅完成了对国有企业的改制，使企业生产效率提高，市场竞争力不断增强，同时也对产业结构进行了一定的调整，提高了第三产业占 GDP 的比重，

表 7-30 实证结果总结表

省份	趋势	转折点	控制变量对可持续发展能力的影响			2017年决定因子
			第三产业占比	FDI	人口自然增长率	
辽宁	倒"U"型	2008年	促进	选择性	选择性	0.700654
吉林	正"N"型	2005年、2017年后的某一时点	促进	促进	选择性	0.830765
黑龙江	倒"N"型	2006年、2017年后的某一时点	促进	促进	选择性	0.865412

使得整个经济对环境资源的依赖性减小,东北老工业基地可持续发展能力增强。从各省的情况看,辽宁省、吉林省和黑龙江省2017年可持续发展能力决定因子分别为0.700654,0.830765和0.865412,都小于1,具有一定的可持续发展能力。由此可见,经过十几年的不断努力,东北老工业基地改造成果显著,区域可持续发展能力不断增强。

二、东北老工业基地可持续发展能力未来发展趋势

从 GK 模型模拟的情况来看,东北老工业基地可持续发展能力呈倒"N"型趋势,即经历由强到弱,再由弱到强的过程,虽然能力建设过程具有一定的曲折性,但总体发展趋势理想,区域可持续发展能力将会不断增强。东北老工业基地作为计划经济体制弊端的典型代表,其可持续发展能力建设还有很长的路要走,我们在看到改革成果的同时,也要不断告诫自己,可持续发展能力建设惠及子孙后代,对于可持续发展能力建设决不能放松,应在总结现有成果的基础上,不断探索适合东北老工业基地的可持续发展道路。

三、东北老工业基地可持续发展能力建设研究

1)从趋势分析角度出发

首先,辽宁省可持续发展能力呈倒"U"型趋势,即由弱到强的发展趋势,其转折点出现在2008年,说明辽宁省在经历经济体制改革后,不仅经济保持快速的增长,同时环境质量也在不断改善,可持续发展能力不断提升。可持续发展能力建设应在现有成果的基础上,对现有

的发展模式进行优化，继续加大对可持续发展能力的建设投入，提高可持续发展能力的增长速度。

其次，吉林省可持续发展能力呈正"N"型趋势，即经历了由弱到强，再由强到弱的趋势，这里我们必须说明的是，实证研究的结果只是一种趋势预测，说明按现有模式发展会出现可持续发展能力下降的趋势，但在现实中，这种情况是很难发生的，因为不可能存在不思改进的决策部门。通过求导计算可知，吉林省可持续发展能力正"N"型趋势的第二个转折点将出现在 2006 年之后，这说明现阶段吉林省具备可持续发展能力，但在将来可能存在可持续发展能力下降的潜在危机，吉林省应进一步加大经济体制改革，提高可持续发展能力建设投入，改变原有的正"N"型趋势，避免正"N"型趋势第二个转折点的出现，即转变为倒"U"型趋势。

最后，黑龙江省可持续发展能力呈倒"N"趋势，即由强到弱，再由弱到强的趋势，其转折点分别出现在 2006 年和 2017 年以后的某一时点。这说明黑龙江省在 2006 年后，由于某种原因可持续发展能力下降，通过上文讨论可知，其倒"N"型趋势的拐点为 2011 年，说明2011 年以后黑龙江省可持续发展能力呈现出上升的趋势，但迄今为止，还没有达到很高的可持续发展能力水平。黑龙江省在其发展过程中，不应"躺在现有趋势上"等待转折点的出现，而应更加重视可持续发展能力建设，提前可持续发展能力趋势转折点的出现年份，及早使可持续发展能力呈倒"U"型的发展趋势。

2）从趋势形成内因角度出发

可持续发展能力建设应具有一定的针对性，盲目建设会浪费有限的建设资源，因此，在进行可持续发展能力建设前，首先需要明确哪些方面对可持续发展能力的提升有直接作用。

首先，第三产业占 GDP 的比重对东北三省可持续发展能力都具有促进作用，其在辽宁、吉林、黑龙江三省 GK 模型中的回归系数分别为 −0.011515、−0.020319 和 −0.025267。由此可见，黑龙江省第三产业占 GDP 的比重对自身可持续发展能力的促进作用最明显，吉林省次之，辽宁省最弱。这与现实的发展情况相符，东北三省近几年来第三产业占 GDP 的比重由大到小依次为辽宁省、吉林省、黑龙江省，由于黑龙江省第三产业占 GDP 的比重最低，所以第三产业比重的增加对黑龙江省可持续发展能力促进作用最为明显。

其次，从东北三省 GK 模型回归方程看，辽宁、吉林、黑龙江三省 FDI 回归系数依次为 0、-0.038819 和-0.007083。由此可见，辽宁省外资投资比例对其可持续发展能力的提升作用趋势不明确，可能具有推动作用也可能具有抑制作用。这很合乎情理，因为区域发展既不能完全依靠外资投资的增加，也不能完全摆脱外资的支持。而对于吉林省和黑龙江省，从回归系数看，FDI 的增长有助于可持续发展能力的提升，且 FDI 在吉林省的推动作用更为明显。FDI 增长对东北三省可持续发展能力的影响差异看似矛盾，其实非常合乎常理。2017 年，东北三省实际利用外资金额分别为辽宁省 598 554 万美元、吉林省 76 000 万美元、黑龙江省 156 046 万美元，可见辽宁省实际外资利用额远超吉林省和黑龙江省，外资在辽宁省经济发展中的作用已十分明显，现阶段过度提高外资投资比例对辽宁省可持续发展能力的促进作用不明显。相比之下，吉林省和黑龙江省在利用外资方面比较落后，外资在两省经济发展中的作用有很大的上升空间，现阶段提高外资投资比例有助于两省可持续发展能力的提升。

最后，从东北三省 GK 模型回归方程看，人口自然增长率的回归系数都为 0，说明人口自然增长率对东北三省可持续发展能力的作用趋势都不明显，在可持续发展能力建设过程中，区域应对其进行有选择性的发展，人口既不能太少，也不能太多，太少将会损失经济发展的规模效应，太多则会对有限的环境资源造成巨大的消耗。

参考文献

[1] 中国科学院可持续发展研究组. 2001 中国可持续发展战略报告 [M]. 北京：科学出版社，2001.

[2] 中国科学院可持续发展研究组. 2002 中国可持续发展战略报告 [M]. 北京：科学出版社，2002.

　　[3] 中国科学院可持续发展研究组 .2003 中国可持续发展战略报告
[M]. 北京：科学出版社，2003.

　　[4] 中国科学院可持续发展研究组 .2004 中国可持续发展战略报告
[M]. 北京：科学出版社，2004.

　　[5] 中国科学院可持续发展研究组 .2005 中国可持续发展战略报告
[M]. 北京：科学出版社，2005.

　　[6] 中国科学院可持续发展研究组 .2006 中国可持续发展战略报告
[M]. 北京：科学出版社，2006.

　　[7] 李成勋 .经济发展战略学 [M]. 北京：北京出版社，1999：
56-78.

　　[8] 王军 .可持续发展 [M]. 北京：中国发展出版社，2000：9-58.

　　[9] 朱卫未，王海静 .区域可持续发展能力综合评估方法与应用研
究：基于网络结构 DEA 模型 [J]. 环境科学与技术，2017，40（6）：
192-200.

　　[10] 吴凡，苗韧 .城市可持续发展能力评估体系构建研究 [J].
生态经济，2017，33（3）：105-109.

　　[11] 黄宇 .西安休闲农业可持续发展能力评价与分析 [J]. 中国
农业资源与区划，2015，36（6）：158-163.

　　[12] 秦伟明，祝安娜，陈慧，等 .基于生态足迹模型的新晃县可
持续发展能力评价 [J]. 环境与可持续发展，2015，40（2）：116-121.

　　[13] 金卫英 .我国对外贸易可持续发展能力研究 [J]. 经贸实践，
2018（1）：76、78.

　　[14] 欧阳锴，葛大兵，谢小魁，等 .基于层次分析法的县域可持
续发展能力研究——以湖南省宁乡县为例 [J]. 湖南农业科学，2012
（9）：151-154.

　　[15] 王晓云，张雪梅 .城市可持续发展能力评价——基于三维空
间结构模型 [J]. 国土与自然资源研究，2014（1）：4-6.

　　[16] 祝梦，杨宝东 .基于因子分析和聚类分析的城市可持续发展
能力的综合评价 [J]. 经济视角（下），2012（6）：54-56.

　　[17] 温胜强 .宁夏山区县域可持续发展能力综合评价 [J]. 环境

保护与循环经济，2017，37（2）：50-55、76.

[18] 高波，秦学成.中小企业可持续发展能力的评价体系与方法 [J].统计与决策，2017（8）：178-181.

[19] 郭淑芬，马宇红.资源型区域可持续发展能力测度研究 [J].中国人口·资源与环境，2017，27（7）：72-79.

[20] 李雪，何梦卿.企业可持续发展能力分析存在的问题及改进 [J].财务与会计，2017（22）：61.

[21] 褚正清，朱家明，刘家保.可持续发展综合评价建模研究 [J].井冈山大学学报（自然科学版），2016，37（3）：14-19.

[22] 刘益宇.可持续性的突现：社会-生态系统的知识生产模式探析 [J].自然辩证法研究，2017，33（12）：45-49.

[23] 叶琛，胡觅阳，梁勤欧.基于云模型的城市可持续发展综合评价研究——以金华市为例 [J].国土与自然资源研究，2015（4）：7-11.

[24] 薛黎明，崔超群，李长明，等.基于正态云模型的区域矿产资源可持续力评价 [J].中国人口·资源与环境，2017，27（6）：67-74.

[25] 柏静.可持续发展视野下的环境影响评价分析 [J].环境与发展，2018，30（8）：24、26.

[26] 向宁.中国城市可持续发展态势分类评价 [J].科技进步与对策，2018，35（10）：121-129.

[27] 朱海娟，姚顺波.基于混合评价的林业可持续发展评价方法 [J].统计与决策，2015（9）：64-67.

[28] 李振芬.土地资源管理与经济可持续发展探讨 [J].居舍，2018（17）：176.

[29] 张璐.中国分享经济发展的可持续性分析 [J].中国集体经济，2017（6）：11-12.

[30] 董俭堂.经济增长方式转变与可持续性源泉——从转变经济增长方式到转变经济发展方式 [J].商业时代，2012（29）：12-13.

[31] 张婷婷.探析循环经济与国际贸易的可持续发展 [J].中国集体经济，2018（20）：6-7.

[32] 曾衍德.推行绿色生产方式 增强农业可持续发展能力 [J].

中国农技推广，2018，34（1）：3-6.

［33］苏屹，于跃奇.基于加速遗传算法投影寻踪模型的企业可持续发展能力评价研究［J］.运筹与管理，2018，27（5）：130-139.

［34］吴鸣然，赵敏.中国不同区域可持续发展能力评价及空间分异［J］.上海经济研究，2016（10）：84-92.

［35］朱启贵.绿色国民经济核算论［M］.第1版.上海：上海交通大学出版社，2005：30-47.

［36］姜勇，徐敏.基于 DEA 模型的新疆可持续发展能力测度与分析［J］.新疆农垦经济，2014（1）：15-20.

［37］吕志鹏.中国环境库兹涅茨曲线研究文献的发展规律探析［J］.统计与决策，2015（17）：110-112.

［38］孙英杰，林春.试论环境规制与中国经济增长质量提升——基于环境库兹涅茨倒 U 型曲线［J］.上海经济研究，2018（3）：84-94.

［39］温孝卿，王碧含.绿色、协调发展理念下环境质量与经济增长质量协同研究［J］.理论探讨，2018（2）：84-90.

［40］张瑞萍.西部环境库兹涅茨曲线的实证研究［J］.贵州商学院学报，2017，30（4）：27-36.

［41］干一慧，闫亚琛.经济增长与环境质量：环境库兹涅茨曲线的再讨论——以浙江省为例［J］.中国外资，2017（5）：89.

［42］沈永昌，余华银.环境库兹涅茨曲线假说的中国检验——基于 PSTR 模型的实证研究［J］.江南大学学报（人文社会科学版），2016，15（3）：117-125.

［43］高铁梅.计量经济分析方法与建模——EViews 应用及实例［M］.北京：清华大学出版社，2006.

［44］李鹏寿.中国环境库兹涅茨曲线的实证分析［J］.中国人口·资源与环境，2017，27（S1）：22-24.

［45］侯伟丽.中国经济增长与环境质量［M］.北京：科学出版社，2005：59-73.

［46］李泓宽.中国特色社会主义政治经济学与中国经济可持续发展模式构建［J］改革与战略，2017，33（8）：26-31、36.

[47] 邵树琴.面板数据模型研究方法浅析 [J]. 纳税，2017 (19)：165.

[48] 马景文.关于经济发展与环境保护的问题思考 [J]. 现代交际，2016 (1)：92-94.

[49] 杨晓娟，李梅芳，王睿，谷金钟.环境污染与经济发展关系实证研究的文献综述 [J]. 环境科学与管理，2016，41 (6)：53-58.

[50] 魏智勇，卢建玲.黑龙江省经济增长与水环境质量之间的关系研究 [J]. 环境科学与管理，2017，42 (9)：91-95.

[51] 宋锋华.经济增长、大气污染与环境库兹涅茨曲线 [J]. 宏观经济研究，2017 (2)：89-98.

[52] 朱越.环境库兹涅茨曲线理论与实证研究进展 [J]. 商业经济，2015 (6)：47-48、67.

[53] JOANNA V.Integrated policy approaches and policy failure： the case of australia's oceans policy [J]. Policy Sciences，2015.

[54] KENNETH J. PARTHA A D，Evaluating projects and assessing sustainable development in imperfect economies [J]. Environmental and Resource Economics，2003.

[55] STEFAN H，KRISTIAN S，L Drake，The relevance of ecological and economic policies for sustainable development： potentials and domains of intervention for delinking approaches [J]. Environment，Development and Sustainability，2009.

[56] HANS D H，KARL I，THOMAS S. Operations research and environmental management： the pole position towards sustainable development [J]. Springer Netherlands，2005.

[57] PETRIC N，GABRIEL C. Roles of actors in promoting sustainable development [J]. Present Environment and Sustainable Development，2013.

[58] AKBAR V，SHAHAB G. Sustainable development and environmental challenges [J]. European Journal of Social Sciences，2010.

[59] BALTAGI，BADI H.Econometric analysis of panel data [J].

john Wiley& Sons, ltd, 2001.

［60］ NANCY B, DAVID W.Trade policy and industrial pollution in Latin America ［J］. Where Are the Pollution Havens, 1997, 2 (1), 137–147.

［61］ BRIAN R C, SCOTT T. Trade, growth and environment ［J］. Journal of Economic Literature, Vol XLII, 7–71.

［62］ COLE M A, RAYNER A J, BARES J M .The environmental Kuznets Curve: an empirical analysis ［J］. Environment and Development Economics, 1997 (2), 433–450.

［63］ DAVID F, BRADFORD , REBECCA S. The environmental Kuznets Curve: exploring a fresh Specification ［J］. NBER Working Paper, 2000, No.8001.

［64］ DAVID I, STERN.Explaining changes in global sulfur emissions: an econometric decomposition approach ［J］. Journal of Ecological Economics, 2002 (42): 201–220.

［65］ DINDA, D, COONDOO M P. Air quality and economic growth: An empirical study ［J］. Ecological Economics, 2000 (34): 409–423.

［66］ UNRUH G C, MOOMAW W. Are environmental Kuznets curve misleading us? The case of CO_2 emissions ［J］. Environmental & Development Economics, 1997, 2 (4): 451–463.

［67］ GERGEL , BENNETT.A test of the environmental Kuznets Curve using long-term Watershed Inputs ［J］. Ecological Applications, 14 (2) .

［68］ GROSSMAN G M, KRUEGER A B. Environmental growth and the environment ［J］. The Quarterly Journal of Economics, 1995 (2): 353–377.

［69］ ANDREONI J, LEVINSON A. The simple analytics of the environmental Kuznets curve ［J］. Journal of Public Economics, 2001: 269–286.

［70］ JENSEN V. The pollution haven hypothesis is and the industrial flight hypothesis is: scmeperspectives on theory and empirics [J]. Working paper, Centre for Development and the Environment, university of Oslo, 1996.

[71] JON S. Environmental Kuznets curve: empirical relationships between environmental quality and economic development [J]. Working paper, Department of Economics, the University of Oslo, No 02/2004.

[72] JONES L E, MANUELLI R E. Endogenous policy choice: the case of pollution and growth [J]. Working paper of Deportment of Economics, University of Madison-Wisconsin, 1999.

[73] KAUFMANN R K, et al. The determinants of atmospheric SO_2 concentrations: reconsidering the environmental Kuznets curve [J]. Ecological Economics, 1997.

[74] List J A, Gallet C A. Environmental Kuznets Curve: does one size fit all? [J]. Ecological Economics, 1999 (31): 409-424.

[75] LOPEZ R. The environment as a factor of production: the effects of economic growth and trade liberalization [J]. Journal of Environmental Economics and Management, 1994 (2): 163-184.

[76] LINDMARK M. An EKC-pattern in historical perspective-carbon dioxide emissions, technology, fuel prices and growth in Sweden 1870—1997 [J]. Ecological Economics, 2002 (42): 333-347.

[77] TORRAS M, BOYCE J. Income, inequality and pollution: a reassessment of the environmental Kuznets curve [J]. Ecological Economics, 1998 (25): 147-160.

附　录

附录 A　经济相关指标

表 A1　　　　　　　　黑龙江省经济发展统计数据表

年份	人均国内生产总值（元）	第三产业占生产总值的比重（%）	外商直接投资实际利用外资金额（万美元）	人口自然增长率（%）
2002	2 099	31.63	6 462	10.19
2003	2 433	31.08	10 516	10.13
2004	2 343	29.11	29 969	10.38
2005	4 427	27.76	49 054	9.68
2006	5 465	28.37	74 994	7.90
2007	6 468	27.30	78 725	7.35
2008	7 243	28.59	103 537	6.85
2009	7 544	30.46	87 009	6.36
2010	7 660	32.18	81 895	5.06
2011	8 562	31.59	83 085	3.93
2012	9 349	32.38	86 114	2.99
2013	10 184	32.61	94 556	2.54
2014	11 615	31.53	102 972	2.03
2015	12 449	29.42	123 639	1.82
2016	14 434	33.70	145 000	2.67
2017	16 195	33.70	156 046	2.39

表 A2   吉林省经济发展统计数据表

年份	人均国内生产总值（元）	第三产业占生产总值的比重（%）	外商直接投资实际利用外资金额（万美元）	人口自然增长率（%）
2002	1 718	30.20	16 155	10.25
2003	2 071	30.50	18 776	9.17
2004	2 868	29.23	34 909	8.97
2005	3 703	28.76	80 852	7.76
2006	4 414	30.62	90 202	6.81
2007	5 163	31.26	100 298	6.93
2008	5 504	34.78	100 015	6.80
2009	5 916	34.09	57 836	6.05
2010	6 341	34.06	42 075	5.23
2011	6 847	35.70	49 351	3.12
2012	7 640	36.53	53 288	3.38
2013	8 334	36.58	55 176	3.19
2014	9 338	35.37	50 608	1.61
2015	11 537	34.41	57 000	1.76
2016	13 348	39.10	66 100	2.57
2017	15 720	39.50	76 000	2.67

表 A3 辽宁省经济发展统计数据表

年份	人均国内生产总值（元）	第三产业占生产总值的比重（%）	外商直接投资实际利用外资金额（万美元）	人口自然增长率（%）
2002	2 707	35.7	31 360	5.46
2003	3 254	36.4	43 916	6.46
2004	5 015	35.3	122 731	6.32
2005	6 103	35.9	142 388	6.23
2006	6 880	36.2	140 405	6.02
2007	7 730	36.3	167 142	5.96
2008	8 525	38.1	221 446	5.40
2009	9 333	38.5	220 471	4.58
2010	10 086	39.5	206 366	3.33
2011	11 226	39.0	255 291	4.00
2012	12 041	40.7	311 293	1.64
2013	12 986	41.4	391 561	1.34
2014	14 258	41.4	558 262	1.07
2015	15 823	42.1	540 679	0.91
2016	18 983	39.6	359 000	0.97
2017	21 788	38.3	598 554	1.10

附录 B 环境相关指标

表 B1 黑龙江省环境质量统计数据表

年份	工业废水排放量（万吨）	工业废气排放量（亿标立方米）	工业二氧化硫排放量（万吨）	工业烟尘排放量（万吨）	工业粉尘排放量（万吨）	工业固体废物排放量（万吨）
2002	80 343	4 080	22	67	13	72
2003	77 421	4 193	21	55	18	6
2004	74 093	4 145	21.9335	46.7019	18.6119	5
2005	71 252	4 145	23.2266	45.6845	16.6265	2
2006	69 389	4 224	24.4849	46.1015	13.4562	3
2007	68 691	4 197	23.6495	43.1489	13.5179	7
2008	65 038	4 107	22.4417	41.1755	12.6446	8
2009	60 750	4 053	22.1736	44.5395	12.3719	1
2010	53 736	4 059	21.4774	42.2304	11.7624	1
2011	52 644	4 326	22.167	40.9337	10.3853	0.4
2012	49 444	4 617	21.895	39.892	10.36	0.41
2013	47 983	4 628	21.3322	37.9525	9.6914	0.48
2014	50 286	4 841	28.5306	41.6688	10.9669	0.5
2015	45 190	4 968	29.5	42.9	11.6	0.0012
2016	45 158	5 261	43.1	45.4	12.4	0.03
2017	44 801	—	44	44.2	12.6	1.0269

表 B2 吉林省环境质量统计数据表

年份	工业废水排放量（万吨）	工业废气排放量（亿标立方米）	工业二氧化硫排放量（万吨）	工业烟尘排放量（万吨）	工业粉尘排放量（万吨）	工业固体废物排放量（万吨）
2002	55 335	2 926	17	34	11	28
2003	45 422	2 525	15	29	13	16
2004	44 221	2 886	18.8156	34.2238	11.176	12
2005	41 542	2 842	18.4309	33.254	14.8954	15
2006	46 891	3 163	20.1532	36.7209	14.8265	12
2007	43 738	3 348	19.8628	33.9301	12.4392	9
2008	41 017	3 266	19.3184	30.304	9.9487	8
2009	38 189	3 008	21.1655	36.1284	15.9007	21
2010	38 795	3 008	21.0021	30.737	13.439	26
2011	37 386	3 082	20.1688	28.3006	12.3792	22
2012	35 574	3 237	19.0626	24.2432	12.0944	5
2013	34 783	3 516	18.715	22.7602	10.1764	0.6
2014	31 365	3 869	18.8434	20.1309	11.5655	5.727
2015	33 568	4 316	21.6	25.8	10.8	1.0186
2016	41 189	4 939	30.8	32.7	13.7	1.8642
2017	39 321	—	33.6	32.9	12.7	2.0509

表 B3   辽宁省环境质量统计数据表

年份	工业废水排放量（万吨）	工业废气排放量（亿标立方米）	工业二氧化硫排放量（万吨）	工业烟尘排放量（万吨）	工业粉尘排放量（万吨）	工业固体废物排放量（万吨）
2002	151 622	7 830	80	70	56	75
2003	153 020	8 474	84	72	48	76
2004	149 081	8 591	82.2759	65.267	59.6754	79
2005	147 657	8 379	77.0776	59.2638	43.0825	88
2006	140 193	8 498	81.5876	60.484	39.8765	95
2007	124 544	9 260	80.6296	59.6112	36.5022	97
2008	121 775	9 318	83.7627	57.3149	36.1883	91
2009	121 941	8 963	75.1648	75.1343	57.6699	437
2010	116 040	8 880	72.3645	62.3436	45.3101	134
2011	109 044	9 432	70.5672	54.7223	42.9231	84
2012	99 505	10 042	60.755	47.4869	39.3788	44
2013	92 001	10 462	57.3015	42.4099	33.9388	35.42
2014	89 186	12 774	63.7265	40.5124	34.738	14.2135
2015	91 810	13 015	64.9	39	34.4	11.6481
2016	105 072	20 903	96.1	51.7	45.3	9.3938
2017	94 724	27 195	103.7	45.6	42	24.6918